U0391254

本书出版获得国家自然科学基金的资助（项目编号：51708567）

国际养老建筑
设计案例研究

DESIGN FOR AGING: INTERNATIONAL CASE STUDIES
OF BUILDING AND PROGRAM

杰弗里·W.安德森 | Jeffrey W. Anderzhon

戴维·休斯 | David Hughes

史蒂芬·贾德 | Stephen Judd　　　　著

清田江美 | Emi Kiyota

莫妮克·维杰乔斯 | Monique Wijnties

袁逸倩　李　伟　李昕阳　李贺楠　　　　译

WILEY　天津大学出版社
TIANJIN UNIVERSITY PRESS

天津市版权局著作权合同登记图字02-2012-172号
本书中文简体字版由约翰·威利父子公司授权天津大学出版社独家出版。

国际养老建筑设计案例 | GUOJI YANGLAO JIANZHU SHEJI ANLI

图书在版编目（ＣＩＰ）数据

国际养老建筑设计案例研究 /（美）杰弗里·W.
安德等著;袁逸倩等译. — 天津 ： 天津大学出版社，
2019.1
书名原文：Design for Aging: International Case
Studies of Building and Program
ISBN 978-7-5618-6075-5

Ⅰ．①老… Ⅱ．①杰… ②袁… Ⅲ．①老年人
住宅－建筑设计－案例－世界 Ⅳ．①TU241.93

中国版本图书馆CIP数据核字(2019)第013647号

出版发行	天津大学出版社
地 址	天津市卫津路92号天津大学内（邮编：300072）
电 话	发行部：022-27403647
网 址	publish.tju.edu.cn
印 刷	廊坊市瑞德印刷有限公司
经 销	全国各地新华书店
开 本	187mm×260mm
印 张	19.75
字 数	680千
版 次	2019年1月第1版
印 次	2019年1月第1版
定 价	88.00元

目录

前言｜Foreword

玛丽·马歇尔（Mary Marshall），MBE，
MA, DSA, DASS，英国苏格兰斯特灵大学
（University of Stirling）名誉教授

对于人口老龄化的趋势我们并不感到惊讶，因为对此我们早有预料。我出生于 1945 年，正值英国婴儿潮时期，我一直知道自己属于一个很大的群体，对于这个群体，政府先提供学校，然后提供住房，时至如今，还提供养老金，这给社会带来了很大的压力。我们已经在承受年老带来的不便，如动作变慢，视力下降，还有听力问题，而且这一切将会变得更糟糕。也许，随着变老，我们当中很大一部分人还会患上老年痴呆症。我们这一代生于生育高峰期的人仍将继续生活下去，我们前面一代人的生存年龄也超过了预期。这意味着，我们这一代中有人会很长寿，即使现在开始规划养老的问题也尚不算迟。这一代婴儿潮现象是所有工业化国家都有的，而且它所带来的问题不久就会在所有国家中显现出来。但不曾预料到的是我们这一代所生孩子的数量比我们的父母要少，而且生育率仍将持续走低。

我要提出的第一点是：我们可以，也本应该在多年前就为大量的老龄化人口进行规划。但是，人们却把人口的老龄化问题当做是突发事件——然而事实并非如此，这种事情根本就不是什么突发事件。你必须承认这个事件是许多政策决策者面临的难题。当然，许多患有老年痴呆症的老龄人口是很难为其规划的。人们在突然意识到老龄问题的同时，常常将此贴上"问题""负担"的标签，这是完全没有道理的。相反，老龄化彰显出公共卫生健康事业令人振奋的成就，这意味着婴儿存活率的提高，幼儿也能从很多曾经的致命疾病中存活，这也意味着有一大群有技能、有经验的人能继续为我们这个社会做出实实在在的贡献。但是他们中的一部分人会患

有严重的身体疾病或失能，并且他们的家人和朋友无法在家中继续照顾他们，因此，寻求一定的社区照料是行之有效的方法。除此之外，寻求其他的方法也是必需的，这本书讲述的就是为这些老年人设计的建筑实例。

在所有社区中，具有集体居住性质的家庭模式从配有辅助设施的小型公寓到护理医院都可以选择。出现最多的建筑类型是照料院（在苏格兰，我们用这个术语描述了家居生活与护理院相结合的家用建筑模式）。设计与运营这些建筑都具有挑战性。只有那些一辈子都住在公共建筑里的人才会选择公用的建筑模式。这本书讲述了这种家用建筑模式下的设计如何才能最大化地保证居民的隐私权、可选择权与生活独立性，并且同时能够满足居民的使用需求。这些建筑同时也是员工工作的地方，所以必须要提供愉悦的工作环境使员工能感觉受到重视，同时满足他们工作中的需求。这些建筑还应该有一定的灵活性，因为我们每个人对家的需求都不一样，而且不同的人群对空间使用有不同的态度和喜好。

一本汇集了大量优秀案例的书能对读者产生极大的影响。这些优秀案例可以为各类读者提供关于建筑的相关背景以及建筑设计的细节。关于如何为老年痴呆症患者设计建筑，科恩（Cohen）和丹（Day）在 1993 年所写的一本书中有许多优秀实例。这本书影响深远。比如，我在许多设计学院工作的时候都曾参考过这本书中的案例。这本书还促使彼得·菲彭（Peter Phippen）、史蒂芬·贾德（Stephen Judd）和我在 1998 年出版了一本收集了 20 个案例的书，之后达米安·尤顿（Damian Utton）也在 2007 年出版了他的作品集，当时即全部售罄。这本书中的设计作品进一步丰富并拓展了以前这类书籍的内容，它覆盖面更广，介绍了许多为老年人和

老年痴呆症患者设计的建筑案例。既然大部分在照料院居住的老年人患有老年痴呆症（在英国的护理院中，60% 的居民患有老年痴呆症，2007 年国家审计署数据），那么为老年人设计的设施要注重考虑老年痴呆症患者的需求。

这本书中有许多特别有趣的方面。例如，书中引用的案例来自很多不同的国家。日本的案例重点阐述了不同文化传统影响下不同建筑风格的区别。另外，在同一个国家中案例的来源非常广泛。澳大利亚的案例中包含了为澳大利亚原住民设计的建筑，他们的需求非常不同，此外还包含了为无家可归的老年人设计的建筑，这些人也有特殊的需求。荷兰德·哈德威克（De Hogeweyk）项目致力于设计的建筑要满足具有不同文化背景人的需求。在建筑设计中关注不同生活方式和不同文化背景是非常少见的，而且是我们应该学习的。另外建筑的外部空间设计也值得关注，但刚刚才引起人们的重视。

这本书对很多读者来说都受益匪浅。案例中的设计细节能为行政管理人员、规划者及开发商等人提供参考。对于专业人员，比如建筑师和设计师，这本书则更具价值。它是一个基准，学习优秀案例无疑能提高设计与实践能力。我们对这本书寄予了很高的期望，期待它能对老年人建筑的设计发挥很好的推动作用。

参考文献

Cohen, U., and K. Day (1993). *Contemporary Environments for People with Dementia.* Maryland: John Hopkins University Press.
Judd, S., M. Marshall, and P. Phippen (1998). *Design for Dementia.* London: Hawker Publications Limited.
National Audit Office (2007). *Improving Services and Support for People with Dementia.* London，The Stationary Office.
Utton, D. (2007). "Designing Homes for People with Dementia." *Journal of Dementia Care,* London.

致谢｜Acknowledgments

如果没有很多人的无私帮助，这本书是无法完成的。感谢所有帮助过我们的人。

琳达·安德森（Linda Anderzhon）承担了大量烦琐的编辑工作。她任劳任怨，确保了本书的准确性和连贯性。没有她的帮助，我们无法完成此书。

在英格兰，简·休斯（Jane Hughes）、艾莉森·托马斯（Alison Thomas）、简·马洪（Jane Mahon）、达米安·尤顿（Damian Utton）和达尼斯·吉布林（Denise Giblin）不仅提供了精美的图片和中肯的意见，还协助完成了多份原稿的电子版的编辑工作。

凯特·莎克蒂（Kate Sarkodee）对我们的工作给予了大力支持，在澳大利亚和两个日本案例研究中，她校对了一些材料和图片。柯丝蒂·班尼特（Kirsty Bennett）、莫林·雅克（Maureen Arch）、道格·麦克马纳斯（Doug McManus）和约翰·威尔逊（John Wilson）对缇皮·潘帕库·古拉老年公寓的研究给予了极大帮助。如果没有安倍秀雄（Hideo Abe）的得力帮助，赤崎日间照料中心和向日葵集合家庭这两个项目的研究是无法完成的。罗斯玛丽·诺里斯（Rosemary Norris）协助斯蒂芬·贾德（Stephen Judd）顺利完成工作，我们在这里对她表示感谢。

引言 | Introduction

很明显，发展中国家的人口正在进入老龄化，并且老龄化对他们的经济和社会有着剧烈的冲击。如果说 20 世纪的后半段聚焦在对婴儿潮时期出生人口的教育之上，那么 21 世纪的前半段即是在关注保障这批老龄化人口的健康与住房。

在许多国家中，如何支付老龄化社会的健康和照料费用已经逐渐成为政治争论的焦点。在日本，2000 年开始实施长期照料保险；在美国，奥巴马政府于 2010 年初通过了饱受争议的医疗照料改革法案，该法案致力于扩展医疗保险的覆盖范围；在澳大利亚，联邦工党政府与州政府就如何支付医疗和老龄人照料服务费用不断展开交涉；在欧洲，人口比例虽然一样，但反应却有所不同：政府曾经全额支付医疗和养老照料费用，现在却在寻求私人资金的支持。在未来 40 年内，没有任何一个国家可以忽视这个问题，并且这些国家还迫切需要准备好医疗和养老照料方面的大量支出。

这个迫切的需求激发我们开发出新的照料模式。家庭服务呈现出越来越多的类型和特点，也变得越来越复杂。这说明早早选择养老院照料方式的人会越来越少。但是，即便家庭式社区照料非常重要，其也无法成为唯一的选择。对老年人照料设施、专业型护理院、介助型生活公寓或者类似的集合住宅的需求一直在快速增长，并且毫无疑问会在未来一段时间内保持这种势头。

同时，随着无法独立生活的老龄人口的持续大量增加，人们重新思考这种照料的模式和本质以及提供

照料的环境。虽然老年人需要医疗上的支持以解决他们心理和生理上的问题，但人们的共识是：这些设施不应是医疗机构。而且越来越多的人认为，这些"设施"不应以机构形式出现而应是以家庭形式呈现。与医院和旅馆不一样，人们并不是在这些"设施"里仅仅停留几天，而常常是住上很多年。同时，这些地方也是照料机构的员工工作的场所，并且是为了在给居民提供照料的同时实现营利。作为设计者、照料提供者或仅仅是普通的社会成员，我们的挑战是如何在生理环境和心理环境上同时满足"家"和"照料"的需求，使老年人们在获得归属感的同时尽可能享受到高效的照料。

毫无疑问，在尝试迎接这些挑战时，会产生教条式的解决项目，而这些"项目"都已经被商业化了。大家都认识到要把生理环境和心理环境相结合，这种新的环境和设施能在为居民提供更好的养老照料的同时给予其家的感觉。

这些都不是抽象的概念，它关系到你们的父辈在哪里安享晚年，或者确切地说是你在哪些提供照料的地方度过晚年。这些是个人甚至整个社会时刻都要面对的现实，而且世界人口统计显示，这些现实问题将变得越来越紧迫。

本书收集了 26 个优秀的照料院设计案例，这些案例来自 7 个国家，分别是澳大利亚、日本、瑞典、丹麦、荷兰、英国和美国。作者无意说明这些案例是最优的选择，而且这 26 个案例也不能说是这些国家中最好的设计。但是，我们希望这本书能抛砖

引玉，在世界范围内启发更多的研究、作品和讨论。

无论如何，这些案例都具有两个共同点。第一，提供了完善的照料设施：有效的老年人照料居住环境必须是治疗性的，促进改善居民的运动机能，以补偿身体上的或认知功能障碍。

第二个共同点是对归属感的营造。"家"在养老照料和为老年人的设计中是个经常被使用并且滥用的词。家到底指什么呢？我们如何知道自己已经找到家的感觉了呢？

美国作者弗雷德里克·比克纳（Frederick Buechner）在其著作《家的渴望》（*The Longing for Home*）一书中写道："家这个词指代这么一个地方——确切地说是在这个地方的一栋房子——一个你对其有丰富和复杂的感情；一个你感觉或曾经感觉有家的独特一面的地方；一个你可以说你有所归属的地方；一个某种程度上属于你的地方；一个虽不完美，但在某种程度上超越完美的地方。"[1]

这些案例都有一个共同点，它们都根据人们的文化背景把焦点集中在人和人的需求上，并使他们最大可能地找到归属感。适合美国老年人的城市环境绝对不会适合澳大利亚中部偏僻地区的土著人。为140位荷兰老年痴呆症患者设计的记忆之村绝对不会适合日本的集合家庭。但是，虽然这26个案例在设计上非常不同，但是所有案例都让老年人感受到归属感和家的温馨。我们希望这些案例能给您带来启发！

[1] Buechner, F. (1996). *The Longing for Home, Recollections and Reflections*, San Francisco: Harper Collins, p. 7.

第一部分
Part I
澳大利亚项目
Australian Schemes

Chapter 1
A Study of Sir Montefiore
Home Randwick

第1章
关于兰德威克的蒙蒂菲奥里爵士之家的研究

选择此项目的原因

• 摩西·蒙蒂菲奥里爵士致力于为生活在犹太传统文化环境中的老年人赢得尊重。

• 此项目是澳大利亚造价最高，同时也是最大的老年人照料中心之一。

• 此项目是以严谨网格系统为参照进行设计的多层建筑。

• 此项目是一个大型的老年人照料中心。

• 此项目有超过500名志愿者为社区提供服务。

项目概况

项目名称：兰德威克的蒙蒂菲奥里爵士之家（Sir Montefiore Home Randwick）
项目所有人：摩西·蒙蒂菲奥里爵士犹太家园
（Sir Moses Montefiore Jewish Homes）

地址：
Sir Moses Montefiore Home
36 Dangar Street
Randwick, New South Wales
Australia

投入使用日期：2007年

图 1-1 兰德威克的摩西·蒙蒂菲奥里爵士之家是一个大型综合服务机构，它为居住在 5 层楼内的 276 位居民提供服务。图片摄影: 布雷特·博德曼（ Brett Boardman ）; 致谢: 克兰德·福劳尔建筑事务所（ Calder Flower Architects ）

蒙蒂菲奥里爵士之家
兰德威克(Randwick)，悉尼

图 1-2　项目位置。致谢：波佐尼设计公司（Pozzoni LLP）

兰德威克的蒙蒂菲奥里爵士之家：澳大利亚

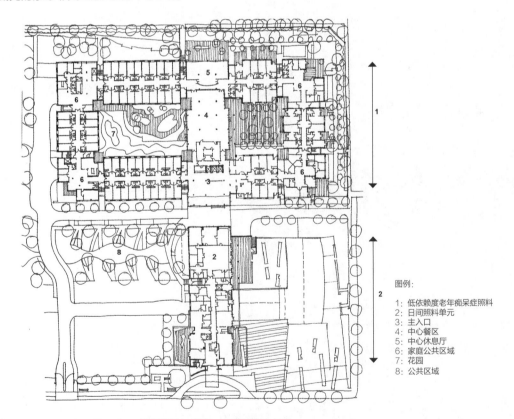

图例：

1：低依赖度老年痴呆症照料
2：日间照料单元
3：主入口
4：中心餐区
5：中心休息厅
6：家庭公共区域
7：花园
8：公共区域

图 1-3　三层平面图。致谢：波佐尼设计公司

社区类型和居民数量

摩西·蒙蒂菲奥里爵士之家位于悉尼东郊,可容纳276名老年居民及老年痴呆症患者。摩西·蒙蒂菲奥里爵士之家作为运营方,有着长期服务悉尼犹太社区的经验。这个老年人照料中心的建设拓延了这种服务的内涵,不仅反映了当地地域文化,更重要的是映射出犹太居民及他们家人的期望。

整个项目划分如下:

· 老年痴呆症特殊服务公寓
  · 30个老年痴呆症特殊介护型护理床位
  · 30个老年痴呆症特殊介助型护理床位
· 标准居住式公寓
  · 107间介护型护理公寓
  · 42间介助型护理公寓
· 豪华居住式公寓
  · 2间介护型护理公寓
  · 34间介助型护理公寓
· 复合居住式公寓
  · 28间介助型护理公寓
· 暂托看护公寓
  · 3间介助型护理公寓

场地开发建设分为两个阶段。第一阶段已建成老年人照料设施、老年痴呆症特殊日间照料中心、水疗池及咖啡厅。第一阶段是本章讨论的主题。第二阶段将建设一批老年痴呆症特殊服务公寓、一个社交广场以及一个社区犹太会堂。

项目规划为五层,地下层作为服务区,包含酒店级的犹太洁食认证厨房、大型工业级洗衣房及建筑设备系统。此外,地下车库可由此层进入。地面首层设有主入口及介助型生活单元。地面二层由介助型老年人生活区和老年痴呆症特级照料单元组成。地面三层为高级护理区域,地面四层为老年人辅助护理区域。每层楼可容纳15位居民,形成邻里。20个公共活动空间穿插分布在地上的四层楼中,公共活动空间通常设置在建筑端部便于采光。

图1-4 立面具有拼贴感,由砖、玻璃、钢材等材质组成,不仅呼应了周边建筑风格,也削弱了建筑体量。 图片摄影:布雷特·博德曼;致谢:克兰德·福劳尔建筑事务所

地理概况

本土化设计

此项目是如何与场地相互呼应的?
虽然蒙蒂菲奥里爵士之家规模十分庞大,但是设计团队力图消除建筑冷冰的公建形象。例如,建筑立面,包括标牌的设计在内,均采用了多种混合材料。由于花园的大部分区域位于建筑围合的内向型庭院中,因此无法看到居民活动的街景。这种设计一方面为社区提供了安静的环境;但从另一方面而言,似乎又将自身从周围环境中孤立起来。建筑本身的体量和茂密的树木围篱加重了这种类似堡垒的封闭感。由于蒙蒂菲奥里爵士之家规模庞大,运营方和设计团队更愿意称它为一片"城市区域"而非一栋建筑。

图 1-5　豪华公寓中居民享有独立休息室，并设有通向阳台的入口。　图片摄影：布雷特·博德曼；致谢：克兰德·福劳尔建筑事务所

基地周围环绕有三个截然不同的城市区域。基地北边一条小街之隔，是一个规模不大的历史保护住区。东西和南面分布着大小不一的中密度住宅。基地西部相邻区域用于开发大面积低层住宅及大学工作室。设计很好地运用了基地的自然地形，以减少五层建筑体量对周边环境产生的视觉冲击。建筑东侧为两至三层建筑，以与南北侧相邻住宅区相协调，同时在建筑第五层可俯瞰大学工作室区域。项目整体设计与多变的基地背景相协调，在尊重街道环境的同时，最大限度地挖掘出基地的潜力。

建筑师所运用的网格系统是建筑规划布局的基础。规整化的网格使基于模数化设计的房间形成了有韵律的窗户形式。多种材料的巧妙运用，使建筑与沿街环境相得益彰，进而在感觉上减小了外立面的尺度，否则整个立面将显得毫无生气。砌砖和彩绘镶板与周边住宅相吻合，建筑转角处运用玻璃和金属窗棂以一种更正式的方式和相邻的大学建筑对话。蒙蒂菲奥里爵士之家的设计十分成功，以至于后期建成的相邻基地上所开发的住宅建筑风格明显借鉴了其地域化设计手法。

照料

照料理念

项目运营方的理念是什么？这种理念如何应用到建筑中？

摩西·蒙蒂菲奥里爵士之家的理念是"用高标准的服务和关怀提升犹太老年人社区的生活品质，同时尊重灿烂的犹太文化传统"。简而言之，蒙蒂菲奥里爵士之家致力于尊重老年人，并且力图在犹太文化传统下提供最好的服务。因此，设计要求建筑师树立起澳洲高品质老年人照料的旗舰品牌。于是卓越、品质和成本三个理念成为设计的主要关注点。设计过程是漫长的，起始于 2000 年，设计团队对细节的把控更是精益求精。他们对设计项目和室内设计都进行了深入探讨，其中，他们为了测试居民房间的尺度和内饰装修，曾在运营方另一处项目的地下室建造了样板间来进行研究。首席执行官罗伯特·奥列（Robert Orie）说道："我们想做得更好，我们的房子要为未来 50 年提供服务，所以我们常常问自己：'当我们自己跨入人生的那个阶段时我们需要什么？'"因此，卓越的品质使它成为澳大利亚同类建筑中造价最高的建筑。居住公寓的面积是居民实际需求的两倍，用以应对未来变化的不时之需。室内设计的用材、装修、家具均质优价高；膳食服务可媲美高档餐厅，与此同时，社区内建立有完善的管理机制。

设计团队的灵感来自于一项重要研究，[1] 此项研究深深地影响了照料理念的生成，同时也引导了建筑项目设计。此项研究发现有 11 项关键因素会影响居民的生活质量：舒适性、隐私、尊严、个性化、自主权、精神状态、安全性、社交关系、功能权限、有意义的活动、愉悦感。这些影响生活质量

---

[1] Kane et al., "Quality of Life Measures for Nursing Home Residents," *Journal of the Gerontological Society of America*, 2002.

图 1-6 记忆展示柜被设置在居民卧室门附近，用来帮助识别道路。 图片摄影：约翰·安布勒（John Ambler）；致谢：克兰德·福劳尔建筑事务所

的关键因素在设计中被转化成了很多设计细节。例如，针对"自主权"，设计通过在居民卧室门外设置"唤醒记忆柜"用以展示居民的老照片和纪念品，以此来肯定每个居民的过去，并且帮助他们识别道路。"有意义的活动"通过举办居住范围内的疗养活动和参加邻里间厨艺活动来完成。设计团队认为公共浴室削弱了居民的隐私，因此，通过设置独立卧室、独立卫生间来提升居民的"尊严"。

在此项目中，也倡导更高层次、更具内涵的理念，即通过为老年居民提供高标准的服务和住宿，向更多的澳大利亚社区倡导对老年人的尊重。单就此原因而言，这个老年建筑及其服务理念就应被澳大利亚人当作学习的典范。

社区感和归属感

项目设计和实施如何实现这个目标？

许多案例研究表明，在众多建筑风格中，必然存在一种特定的本土风格，这种风格可以增进社区居民的归属感。但是在蒙蒂菲奥里爵士之家的项目设计中，很少能发现"本土"风格。相反，它的风格介于当代酒店和现代养老综合建筑两者之间。建筑内道路的可识别性不强，即使是一个相当熟悉环境的常客也很容易迷路。很多人会不假思索地认为这座容纳 276 位居民的巨大五层建筑实在有违归属感的概念。但毫无疑问，许多居民感受到了家的温馨。因为它最终被设计成，或者说至少已经非常具有犹太风格。犹太式的厨房、优雅的银制餐具、犹太符号的运用（如卧室门上的经卷纹样）、举办犹太节日庆祝活动以及与犹太学校和基金会的协作，处处体现了对悉尼犹太社区的人文关怀，犹太文化完全融入老年人之家。

所谓"家的感觉"，就是要营造一种整体环境，有利于居民找到归属感。在蒙蒂菲奥里项目中，其室内设计集中表达了"家"这个主题。在本书所有的澳大利亚案例中，此项目配有最昂贵的装修与家具。项目色彩设计巧妙和谐，公共走廊成为展示原创艺术家作品的画廊，从而在整体上给人以豪华的感觉。在入口门厅处，覆有银箔的标志性帷幔从天花板上垂挂而下。水疗中心的天花板则装饰有感光纤维，力图营造出一种非常生动的夜空效果。固定的木格栅常用于遮挡特殊区域。这一切都强调尊老文化，同时营造出老年人之家的社区自豪感。

图 1-7 宏伟的入口门厅处，覆有银箔的标志性帷幔从天花板上垂挂而下，如同澳大利亚艺术家的艺术作品。 图片摄影：约翰·安布勒；致谢：克兰德·福劳尔建筑事务所

图 1-8 水疗中心的天花板装饰有感光纤维，力图营造出一种非常生动的夜空效果。 图片摄影：布雷特·博德曼；致谢：克兰德·福劳尔建筑事务所

为提升社区品质，设计团队运用邻里概念，力图减弱这座大型建筑的体量感和单一感。每个邻里单元由 15 个单人间及公共空间组成，公共空间设置在建筑中间或转角部分，并将各个邻里单元联系起来。单从建筑空间的角度看，邻里概念缺乏似乎并不明显：各个房间仅以走廊相连，只在走廊转折处形成公共空间。然而，社交活动项目的设立在很大程度上弥补了设计中未能充分体现邻里感的不足。邻里之间有不同的社交活动项目，主要根据居民小组的特殊兴趣爱好而设立，在他们之间甚至存在一种友好的竞争关系，这大大增进了居民的社区归属感。12 名非常具有创造力的文体活动员参与到这些社交活动项目中的同时，综合医疗健康小组（Allied Health team）和大量志愿者也参与这些活动项目。

创新

项目运营方如何体现理念上的创新和卓越追求？此项目的设计方法突显了创新意识。运营方指出，如此大规模的设施，设计应该有极大的灵活性来应对未来。居民区之间的角落处设有公共空间。居民区被设计在一个严格的网格系统之中，该系统拥有三种不同类型的模块化套房。"经典房间"为一个网格宽度，"豪华房间"为一个半网格宽度，而"套房"则占据两个网格宽度，这为房间提供了一个容纳居民数量的范围以及灵活的组合模式。在设计阶段，甚至在建设阶段，根据居民需求，运营方能够充分发挥模块拼装的可能性来进行调整。因为整体建筑为框架结构，没有承重墙，这些模块可以应对未来需求和住宅市场变化而进行重组。例如：在原有的设计中没有考虑设置牙科诊所，但后来老人之家希

望引进一个与国际犹太医学会合作的牙医诊所来满足老年居民的就诊需要，于是老人之家很快将一套豪华居住公寓转换为一个合适的牙医诊所空间。

老人之家的设计巧妙地将服务区域隐蔽起来。项目设计实际上是由 16 个独立的部分组成，各部分由一条细长的并可由室外直接进入的服务空间相连接。服务活动在居住区域内被隐藏起来，并且在一定程度上增强了住宅氛围。

老人之家还采取了一种创新的设计理念来迎合居民的生活背景。澳大利亚拥有大约 35000 名纳粹大屠杀的犹太幸存者，是除以色列以外拥有最大数量幸存者的国家。蒙蒂菲奥里居民中大约三分之一是大屠杀幸存者，此外，还有那些"第二代"，即幸存者的孩子，他们认为大屠杀给他们的生活留下了巨大阴影。他们中有很多人患有创伤后应激障碍症，这些事实会给老年痴呆症患者的管理和病症突发带来复合效应。因此，老人之家启动了一个首创的培训项目，目的是使员工了解大屠杀及其对居民个体的影响以及照料中需要注意的潜在问题。老年人之家的 600 名员工参观了悉尼的犹太博物馆，从幸存者口中直接了解大屠杀的历史。这项培训计划旨在协助员工了解可能激发精神症状的诱因，并且避免唤起居民记忆中的不利场景。建筑师特别注意到这段历史，并有意识地试图避免材料或设计使居民产生监禁或隔离感。这些优雅舒适的房间尽可能地消除了这些不适感觉。

图 1-9 "经典"或普通房间包含一套浴室和一个厨房。图片摄影：布雷特·博德曼；致谢：克兰德·福劳尔建筑事务所

社区一体化

社区参与

项目和服务设计是否旨在成功融入当地社区？
蒙蒂菲奥里爵士之家受到悉尼犹太社区的大力支持，这一现象在悉尼东部郊区尤其明显。其中志愿者项目尤其引人关注，大约有 500 名各个年龄段的志愿者投入大量的时间和资源来服务于老人之家。不过，托管服务才是让蒙蒂菲奥里之家融入当地社区的真正原因。在设计的早期阶段，一所名叫"莫赖亚学前教育学院"（Moriah College Preschool）的儿童保健中心临时占据了基地的一隅，自老人之家开放以来，学院受益良多，它成为了永久规划的一部分。照料服务的主管说："学前教育学院提供了许多美妙的跨年龄互动机会，很快我们将会看见成效。"在一个安息日项目中，孩子们每个星期五从学前教育学院到老人之家参观老年痴呆症特殊照料部，他们一起点燃安息日蜡烛并且参加一个提供面包和美酒的祝福仪式，莫赖亚学前教育学院较年长的孩子们参加"回忆与希望项目"（Zikron V' Tikvah project），并通过与当地居民一起绘画陶瓷蝴蝶（责编注：飞舞的蝴蝶象征了再生的生命）的形式纪念 150 万名死于大屠杀的儿童。这些学龄前儿童中的一部分人成年后返回老年人之家并承担志愿者的工作。老人之家认为居民中许多人是大屠杀幸存者的子女，因此这是一个特别重要的互动环节。在与学前教育学院的互动项目及其他项目中，老人之家已经充分展示出老年人在悉尼犹太社区中的社会价值。

老人之家另外一个成功之处是伯格日间照料中心（Burger Day Care Center）。该中心每周将面对180 名年老体弱的老年痴呆症患者和非常住的健康老年人。该中心在与犹太照料中心的合作中，为老年人诊所的社会化提供了良好机遇，同时使照料人员得以休息。老人之家的托管项目，在社区和照料机构之间发挥了良好的协同作用。日间照料中心的患者和老人之家的居民经常举办临时的互动活动，这无疑增强了社区与蒙蒂菲奥里爵士之家的家庭联系感。日间照料中心的患者可以通过老人之家的联合健康服务系统使用水疗池，通过这种方式，也形成了一个强大的早期监控机制，以了解患者的健康状况，从而降低机构照料中的潜在危机。

社区参与的另一个方面是设计团队早在施工之前的设计阶段，就向当地社区咨询意见和建议，其间举办多次磋商会议并从中获取许多反馈意见，比如建筑用地范围后退 15 米（大约 49 英尺），以减少对街道景观的影响，这个建议后来被设计人员所采纳。未来的项目设计同时也包含周边社区。第二阶段的设计将围绕一个公共广场进行，公共广场设有咖啡店和商业零售区。建筑设计师约翰·福劳尔（John Flower）将广场视为一个联系居民的纽带和给邻里社区的一份礼物，该广场将激活临近基地的原有几处小型商业设施，同时该广场使得未来的老人之家能更好地融入社区。

员工与志愿者

人力资源

是否有适当的政策和设计来吸引优秀员工和志愿者？
蒙蒂菲奥里爵士之家说，我们需要一种多方式结合或者全方位的管理模式协调在职员工，特别是老年痴呆症特殊照料单元的员工。例如，那些负责休闲活动的管理人员的主要工作是为居民组织活动，同时也希望他们能够在用餐时段辅助喂餐。相反，辅助照料人员常常参与机构外出活动。在日常生活中减少员工的数量，多与居民互动，有助于社区充满家的感觉。老人之家同时也得到一个大型医疗合作团队的支持，辅助进行各种治疗活动，如水疗和音乐、艺术和舞蹈疗法。

蒙蒂菲奥里爵士之家的员工集体表决同意机构通过增加报酬来吸引员工，以适应跨专业交互式的分工办法。

志愿者项目得到了专门的志愿者协调机构的支持，此项目由 500 名志愿者参与。志愿者有一个强制性的训练计划并定期进行培训。如果需要，社区也鼓励他们同员工一同进行工作汇报，且每年都会举办志愿者感谢日活动来感谢志愿者们做出的贡献。

·每位居民每天接受的直接照料时间：2.82 小时，其他照料（管理 / 食宿）：2.15 小时。

环境可持续性

替代能源

澳大利亚常年日照充足，如何充分利用太阳能，这是设计师面临的挑战。设计采用落地玻璃墙和天窗，最大化地利用自然光线，减少人工照明。

节约用水

雨水被收集贮存在地下储水罐中，并且在花园中重新使用，以减少对城市用水的需求。现已广泛配置节水型洁具。

节约能源

建筑师在建筑中设计了一个非常巧妙的自然通风解决方法。公共区域或开放的办公空间设置在建筑的转角处。所有这些房间都通往天井、花园或阳台，北边有来自博特尼湾（Botany Bay）的自然风拂过，同时建筑享有穿堂风。这减少了对空调的依赖和温室气体的排放，实现了建筑的自主"呼吸"。中央集中式空调通过分散系统输送到各个房间，居民可以自主调节环境温度。居民的用电方式也旨在节能，建筑通过采用感应式照明控制设备及使用节能照明设施实现节能目标。窗户设置遮阳篷以减少太阳眩光，釉面玻璃也减少了对人工降温设备的依赖。

户外生活

花园景观

花园景观的设计符合照料原则吗？
蒙蒂菲奥里爵士之家项目中有许多庭院或开放公共花园。老年痴呆症特殊照料单元可直接通往花园，另外有单独的庭院为介助型生活公寓和介护型生活公寓服务。一些介助型公寓套房直接面向冬季庭院敞开。不过，就像许多多层建筑设计项目所面临的难题一样，第四和第五层的居民房间不能直接通往庭院，需要搭乘电梯。从某种程度而言，每层设在角部的公共区域缓解了这个问题，在这些区域设有开敞的落地窗，让庭院景观尽收眼底。

根据设计团队的介绍，庭院采用无障碍设计，也就是说，居民可以自由活动，从而大大提高了居民活动能力，同时不用担心受到伤害。花园路径宽而平坦，道路和座椅符合人体工学要求，花园墙基兼作座椅和休息处，道路多为回路，整体设计简洁且易于理解。这些都反映了自主、安全、功能完善与舒适的理念。然而，不足之处是一面5米高（大约16英尺）的钢墙隔开了介助生活公寓和老年痴呆症特殊照料公寓的花园。这实际上

图 1-10 蒙蒂菲奥里爵士之家冬季庭院是众多环绕基地庭院中的一个。　图片摄影：布雷特·博德曼；致谢：克兰德·福劳尔建筑事务所

是一个巧妙的做法，给高于介助型生活公寓一层的介护型照料公寓居民提供了一条进入花园的路径。无论如何，介助型生活公寓的居民将忍受这堵高墙。虽然种植有攀爬植物以减少墙面的单一感，但是四层建筑的高度，大大降低了自由感。从楼上鸟瞰，庭院似乎缺乏私密性，若有人从上部通过，庭院内部的人会有一种被监视感。植物的选择和设计很有条理，配上适当的材料，花园整体让人感觉地处亚热带，整个花园充满活力，引人入胜。

在澳大利亚，温和的气候和低密度的人口意味着年长的澳大利亚人对于作为休闲空间的"后院"有一种特殊的亲近感。老人之家花园的设计确实考虑到下一代年长的澳大利亚人的需要，他们现在居住在高密度住宅中，很少能获得室外空间。这种变化的最终影响是户外家庭生活的缺失。很多澳大利亚人将他们的户外空间处理成晾晒区域或者花园，蒙蒂菲奥里爵士之家的处理手法更像是度假村而不是简单的实用主义，居民们可以在这里休闲放松、冥想静思。

项目数据

设计团队

建筑设计

Flower and Samios Pty Ltd

Level 1, 181A Glebe Point Road

Glebe NWS 2037

Australia

www.flowersandsamios.com.au

室内设计

Gilmore Interior Design

www.gilmoreid.com.au

景观设计

Oculus

http://oculuslandscape.tumblr.com

面积 / 规模

· 基地面积：29350 平方米
    （315921 平方英尺；7.25 英亩）
· 建筑占地面积：9330 平方米（100427 平方英尺）
· 总建筑面积：31882 平方米（343175 平方英尺）

· 居民人均面积：106.3 平方米
    （1144.20 平方英尺）

停车场

133 个停车位。

造价（2006 年 11 月）

· 总建筑造价：112000000 澳元
    （118309900 美元）
· 每平方米造价：3513 澳元（3766 美元）
· 每平方英尺造价：354 澳元（374 美元）
· 居民人均投资：405797 澳元（433093 美元）

居民年龄

平均年龄：85 岁

居民费用组成

所有申请者的财产和收入来源将接受审查，申请低级别照料的居民需要支付入院保证金。所有高级别照料场所的服务均为额外服务。老年人之家十分之一的居民为低收入者。

Chapter 2
A Study of Southwood
Nursing Home

第2章
关于索斯伍德护理院的研究

选择此项目的原因

• 此项目为晚期老年痴呆症患者提供了家庭式环境。

• 此项目为失去行为能力的老年痴呆症患者设计特殊的照料单元。

• 此项目是体现"文化革新"的成功案例。

项目概况

项目名称：索斯伍德护理院（Southwood Nursing Home）

项目所有人：哈蒙德照料机构（Hammond Care），非营利性机构

地址：

Southwood Nursing Home

Hammondville, New South Wales

Australia

投入使用日期：2007年

图2-1 哈蒙德村社区中心的索斯伍德护理院凭借其银色屋顶和小池塘，可以一眼便识别出来，其中"梅多斯"项目位于照片上方。 致谢：哈蒙德照料机构

索斯伍德护理院
哈蒙德村（Hammonville）

图 2-2 项目位置。 致谢：波佐尼设计公司

索斯伍德护理院：澳大利亚

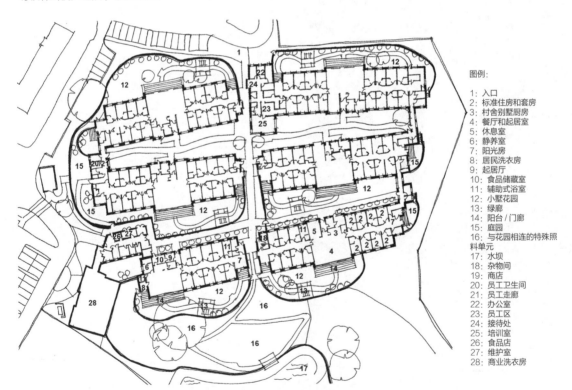

图例：
1：入口
2：标准住房和套房
3：村舍别墅厨房
4：餐厅和起居室
5：休息室
6：静养室
7：阳光房
8：居民洗衣房
9：起居厅
10：食品储藏室
11：辅助式浴室
12：小墅花园
13：绿廊
14：阳台 / 门廊
15：庭园
16：与花园相连的特殊照
料单元
17：水坝
18：杂物间
19：商店
20：员工卫生间
21：员工走廊
22：办公室
23：员工区
24：接待处
25：培训室
26：食品店
27：维护室
28：商业洗衣房

图 2-3 总平面图。 致谢：波佐尼设计公司

社区类型和居民数量

索斯伍德护理院内有 83 位患有中度老年痴呆症的居民，他们分别居住在六栋独特的村社中。在过去几十年里，哈蒙德村（Hammond Village）社区内建立了坐落于悉尼西南部的最新的三个老年痴呆症特殊护理院。哈蒙德照料机构一直试图从先前的设计中汲取经验，不断改进自身，如果要充分了解索斯伍德，人们首先需要了解哈蒙德照料机构关于老年痴呆症照料及其环境设计的研究进展情况。

1932 年成立的哈蒙德照料机构于 20 世纪 50 年代在澳大利亚开发了第一批老年人照料综合服务项目。自 20 世纪 90 年代起，该机构一直专注于为老年痴呆症患者提供全新的服务模式。它们第一个为老年痴呆症患者建设的项目实施于 1995 年 1 月，此项目被称为"梅多斯"项目（The Meadows）。梅多斯项目的设计为 40 位介助型照料服务居民提供小型的家庭式服务单元，服务单元总体划分为三栋独立的村舍别墅。在初始阶段，共设计有三栋村舍别墅，别墅功能齐全，配有厨房和洗衣间。起居室代替护理站，除了湿的区域之外，各个区域的地面均铺地毯而非采用乙烯基地板。梅多斯项目的基本设计理念是住宅式的照料之家，而且是非公共设施化的。它是该机构的第一个项目，主要突显社会式的，而不是纯医学式的照料模式，这个实验性的构想奠定了索斯伍德项目的设计基础。

梅多斯项目最初的设计基于八条简单的原则：小尺度的家庭单元、本土化的布置风格、一览无余的社交和公共空间、满足居民对生活独立性的需求、减少环境刺激性、保证居民有充分的安全感、居民室外通道应简洁易行并最大限度地减少被监视感、家庭单元应靠近周边社区。基于这些原则，项目组已经在澳大利亚东部为 411 名居民建设了 6 座服务机构，他们专注于每个新项目的改进和创新，并从梅多斯项目中受益良多。

索斯伍德是基于这些原则所设计的第五个项目，但它是第一个为那些需要持续照料护理的重度老年痴呆症患者设计的。我们的案例研究着重于对索斯伍德项目的探讨，同时还必须指出梅多斯项目所带来的影响。如果用这种方式研究索斯伍德护理院，同时回溯澳大利亚老年人口的变动状况，将对老年人照料设施的设计产生极大影响。

图 2-4 索斯伍德护理院的 83 位居民分别住在 6 栋独立的村舍别墅中，每户都有独立入口。 致谢：哈蒙德照料机构

地理概况

本土化设计

此项目是如何与场地相互呼应的？

索斯伍德护理院位于悉尼郊区的哈蒙德村，哈蒙德村的住宅新旧混杂，既有大萧条时期作为土地解决项目兴建的原始先锋住宅，又有为新项目建造的住宅。其设计理念之一便是"临近社区"（close to community）。梅多斯项目在设计中为突显这一理念，用本土化的设计方法将建筑融入街区中。索斯伍德项目也有一些相似之处，利用金属屋顶、山墙、阳台和当地风格的花园，对澳大利亚联邦时代风格进行了现代解读，引用了醒目的颜色和办公区域尖尖的高屋顶。索斯伍德护理院依偎在哈蒙德村后，因此，与周边社区关系较弱。尽管这意味着它会对周边环境影响甚微，但从与当地社区比邻而居的角度来看，它貌似也限制了居民从周边社区获益的可能性。至少从视觉上削弱了老年人之家落户于当地该社区的归属感。

梅多斯项目的别墅被设计成"Y"形或者类似（澳大利亚土著人）回力镖状，前面两部分是有回廊的卧室，后面是厨房、起居室和餐厅。设计极大地改变了人们对机构性建筑的通常印象，但是这样也使项目需要更多的占地面积。索斯伍德项目要求容纳 83 位居民，是梅多斯项目的两倍。索斯伍德项目为适应狭窄的基地地形，"Y"形平面被简化为矩型，所有村舍连成一字形。这虽然依然能满足室内设计的最初准则，但是外观上并不像梅多斯项目那样具有明显的家庭化特征。这同时也说明不断增加的造价和稀缺的土地资源要求项目能有新的解决方案，使其既能提高土地利用率，又能坚持家庭的设计原则。

照料

照料理念

项目运营方的理念是什么？这种理念如何应用到建筑中？

哈蒙德照料机构以提高居民的生活质量为自身使命，其照料理念强调人的内在价值，并且尊重每个人的权利和尊严。基于此，设计纲要就是为老年痴呆症患者提供一个有利于提高其独立性的环境，这种环境可以弥补患者生理和认知上的障碍。梅多斯项目的设计原则被重新运用到索斯伍德项目设计中，形成了在设计和使用中极具家庭特色的 6 栋用于居住的单层别墅。

宽松的占地面积促使单层家庭住宅的产生，村中大约四分之一的街区都采用这种布局，这种模式可以为老年痴呆症患者提供一种舒适的、易于接受的家庭化设计风格。在这个项目中，为了能够达到一定的经济效益，该基地必须同时容纳 6 个村舍别墅单元。最终，设计成功解决了单层别墅模式和建筑密度要求之间的矛盾，建筑布局与其外部空间的设计体现出家庭感、友好感和归属感。

每一栋村舍别墅体量都很小，其中 5 栋别墅每栋容纳 15 位居民，另外一栋是特殊照料单元，住有 8 名被其他养老院拒收的重度老年痴呆症患者。经营方本想这些别墅体量能够更小，但它有一个压倒一切的承诺，那就是向所有人提供服务无论他们是否有支付能力。这意味着，为了保证财政运转，每个别墅必须容纳满 15 位居民。别墅采取标准的住宅形式，也就是说，虽然它容纳了大量居民，但是仍设计成和郊区普通住宅一样。但是，由于场地限制，第一个梅多斯项目在模拟普通郊区住宅的建成效果上，看上去比索斯伍德护理院更为成功。因为，梅多斯项目被修剪整齐的花园所环绕，当靠近时不禁会想起自己的家。6 栋别墅各自在其体量中心处力图为来访者提供一个低调的外入口。但是，人们对 6 栋别墅分别设置 6 个一分为二的入口也存在争议，因为这似乎增加了每栋别墅的孤立感。

员工自愿同居民一起在各栋别墅的厨房中一起准备食物。居民用别墅内的家庭洗衣房洗衣，并在屋外花园里的晒衣绳上晒衣服。别墅平面呈一字形，设有厨房和开放式餐厅，起居室位于每栋别墅的中心部位。连接卧室的走廊由中心处的公共空间向两翼展开。别墅内部全部铺设地毯，每个起居室都设有一个壁炉和通往室外花园的出口。别墅不采取输入密码口令或刷卡进入的方式，所有来访者若要进入别墅必须使用门铃。

项目的设计目的是遵循独立家庭的类型特征。就这一点而言，设计只取得了部分成功。另一个设计

图 2-5 每栋别墅都配有厨房，所有餐食由照料员工和居民共同烹制。 致谢：哈蒙德照料机构

图 2-6 老照片展示窗、艺术品和绘画作品放置在走廊的一段段墙壁上来增加路径的可识别性。 致谢：哈蒙德照料机构

目的是使患者能够自我定位，识路，以改善由于老年痴呆症所带来的功能障碍。然而，当居民处于别墅中心的公共空间时，由于"公共"空间具有"家"的空间语汇与感觉，居民仍会面对两侧两条几乎完全相同的卧室间走廊，难以做出选择。但是，每条走廊都会通向一个阳光房，阳光房外的庭院道路可以使访客由外部休息区最终回到别墅中心处的公共区域。当居民离开他自己的卧室时，很明显无论他走向哪一边都会穿越别墅的中心公共活动区，而且步行距离不会很长。

为尽量减少员工和外部环境对别墅的干扰，在别墅的端部设置了一系列连接起各栋别墅的服务走廊。这些走廊既可以把花园围合起来，也可以通过它直接到达各栋别墅。

平面布局则是以道路的可识别性和视觉可达性为原则。住在别墅中的居民可以看见他们所需要的以及想去的地方，也给予居民间交流或保留隐私的机会。从厨房中员工的视线可以穿过起居空间，看见两边走廊及户外区域从而将监督范围达到最大化。设计尽可能减少雷同来帮助居民识别道路。每个走廊涂有不同颜色，每边的卧室都有不同的门把手和灯具。卧室门边的老照片展示窗展示了照片和纪念品，帮助居民识别自己的房间。卧室门从不相对而开，减少居民从自己的房间经过走廊去往其他房间时产生的麻烦。为适应居民的运动障碍，项目对日常设备做了改造。电气开关被

设计为翘板式，厕所的水龙头依据水的冷热涂上红色或蓝色。每个卫生间都设有夜灯以方便居民夜间使用，套房浴室的地板设计为乙烯防滑地面。其他安全措施还包括限制开启的窗户、位于厨房台面下上了锁的药品柜和洗衣池，另外锋利的刀具也都被锁在固定抽屉内，煤气和电都设有总闸。别墅的每一处设计都考虑了居民的安全性，同时也尽可能减少居民使用上的限制。

索斯伍德项目的设计隐藏其公共设施化特征的一面。设计解决项目最初在梅多斯项目中进行实验（最初源自加州迪斯尼乐园的地下服务走廊，或被称为"地下通道"）。员工走廊位于每栋别墅的后方，被一扇隐蔽的门隐藏起来，开启时需要安全卡。利用这些走廊可以使员工在出入设备间、管理系统间、设备存储间和管理区域时不会被注意到。员工可以从员工通道的楼梯间到达屋顶区域，而不用穿越别墅，这样不仅从身体上，而且还从心理上隔离了居民的居住区与服务区。一位员工说："当我在别墅居民区时，我的工作重点是居民，但当我在别墅服务区时可以快速穿行以提高效率，因为我的注意力都集中在手头的任务上。"

社区感和归属感

项目设计和实施如何实现这个目标？
索斯伍德项目是居民回迁计划中非常有趣的一个案例。在 2007 年，哈蒙德关闭了一家建于 1972 年的护理院，它与索斯伍德项目位于同一社区，称为

图 2-7 居民可以对他们房间的家具和饰面进行个性化装饰。致谢：哈蒙德照料机构

图 2-8 每栋别墅都设有一个起居室和一个电视间。 致谢：哈蒙德照料机构

"辛克莱"（Sinclair），是用来为老年痴呆症患者提供专业照料服务的。这里原来是一所主流模式的护理院，在 20 世纪 90 年代，随着对老年痴呆症患者专业家庭照料需求的日益增加，辛克莱转换为老年痴呆症患者服务机构。辛克莱不具备为老年痴呆症患者提供理想居住环境的条件，诸如：多床位的房间、公共浴室、"回廊式"交通机构的封闭设计、有限的室外通道等。辛克莱护理院关闭后，剩余的 55 位居民被转移到索斯伍德护理院，这期间进行了一项关于环境变迁对居民生活影响的研究。[1] 从社会机构性质的建筑设计、医疗化的服务、等级化的员工雇用模式转化为配备多技能通用员工的家庭别墅式的社会照料模式，变化非常明显。研究测评了辛克莱居民的参与度和他们搬迁之后在索斯伍德护理院的情况。居民参与度的含义是当地居民积极参与到周围活动的程度，还包括对自身环境的充分利用。研究发现，在辛克莱护理院，20% 的居民参与了社区活动。在索斯伍德护理院营业 4 个月后，活动率提升到了 58%，可无障碍通达的被藤蔓缠绕的花园、小鸟嬉水池、步行小道等设施都极大地增加了居民间的积极互动。后勤区域的设计避免了动线上的干扰，与辛克莱护理院相比，索斯伍德护理院的采光有了极大提升，别墅中心区的餐厅和起居室都设有明亮的落地窗。花园、厨房、洗衣房等场所允许居民在其中参与更多有意义的活动，这一点与辛克莱护理院相比有很大不同。

环境设计是一个决定性的因素。辛克莱护理院项目运用了传统的手段和药物治疗方式，员工之间也有明确的分工，如护理员、清洁工、厨师、文艺活动服务员及注册护士。梅多斯项目在 1995 年开业时便认识到这个特殊的建筑需要一个完全不同的人员配置方法，于是建立了复合型、全天候的工作模式，并且在机构所有的老年痴呆症照料服务中得到了运用和发展。护理员，又称为"老年痴呆症照料工作者"，协助居民进行个人照料工作、准备饭菜（通常在居民的辅助下完成）、打扫卫生、管理药物、制订照料计划并研究以往照护案例的工作。注册护士扮演老年痴呆症临床技术员和专业顾问的角色，并负责管理居民的日常行为。这种团队合作方式要求员工将他们的注意力从个人任务转移到对居民全方位的照料上。研究表明，在辛克莱护理院项目中，员工 73% 的时间用于相关专业任务；在索斯伍德项目，这方面的时间降到了 59%。在辛克莱护理院项目，员工大概有 16% 的时间与居民互动；而在索斯伍德项目，该时间则上升到了 41%。

梅多斯项目和索斯伍德项目相比最具戏剧性的革新在于其对居民的照料理念。梅多斯为老年痴呆症初期患者而设计，他们可以自由行走，参加各种日常活动；而在索斯伍德项目，大多数居民病情已发展至重症阶段，很多人大小便失禁，存在语言交流障碍，活动能力有限或丧失行动能力。对这些居民使用社会模式的照料方式是具有挑战性的。别墅的空间设计为了照应居民参与活动而设计，如剥土豆、洗盘子、晾晒衣物、打扫卫生，但居民的活动内容也会经常调整。正因如此，某种程度上来说每处设

[1]Ronald Smith, R. Mark Mathews, and Meredith Gresham, "Pre- and Postoccupancy Evaluation of New Dementia Care Cottages,"*American Journal of Alzheimer's Disease and other Dementias*, February 2010.

计都是基于行为能力最差的居民需求而来的。例如，为了适应乘轮椅居民的活动，项目增加了索斯伍德项目厨房地面空间的活动区域。这样，当居民可能无法亲手和员工一起在厨房制作烤饼时，但仍可以参与其中并体验家庭烘焙的乐趣。

创新

项目运营方如何体现理念上的创新和卓越追求？
索斯伍德项目的革新在于它可以让老年痴呆症患者在生命的最后阶段感受到家庭温暖。对索斯伍德项目的研究表明，对于需要重度护理的居民，生活在平常化的氛围中将会更加舒适，在那里他们可以自主选择一天的活动。例如，索斯伍德项目严格实行一项居民自由活动约束法。最初，有些员工发现这个方法非常具有挑战性。该机构认为通过约束居民自由的方法来限制居民尊严、自由甚至人身安全的做法具有更大的风险。方法的实施为索斯伍德项目带来了巨大影响，一些居民来自其他的护理院，他们的活动在那里受到很大束缚，而在这里，他们会慢慢适应从床上转移至椅子上来活动，有的开始行走不需要辅助设备，并且增强了自信心。而那些以前不勤于活动的居民开始为花园浇水，修剪草坪，躺在草地上休憩。后续评估中有数据表明，在新环境中居民的死亡率得以降低。[2] 别墅设计中的唯一不足是别墅两端的阳光房，因为从厨房和中心生活区不能一览无余地看清这个区域，所以在这个阳光房中居民摔倒的事件时有发生。

与目前悉尼当地的老龄人口服务保障方法和技术相比，索斯伍德项目为那些不被其他护理院所接纳的痴呆症患者人群提供了服务上的革新。

然而我们必须注意到，与世界上其他老年人照料设施相比，索斯伍德项目只代表了未来老年人照料服务的一个发展阶段，并不能被视为"最终"解决策略。索斯伍德项目实行着一个特殊的照料程序，该程序面向有认知障碍的人群，该人群的表征为过度沉默、存在生理障碍以及面临无家可归风险或至少因患痴呆症而不被其他养老机构所接纳。索斯伍德护理院由两部分组成，第一部分是一个特殊照料单元，称为"林登小墅"（Linden Cottage），是社区中的 6 栋别墅之一。除了容纳有 8 位居民，在设计上与其他别墅类似。索斯伍德项目每周都会举行居民讨论

会，在讨论会上，员工会与心理健康专家团队及家庭成员共同讨论评估照料策略。当居民可以同时得到医学、精神病学和心理学以及合理的保健计划保障时，可以移居到索斯伍德内部的其他别墅中，但仍然可以享受特殊照料服务。在这个阶段，居民享受常规的老年人照料模式即可满足他们的需求。林登小墅第九个照料床位是可移动的，这意味着当居民对目前的照料模式不适应时可以及时搬回之前的别墅。第十间卧室是为那些身体不适的居民使用的静养室，它设置在与卧室相对的别墅的另一端，以便最大限度地减少对其他居民生活的干扰。

该机构也通过对某些现行法规的理性否定，践行了它的运营管理理念。在澳大利亚，自 20 世纪 90 年代末以来，法规得到越来越多的重视，与医院设计相似，它们推动老年人照料服务运营方将建筑设计向医疗化和员工主动型模式发展。设立这些法规的出发点是好的，但它们往往导致建筑趋于排斥老年痴呆症患者。例如，安全法规要求索斯伍德护理院在居民卧室外的走廊里设置消防设备。因为这些法规是建立在住在这些卧室里的居民具有充分认知能力并能够熟知这些设施的使用方法和具体位置的基础之上的，而根据照料者的经验，事实并非如此，对于痴呆症患者，灭火器并不能得到合理应用。因此，设计团队借用梅多斯项目的经验，将灭火器隐藏在门厅中不显眼的橱柜后面，并按照规定将消防水带卷盘设置在室外。

社区一体化

社区参与

项目和服务设计是否旨在成功融入当地社区？
索斯伍德护理院秉承了"参与生活"的设计理念。护理员工学习居民的生活历史，发掘对他们有意义的活动并同整个团队一起通过创造性的工作使居民参与这些活动。虽然护理院每周都开设艺术课程、雇用音乐治疗师、组织巴士出游，并且居民可以广泛地参与到护理院的活动中，但设计仍然强调居民与更广大社区之间的联系并帮助他们维持这一联系。比如，允许居民时常参与教堂或家庭活动，或者与家庭成员一起活动加强居民间的联系，同时也尊重居民不参加活动的意愿。

---

[2]Smith, Mathews, Gresham, p. 272.

图 2-9 林登小墅的后院，索斯伍德项目的特殊照料单元，居民可以晾晒衣物及打理草坪。 致谢：哈蒙德照料机构

由于索斯伍德项目居民整体的复杂性，维持居民与周边大社区的联系是非常具有挑战性的。在梅多斯项目，大部分居民都有参与外界活动的能力，比如外出购物；而在索斯伍德项目，很大一部分居民身体衰弱，患有严重的老年痴呆症并且无法独立行走。在这种情况下，社区活动被引入护理院，别墅的设计和照料模式都照应了其与社区之间的联系活动。每栋别墅都有一个休息室，在必要时可以转换成允许家庭成员过夜的房间。家庭成员可以在别墅内帮助烹制餐食并和居民一同用餐。所有卧室都是单人间，两间卧室共用一个卫生间，这给予居民和家庭成员足够的隐私。对索斯伍德项目的居民来说，很易于保持与社区的联系，比如一起在客厅的窗边晒太阳，或者和家庭成员坐在花园里活动。特殊照料单元并不是一个管理严格的区域，亲属们可以携居民自由进出社区。然而，别墅照料模式中最关键的要素是强调居民要参与家庭的日常生活与家务，即使居民仅仅是感觉家庭的氛围而已，因为这是维持居民有意义的日常生活以及与社区联系意识的基础。

员工与志愿者

人力资源
是否有适当的政策和设计来吸引优秀员工和志愿者？
索斯伍德项目独特的照料理念、家庭单元式的设计以及通用员工的模式是为了吸引并留住那些对非

社会机构化照料模式怀有工作激情的员工。从辛克莱项目到索斯伍德项目，对员工来说企业文化背景发生了非常重要的改变。因为新的照料模式与之前存在很大的差异，曾经在辛克莱项目工作的员工并不一定适应在索斯伍德项目工作。新的模式需要员工对于整体照料方式有自发地思考并承担更多的责任，比如个案管理、照料规划、烹饪和医疗管理。58 名辛克莱项目的员工符合招聘要求，但是最终只有 37 人被录用。剩余人员在机构内重新负责其他服务或从事机构外的工作。

新的索斯伍德团队参与了繁重的培训项目和企业文化转变项目。员工接受为期两周的新照料模式培训。在索斯伍德项目开业之后的 5 周内，教导员为员工开展照料实践培训。当进入评估阶段时，培训人员需要连续三天在每一个别墅中检查工作。第四天，他们会将问题、优势与面积需求反馈给照料团队和管理人员。四周之后，培训人员会来对整体的实施情况再进行三天的评估并解决突出问题。这个过程为那些一直以来兢兢业业工作的员工适应新的照料模式打下了基础。此项目取得了巨大成功，启动 18 个月之后，索斯伍德项目中 95% 的原辛克莱员工已经被赋予了新的服务职责。一名员工是这么评论的："在辛克莱项目社会机构化的照料模式中，我们可以按照领导的指挥来行动，我们有一种被动式的安全感。在索斯伍德项目中，每栋别墅都像一个家庭，我们需要互相帮助并且主动发挥自身的作用。"一个注册护士说："虽然刚开始很难习惯这种模式，但现在的模式非常具有活力，我是不想回到从前状态的。"

索斯伍德项目也有综合的继续教育项目。员工会定期展开对一些主题的讨论，例如服务范围、自主照料、居民参与以及行为管理。员工可以通过管理部门取得对老年人照护培训的认证资格。位于哈蒙德村临床技能实训中心（Clinical Training Centre）举办了"积极的老年人照料培训"项目（"Positive Aging"），自 2011 年运营伊始，索斯伍德项目从这一项目中获益良多。这个中心每年将培训 200 名护士及医疗综合保健人员和医学专业的学生，并给他们提供机会去直观地感受不同的老年人照料模式。有人预计，这将激发老年人照料服务机构的兴趣和职业发展，甚至会在老年

图2-10 从起居室或阳光房都能进入步行小径。路牙和步行道区分明显，作为标识，高起的花床或休息椅往往是"步行终点"。 致谢：哈蒙德照料机构

人照料或亚急性服务中发挥作用。

索斯伍德项目同时得益于哈蒙德村志愿者项目。100多名志愿者为居民提供了一系列服务，包括交通、教导关怀和一对一的生活服务。

· 每位居民在林登小墅每天接受的直接照料时间：7小时。
· 每位居民在其他村舍别墅每天接受的直接照料时间：4小时。

环境可持续性

替代能源

在索斯伍德项目的别墅中，由于在公共活动区域有大型的窗户，因此白天并不需要太多的人工照明，并且卧室的天窗也提供了大量自然光。带有顶棚的露台可以阻挡澳大利亚强烈的阳光，同时一些柔性的防眩光材料也在顶棚上大量使用。

节约用水

别墅屋顶可回收雨水至附近的池塘并用于花园的灌溉。索斯伍德项目有许多季节性的植物，而且大多数落叶木可以使冬天的阳光照射进来同时阻挡夏天的烈日。绝大多数植物都是抗旱的，通过滴灌系统使灌溉用水量减少了一半。同时，洗衣废水通过废水再利用循环系统得以处理掉。在本地的洗衣房，臭氧技术用于为亚麻织物去毒，大量减少了化学品、水、燃料与电力的使用。

节约能源

每个别墅内都设计有通风装置，能有效地减少对

空调的依赖。通过对每个别墅中电力和燃料用量的实时监测来确保其运转效率，同时减少对资源的浪费。

户外生活

花园景观

花园景观的设计符合照料原则吗？

每一个索斯伍德别墅都有一个位于后部的走廊和景观花园。和别墅室内设计一样，花园里的细节设计也同样细致到位。一条从卧室通往阳光房的小路主导着整个花园空间。这条小路可直接通向别墅的后门或者公园中的某一个长椅。小路足够宽敞，可容纳一个人与一部轮椅或者是两个人并排行走。路牙与道路本身的鲜明对比起到了标识和引导作用。长满草本植物的花园就像是为露营者提供的床，同时这些种植还能为别墅的厨房提供食材。游廊与一些户外设施和烧烤架都体现出增加老年人与社会的联系。

但是，由于基地的限制，这些别墅的花园面积不大，限制了其实用性与吸引力。在梅多斯项目，

"Y"形的别墅平面形式给予花园更大的纵深空间并且更直接地体现了"1/4 英亩街区"的理念（the quarter-acre block），这一理念深深植根于澳大利亚年长者的记忆中。同时，这个理念也提出了对别墅开放度的研究。一个开放式的护栏围合的别墅花园。无论对别墅内部还是外部，它的界面都是开放的，从而进一步表明，这里是家而不是封闭的病房。

安全问题对于痴呆症患者来说是至关重要的，但同时也非常令人烦恼，因为安全保护措施会让人产生封闭与拘禁的感觉。林登小墅中的特殊照料单元采用了一种新的安保方式，像索斯伍德项目的其他别墅一样，林登小墅的起居室与餐厅直接向露台开放并被大约 120 平方米（1292 平方英尺）的花园所围合。但是，这些花园栅栏的大门是开放的，大门通向一个十分开敞的区域，区域中包含一个开放的池塘。这一区域也为林登小墅的居民增加了上千平方米的休憩空间，患有焦虑症的居民可以随时走进这些区域。管理人员对此区域的照料原则是：如果居民想离开索斯伍德别墅，那照料人员应该开门放他们出去，也可以跟着他们或者陪他们一起出行，因为居民有权利离开一个特定的区域。

图 2-11 所有别墅都带有一个私人后院，后院设有围栏、烧烤设施、步行小径和景观花园。致谢：哈蒙德照料机构

项目数据

设计公司

Allen, Jack and Cottier Architects
79 Myrtle Street, Chippendale
New South Wales, Australia
www.architectsajc.com

面积 / 规模

· 基地面积：20850.0 平方米
　　　　　（224427.53 平方英尺）
· 建筑占地面积：5116.0 平方米
　　　　　　（55068.17 平方英尺）
· 总建筑面积：5116.0 平方米
　　　　　（55068.17 平方英尺）
· 居民人均面积：61.64 平方米
　　　　　（663.47 平方英尺）

停车场

因为作为索斯伍德项目一部分的中央洗衣房被拆迁，所以在梅多斯项目、索斯伍德项目、旧设施、债券公司（Bond House）之间提供了 50 个额外的停车位。其中 15 个车位临近索斯伍德项目的公共入口，其余车位靠近员工服务入口。

造价（2007 年 11 月）*

· 总建筑造价：13145555 澳元
　　　　　（13298499 美元）
· 每平方米造价：2600 澳元（2787 美元）
· 每平方英尺造价：241 澳元（258 美元）
· 居民人均投资：160223 澳元（168573 美元）

居民年龄

平均年龄：84.5岁

居民费用组成

无论他们的支付能力如何，老年人之家为所有人提供服务。所有居民均支付月费，其比例约占澳大利亚养老补贴的 85%。那些经过资产或者收入评估后被认为是收入较高的人，将被要求向澳大利亚政府缴纳额外费用。那些有能力支付居住押金的人将支付相应的费用，但是超过 40% 的居民经济困难，因此只能支付标准月费。

*注：这些数据是基于 83 位居民；84 间卧室。

Chapter 3
A Study of Wintringham Port Melbourne Hostel

第 3 章
关于墨尔本港温特林厄姆老年公寓的研究

图 3-1 温特林厄姆社区大厅（又称"棚屋"）拥有一个台球桌和厨房，并向花园烧烤区开敞。 图片摄影：马丁·桑德斯（Martin Saunders）

选择此项目的原因

· 此项目是一个小型老年公寓，为无家可归的老年人或面临居无定所的老年人提供照料服务。
· 此项目的设计理念是居住意义优于照料意义，崇尚保护居民的个性、选择和自由，与先前固有的"照料"理念恰恰相反。
· 此项目在主张项目去机构化的同时，还将客户群的居住行为纳入考虑范围。项目强调社区内营造的居民熟识度优于家庭感，甚至有意拒绝陌生访客。
· 此项目为澳大利亚老年人照料中心的设计提供了一种非传统的设计理念。

项目概况

项目名称：墨尔本港温特林厄姆老年公寓 （Wintringham Port Melbourne Hostel）
项目所有人：温特林厄姆公司（Wintringham），独立的非营利性机构
地址：
Wintringham Port Melbourne Hostel
Swallow Street
Port Melbourne
Melbourne, Australia
投入使用日期：1996年7月

图 3-2 项目位置。 致谢：波佐尼设计公司

墨尔本港温特林厄姆老年公寓：澳大利亚

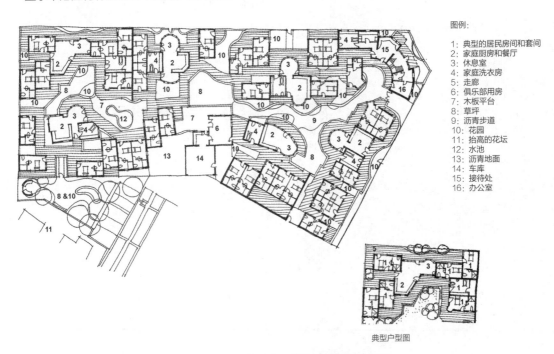

图例：

1：典型的居民房间和套间
2：家庭厨房和餐厅
3：休息室
4：家庭洗衣房
5：走廊
6：俱乐部用房
7：木板平台
8：草坪
9：沥青步道
10：花园
11：抬高的花坛
12：水池
13：沥青地面
14：车库
15：接待处
16：办公室

典型户型图

图 3-3 总平面图和户型图。 致谢：波佐尼设计公司

社区类型和居民数量

此项目是一个拥有 35 个床位的老年公寓，公寓中的老年人有些是无家可归的，有些因居住条件恶劣而面临居无定所的风险。大约 85% 的居民是男性，他们大多患有精神疾病、后天性脑损伤、社会行为失常、早衰等疾病。此外，一些居民处在老年痴呆症的早期阶段，这些特殊类型的居民对此公寓的设计产生了深刻的影响。

墨尔本港温特林厄姆老年公寓于 1998 年获得世界人居奖（World Habitat Award）。世界人居奖由建筑和社会住房基金会（Building and Social Housing Foundation）于 1985 年设立，通过该奖项，社会住房基金会对联合国庇护无家者国际年（United Nations International Year of Shelter for the Homeless）做出了一定的贡献。当年此项目被授予了两个奖项，以表彰其为当下全球性的住房需求和相关问题提供了实践性与革新性的解决方法。

图 3-4　公寓弯弯曲曲的小路使访客仿佛置身于私人空间中，从而提高了居民的场所归属感。　图片摄影：马丁·桑德斯

地理概况

本土化设计

此项目是如何与场地相互呼应的？
公寓坐落在墨尔本港的海湾郊区，临近海岸，大量的工人阶层长期生活在该地区，公寓同时又与海员工会保持着密切的联系。

此项目建在废弃的铁路用地上，这个老年公寓在空间上同周围街景融为一体。人们很难把它从周围带露台的晚期维多利亚风格的建筑中区分出来。公寓没有标志或者高的围墙，显得普通而平常。建筑使用了当地材料，例如砂石砖（一种用当地材料做成的便宜普通砖）和木制走廊，同时又反映出了周围的建筑尺度。一些居民的房间有面街的小阳台，给他们提供了一个消磨时光的场所，同时也将居民生活融入当地社区中。

老年人护理院一般历史并不久远，大量商业建筑材料的运用使建筑外观冰冷，时间的流逝并不能增加建筑的魅力。相比而言，这个老年公寓在过去的15 年里其镀银的松木外墙使整个建筑极具个性，并且使其融入街景环境中。

图 3-5 墨尔本港老年公寓可容纳 35 位老年人，他们之前曾无家可归，或面临无家可归的风险。
图片摄影：马丁·桑德斯

照料

照料理念

项目运营方的理念是什么？这种理念如何应用到建筑中？

温特林厄姆老年公寓的目标是为无家可归或面临居无定所的体弱老年人提供价格优惠并且体面的高质量照料和住宿服务。为实现这个目标，早在 20 世纪 90 年代，温特林厄姆就从澳大利亚政府得到援助资金，建立了三个特殊的老年公寓，这些公寓专门为体弱、无家可归的老年人提供长期住宿。墨尔本港老年公寓是这三个老年公寓中的第三个，并且从前两个项目中吸取了建设中的经验教训。公寓设计旨在支持温特林厄姆有关选择权、人权和尊严等方面的理念。建筑环境设计没有机构化的特点并且安全可靠，这里环境宜人，居民在其中能实现生活自理，进行自我照料。

设计团队首先将老年公寓转化为家庭的概念，而不仅仅是通常意义上的老年人居住照料场所。设计团队认为，这是一个重要的起点，他们从主观出发，设计理念着重强调"关怀照料"，而并非单纯的个性化、自由和选择权的概念。

由此产生的设计项目是一个组团式的住宅。每个组团，或称"家庭单元"，由五至七个设有阳台的房间组成，这些房间可通往公共区域，而且配备有设备齐全的带餐厅的家庭厨房及电视房、洗衣房。每位居民自己的房间都包含个人卫生间和淋浴设施，房间都装饰成北美民居风格。所有房间都设有小阳台或走廊，方便居民通行。此外，社区大厅（"棚屋"（shed））设有一个台球桌及一个社区厨房，面向花园烧烤区开敞。

虽然温特林厄姆老年公寓的设计被定义为去机构化，但其设计目的是强调一种超越家庭的邻里亲近关系。这种定位是非常重要的，因为很多温特林厄姆的居民没有经历过传统的家庭生活模式，这一事实成了一系列温特林厄姆项目概念设计的关键。例如，广泛运用木材。这个材料暗示着一种熟悉和亲近的环境，进一步凸显了公寓的去机构化属性。设计巧妙地考虑了安全问题，如环绕着的低矮栅栏，为场地提供了一个内部空间，而不是一道纯粹的屏障。居民房间和公共区域通过小阳台而不是内部走廊联系在一起，营造出一种既联系又独立的感觉。这些做法呼应了基地周边建筑的尺度和其主要的建筑元素，使公寓成功融入街景之中。

老年公寓的照料方法是支持老年人生活而不是限制他们的选择，居民可以选择全天离开公寓。因此，老年公寓无法照顾老年痴呆症患者，尤其是病情相对严重的老年人或那些无法辨别时间和地点的患者。因为将他们置于开放环境中具有很大的风险，所以照顾这群老年人需要面对较大的挑战。很多证据表明，他们当中很多人长期酗酒并遭受不同程度与酒精相关的脑损伤。因此，行为矫正措施是照料计划的一个重要组成。温特林厄姆的目标并不是"康复"，而是在安全范围内进行管理，同时保证居民个人自由选择权，饮酒和吸烟管理措施由家庭单元护理员制定与实施。

图 3-6 老年公寓的设计没有机构化特征，以至于很难将其从周围带露台的晚期维多利亚风格的建筑中区分开来。 图片摄影：马丁·桑德斯

图 3-7 老年公寓被划分为多个小型家庭单元并且彼此环绕，它们之间由内部走廊和阳台连接。图片摄影：马丁·桑德斯

社区感和归属感

项目设计和实施如何实现这个目标？
家庭单元组团建筑采用雪松和软砂石砖等材料，家庭厨房和公共区域采用家庭式设计，这些都有助于增进邻里社区感和归属感。然而，截然不同的居民特性影响了墨尔本港温特林厄姆老年公寓对这些理念的表达。例如，大多数居民都是男性，行动能力

很强，很少需要临床护理，有高度的独立性。很多居民把公寓当作一个休息的地方，早间或晚间离开，去周边的社区中活动。其他人由于长期居无定所，或遭受后天性脑损伤或患有精神疾病，因而很难参与公共活动。因此，最重要的是居民必须拥有自由选择与温特林厄姆社区互动的权利。老年公寓的交通空间正是要强调这一点，公寓内部具有四个精心

图 3-8 每个家庭单元拥有五至七个居民卧室和一个公共区域，公共区域配有厨房、餐厅、电视间和洗衣房。 图片摄影：马丁·桑德斯

设计的空间层次：

·私人空间，隐私空间（卧室）；
·个人空间与社会空间接触区域（卧室正门和房间阳台区域）；
·邻里交往场所（休息室和厨房、餐厅）；
·社区聚会场所（来自不同家庭单元的居民聚集在公共大厅）。

这些层次使居民能够改变他们的参与度并能为居民提供隐私和安全的保障。走廊连接着 6 个家庭单元的 35 个卧室。这些走廊尤其重要，因为它连接着公共空间与私人空间。居民坐在走廊上就可以看到发生在他们身边的事情，即使他们并不亲自参与活动，也会产生一种置身其中的参与感。

有趣的是，设计原则还包括一项规定：老年公寓"敌视"访客。温特林厄姆公司的首席执行官布莱恩·李普曼（Bryan Lipmann）写道："我们并不是阻止居民接待访客，我们想要营造一种氛围，让居民在他们的领域有权向其他人表示：你们是在别人的家里。不能在内廊随意走动，因为你的活动范围受到了'限制'。"[1]

创新

项目运营方如何体现理念上的创新和卓越追求？
作为一个行业内领先的创新者，温特林厄姆公司的运营方致力于为无家可归的老年人提供养老服务。与很多大城市一样，墨尔本有着大量的无家可归者。他们解决住房问题的方式仅局限于合租、廉价酒店或夜间庇护所等几种方式。20 世纪 80 年代，庇护所虽然名义上是一所养老院，但是无家可归者不能享用一般的老年人照料服务。这些庇护所通常充满暴力行为，并且无法提供所需的专业保健服务。

温特林厄姆公司成立了一个慈善机构，旨在永久解决这个问题。公司的宣传活动和所提供的服务遵循一个基本原则：他们认为这一客户群体是由无家可归的老年人组成，而不仅仅是年长的无家可归者。这不仅仅是一个字义上的区别：它宣称无家可归老年人可以像任何其他澳大利亚公民一样享受同样的照料服务。

和其他澳大利亚老年人护理机构相同，墨尔本港老年公寓在运营中所使用的老年人护理补贴也是从政府获得，但是它提供了一种和主流护理模式不同的独特服务模式。

在老年公寓的环境设计中，有两个创新点尤为重要。第一，设计探讨了室内外空间之间的关系。设计要求内部不再有循环的流线，交通组织由走廊来实现。

[1]"Wintringham: Providing Housing and Care to Elderly Homeless Men and Women in Australia," *The Journal of Long-Term Home Health Care,* 2003.

面对这一挑战，建筑师受他之前在南极的工作经历所启发。在澳大利亚南极站主要建筑物凯西基地（Casey Base）的最初设计中，有近 200 米（656.17 英尺）的内部通道用来连接所有建筑，从而减少探险者与户外极端环境的接触。但是由于许多原因，基地建成不久就关闭了，这些原因中包括设计对探险者所造成的心理效应。与外部环境完全脱离导致探险者患有"外界恐惧症"，使其感受到强烈的孤立感和封闭感。强制的封闭性设计使人心生畏惧，减弱了队员走向户外的意愿，即使天气良好，他们也不愿出去。[2] 新的凯西基地被设计为单独的、彼此不相关联的建筑，从而促使探险队员定期接触外部环境，达到改善心理健康的目的。[3]

墨尔本港老年公寓的走廊为各空间提供了必要的联系，并且需要居民定期体验外部环境。外部的交通流线创造了一个重要的社交环境，也为这群人创造了一种更自然的社交方式。设计团队运用凯西基地的例子来说服监管当局，使他们相信设施内取消内部走廊带来的益处。

第二，老年公寓的设计理念是基于环境塑造人类行为和实现自我形象，公寓装饰的标准极高，温特林厄姆公司相信一个有吸引力的、体面的空间有助于增强居民的归属感，同时在他们的自我形象塑造、世界观、幸福感等方面起到了积极的作用。运营 15 年之后，建筑物仍然保存完好，一切活动都有条不紊地进行。

社区一体化

社区参与

项目和服务设计是否旨在成功融入当地社区？
大约一半的居民没有来自家庭、朋友的联系和帮助，档案中也没有记录直系亲属。温特林厄姆只有大约 15% 的居民与外界有定期的联系，这使公寓融入社区遇到一定困难，因此，社区一体化的重点是支持居民广泛参与当地的社区活动。居民由于无家可归因而很少有机会去接触或发展个人的兴趣爱好，造成这种现象的原因通常是经济和健康问题。活动组织人员为每个居民建立起与他人之间的联系，帮助他们发现生活乐趣并且提供多种休闲方式，从而克服了参与这些兴趣活动的障碍。社区支持居民去国内外旅游，租船钓鱼，参加艺术展览、布鲁斯乐队音乐会（blues band concerts）或进行简单的活动，如去酒吧喝啤酒。居民可以使用老年公寓的电动摩托车，从而使他们能够独立参与社区活动。

员工与志愿者

人力资源

是否有适当的政策和设计来吸引优秀员工和志愿者？
墨尔本港老年公寓雇用兼职的家庭护理人员，他们负责提供个人护理、药物管理、情感和社交帮助，并且在每个家庭单元的厨房中准备食物。公寓内的员工全天工作，在白天，员工与居民的比例通常是一个员工服务 7 个居民；在夜间，一个员工服务 15 个居民，同时有两个照料人员值班，其中一个可以休息但需要保持电话可以联系的状态，公寓内也有一名经理和全职活动负责人。

温特林厄姆公司要求所雇用的员工分享自己的价值观念，如选择权、人权、无家可归老年人群的尊严等。员工不仅仅是简单地胜任工作，还需保持无偏见，而且愿意与可能有心理健康问题或行为问题的客户交往。新员工接受为期两天的培训，与有经验的员工进行他们的第一次轮班体验。同时，该机构还有很多首创，例如，为男女员工提供带薪育婴假，包括现金奖励的 5 年服务奖、提供其他地区或项目的工作机会、健康福利计划、专业咨询获取资格以及灵活的工作安排，这些措施用来吸引和雇用员工。大量的老员工继续留在老年公寓中工作，其中不少人收到了 5 年或 10 年的里程碑奖励。

志愿者在温特林厄姆公司中主要参与娱乐休闲项目，例如，他们协助居民使用计算机上网，同时也帮助公司进行维护、病例管理以及协助家庭照护工作。

· 每位居民每天接受的直接照料时间：6 小时。

[2]*A Psycho-Environmental Evaluation of Australia's Antarctic Rebuilding Program,* Clarke, Wellington & Kong, Melbourne University Programme in Antarctic Studies, Department of Architecture, 1981.

[3]*Redevelopment of Australian Antarctic Station: Australian National Antarctic Research Expeditions Club Statement of Evidence to Parliamentary Standing Committee on Public Works,* Saxton and Sadler, 1987, pp. 305–313.

环境可持续性

替代能源

老年公寓的设计致力于最大化地利用自然采光，以减少对人工照明的依赖。生活区有一部分建筑朝向北面，无论何种情况下，窗户都是面向可最大获取太阳光的角度。走廊作为光的廊架使阳光通过窗户反射到居民房间内。

节约用水

早在 1996 年，在低流量淋浴头和双冲水厕所广泛使用前，此项目就采用了这些设施。例如废水再利用和采用储水罐等，如今也不必对基地内的这些设施再进行更新改造。

节约能源

本设计采用被动冷却和加热技术，外窗尺寸较小，从而减少能量损耗。高高的天花板上设有吊扇，配合适当的保温材料以适应季节的变化并调整室内温度。

项目设计尽可能减少对环境的影响。在寿命期结束时可回收建材并循环利用。这些材料包括作为结构、包层和衬里的人工林木材，用作门窗框、窗台板的雪松，用作楣梁、踢脚板和地板的松木。

优先选用指接木材，因为这使得块状木材得以利用，避免了丢弃所造成的浪费。地毯和刨花板尽量避免产生污染物，以提供较好的室内环境。

户外生活

花园景观

花园景观的设计符合照料原则吗？

虽然建筑被环绕的走廊分隔开，但是花园错落地点缀其中，营造出良好的空间感并强调了它们的设计初衷。为遵循设计理念，花园设计巧妙地提高了居民的独立性。例如，围绕着院子的挡土墙同时作为花园中的座椅，精细的廊柱巧妙地为走廊提供连续的扶手。每个庭院都有一个不同的景观主题，并种植了常见于澳大利亚花园的植物，如树蕨、山龙眼、柠檬树和日本枫树。内部的大型水池为基地提供了一个宁静的环境。庭院配备烧烤设施，用于居民聚会以提升社区意识。这些特征还提供了指示的路标，花园和建筑一起反映了护理理念，即重视居民及鼓励老年人的自尊自爱。

图 3-9 走廊环绕，但不设内部通道。 图片摄影：马丁·桑德斯

图 3-10 老年公寓有很多小花园和庭院。水景周围的挡土墙也可以用作花园座椅。图片摄影：马丁·桑德斯

项目数据

设计公司

Allen Kong Architect Pty Ltd
First Floor, 464 Victoria Street
North Melbourne, Victoria 3051
www.allenkongarchitect.com.au

面积 / 规模

· 基地面积：3156.55 平方米
　　　　（33976.82 平方英尺；0.78 英亩）
· 建筑占地面积：1295 平方米
　　　　（13939.26 平方英尺）
· 总建筑面积：1438 平方米（15478.50 平方英尺）

停车场

3 个地上停车位；2 个车库车位。

造价（1996 年）

· 总建筑造价：2325522 澳元（2440868 美元）
· 每平方米造价：1617 澳元（1697 美元）
· 每平方英尺造价：147 澳元（158 美元）
· 居民人均投资：66443.49 澳元（69739.08 美元）

居民年龄

平均年龄：69 岁

居民费用组成

这些居民都为生活所迫无家可归，或面临居无定所的风险，所以他们在经济上并不宽裕，仅支付每日费用的 79%（低于澳大利亚政府制定的最高费用支付标准的 85%）。

Chapter 4
A Study of Tjilpi Pampaku Ngura

第4章
关于缇皮·潘帕库·古拉老年公寓的研究

选择此项目的原因

· 此项目是一个为澳洲原住民提供养老服务的照料之家，它位于澳洲偏远地区，已经运营超过十年之久。

· 此项目体现了老年公寓与当地社区之间的紧密联系，对项目设计发挥了重要作用。

· 由于地处偏远地区，此项目强调设计、建造、健康照料服务、实施等方面所面对的挑战，为国际上偏远社区老年公寓的发展提供了借鉴作用。

项目概况

项目名称：缇皮·潘帕库·古拉老年公寓（Tjilpi Pampaku Ngura Aged Care Facility）

项目所有人：戛纳帕健康委员会（Nganampa Health Council），一个归澳洲当地原住民拥有的健康机构，位于遥远的南澳洲西北部阿男古·皮詹加加拉和延库尼加加拉人（Anangu Pitjantjatjara Yankunytjatjara）的领地。

地址：

Pukatja

Ernabella Community

Ernabella

South Australia

投入使用日期：2000年10月

图 4-1 缇皮·潘帕库·古拉老年公寓位于遥远的阿男古·皮詹加加拉和延库尼加加拉人的领地，它为老年阿男古人提供16个床位的暂托照料服务。 致谢：柯斯蒂·班尼特（Kirsty Bennett）

图 4-2 项目位置。 致谢：波佐尼设计公司

缇皮·潘帕库·古拉老年公寓：澳大利亚

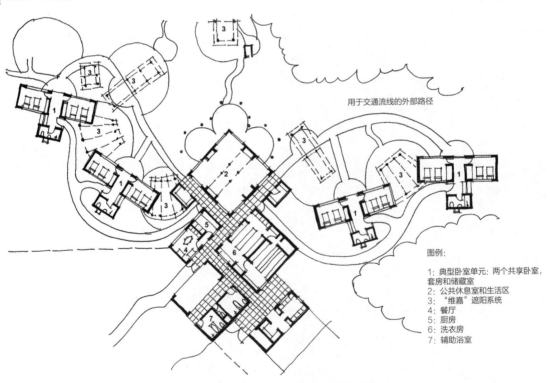

用于交通流线的外部路径

图例：

1：典型卧室单元：两个共享卧室，
套房和储藏室
2：公共休息室和生活区
3："维嘉"遮阳系统
4：餐厅
5：厨房
6：洗衣房
7：辅助浴室

图 4-3 地面层平面图。 致谢：波佐尼设计公司

社区类型和居民数量

1981 年，南澳议会通过了阿男古·皮詹加加拉和延库尼加加拉人的土地权力法案（Anangu Pitjantjatjara Yankunytjatjara Land Rights Act），这个法案认定皮詹加加拉（Pitjantjatjara）、延库尼加加拉（Yankunytjatjara）和纳安亚加拉人（Ngaanyatjarra）拥有 103000 平方公里（39768.52 平方英里）土地的所有权，这片土地位于南澳西南部的偏远地区，它被称为"阿男古·皮詹加加拉和延库尼加加拉人的领地"，或简称为"领地"。为了方便人们对场地大小的了解，他们估算这片土地的面积约是南澳总面积的十分之一，等同于美国肯塔基州的面积，或 3 倍于荷兰国土的面积。该地区整体环境干旱，降雨量少，夏季平均温度大约为 37℃（98 ℉），但夜间温度骤降，冬季平均温度为 5℃（41 ℉）。基地非常偏远，非阿男古人只有经阿男古人批准并且持有签发的许可证才能进入。阿男古大约有六个

主要社区，领地上的人口总数约为 2500 人，这些土地的拥有者称自己为"阿男古"（Anangu），意为"人民"。

夏纳帕健康委员会为社区提供了有关儿童健康、成人健康、牙科治疗、病人照料、老年人照料和卫生工作者培训等方面的医疗服务。"缇皮·潘帕库·古拉"的意思是"老年男性，老年女性"，它是这片土地上唯一的老年人照料设施，坐落在普卡加社区（Pukatja community），位于南澳马斯格雷夫山区（Musgrave Ranges），离北部地区（Northern Territory）的南部边界约 30 公里（18.64 英里），距最近的地区中心城镇艾利斯·斯普林斯（Alice Springs）驱车有 450 公里（279.62 英里）远。普卡加社区的人口有 600~700 人，包括一些皮拉帕人（Piranpa）或其他非原住民。

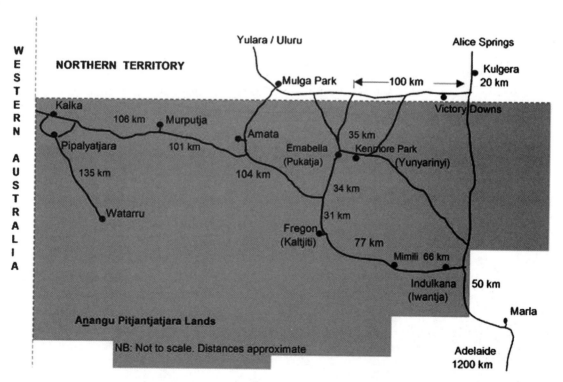

图 4-4　阿男古·皮詹加加拉和延库尼加加拉人的土地面积约为 103000 平方公里（约 40000 平方英里），位于澳洲偏远地区的腹地。

缇皮·潘帕库·古拉老年公寓为需要托管照料的老阿男古人提供了 16 个短期床位。大多数需要照料的居民一次停留两到三个星期，有些停留六到八周，而有些只停留一天或几天时间。最近，有一些老阿男古人打算永久地居住在老年公寓中。

照料设施由五个独立的建筑组成，其中四个是小卧室单元，另一个面积较大，设有宿舍、厨房、洗衣房、起居室和管理室。社区还建有一个被称为"维嘉"的遮阳系统（"Wiltja" shade structures），该系统环绕了整个基地。

地理概况

本土化设计

此项目是如何与场地相互呼应的？

在澳洲这片广袤的土地上，由于恶劣的环境和水资源的短缺，衡量住房的标准往往与是否有自来水供应和是否有功能齐全的卫生间和厨房相关。缇皮·潘帕库·古拉老年公寓的设计强调耐久性和持续性。建筑中的轻型钢架结构支撑着厚重的钢筋混凝土板，为防止啮齿类动物对结构造成破坏，建筑四周被低密度压缩纤维水泥所包裹。屋顶使用了瓦楞铁，这是澳洲标志性的建筑材料。虽然从外观上看建筑有点像个"盒子"，但由于室内天窗的使用，室内空间开敞明亮，大大削弱了人们对建筑的封闭印象。同时，内墙上悬挂着来自当地的大型艺术品。虽然建筑配件并不复杂，但是设备维修非常困难，因为零件需要数周或数月才能运达，因此建筑采取了一定的维护措施。

图 4-5 整个设施由四个小卧室单元和一幢较大的建筑组成。原住民的艺术品悬挂于走道两侧的墙上。 致谢：柯斯蒂·班尼特

对社区而言，建筑所处的区位和场地所承载的文脉以及精神比建筑本身更加重要。虽然对大多数非原住民而言，家不过是砖和沙堆砌而成的构筑物，但是对于很多原住民来说，家是文化的源泉，是精神的食粮。家塑造了生活、道德与文化，更体现着一种认同感和归属感。缇皮·潘帕库·古拉老年公寓的地理位置优越，它面朝群山，景色壮美。

照料

照料理念

项目运营方的理念是什么？这种理念如何应用到建筑中？

缇皮·潘帕库·古拉老年公寓的目标是试图让老弱的阿男古人尽可能长久地生活在这片土地上，而不仅仅是接受医疗救助或地区中心的照料服务。最近的护理中心也与此相距 450 公里（279.62 英里）。老阿男古人一般和家人同住，或住得离家人很近，而且大多数人居住条件简单，交通不便。[1] 缇皮·潘帕库·古拉老年公寓的托管照料模式非常适合这种情况，因为这样可以使老阿男古人在这片土地上正常生活的同时享受到必要的照料服务，他们的家人在照顾老人的同时也可以得到适当的休息和调整，以便能更长期地照顾老人。这不仅仅是出于对个人和家庭的考虑，更是因为老阿男古人在社区文化和精神领域中扮演着核心的角色，他们被当作文化和知识的传承者。如果强制性地将他们迁出这片领地，会让老年人感到悲伤并给社区带来消极影响。

[1] M. Arch, M. Paddy, et al., "Care for Frail Older People on the Anangu Pitjantjatjara Lands," *Issues Facing Australian Families: Human Services Respond*, 3d ed. Edited by W. Weeks and M. Quinn, Longman, Australia, 2000, p. 194.

图4-6 简单的卧室单元由带顶棚的走道连接。在当地人看来，建筑所处的区位和场地所承载的文脉以及精神比建筑本身更加重要。 致谢：柯斯蒂·班尼特

戛纳帕健康委员会照料的核心理念是建立一种可包容和咨询的途径。在阿男古人的眼中和那些帮助其发展的人看来，能够让此照料项目成功的关键就是在建设之前进行了大量磋商。许多年来，领地上的人们一直担心服务不足或不能适应年纪较大的人，没有其他可真正利用的设施来让老年人们继续留在这片土地上，必要的正规照料中心位于艾利斯·斯普林斯，在大约460公里（285.8英里）之外，这意味着老年人将远离他们的家庭和土地。为响应这个需求，戛纳帕健康委员会建立了一个面对老年人和残疾人的照料项目，同时迈出了咨询活动的第一步，咨询面向所有的社区，内容包括需要建立怎样的服务，设施应建在什么位置。最终，成立了一个老年人照料指导委员会，在六个月里开展了五次咨询活动并讨论结果。人们从领地上数百公里远的地方赶来参加这些会议，[2] 老年人们强烈地表达了个人意见，他们不想永久居住在照料院，但是当有需要时会去那里，而不是去艾利斯·斯普林斯。经会议同意，将建立一种托管照护模式，建筑模型做好后被送往所有的社区进行评审，这些评审意见被纳入最终的设计中。这些评审和咨询会由阿男古社区的一位高级成员主持，同时也经非阿男古人的专业老年人照料服务顾问审核，由此收集汇总了大量有意义的结论和正确的信息。

在咨询过程中，社区被问及对老阿男古人来说最重要的是什么，在受访者的回答中，老阿男古人表达出对外面世界的渴望，但是无论他们多么渴望，即便这有时并不是其真实的想法，他们也愿意在当地社区中唱歌、跳舞、讲故事，也愿意参与整个社区中的活动。他们想在不同的社区之间交流，来维持当地的家庭文化纽带和社交关系。他们想去打猎和聚会（即便他们不能再狩猎），指导年轻的阿男古人去了解当地的文化传统，拜访朋友，照顾老年人、残障人士和孩子们。从物质环境上来看，阿男古人想要躲避社会，在隐蔽的地方享受乡村美景。而且他们需要一处地方，在那里他们可以感到安全，如同野生美食（bush tucker，来自野外的食品）那样，享受美味的食物，在那里他们还可以弘扬当地的传统艺术。简而言之，阿男古人表明任何老年照料设施的环境设计必须维护并尊重他们的周边环境和传统文脉。

整个设计过程由三位建筑师合作完成，他们分别擅长原住民的住房设计、偏远地区的社区建设和老年照料设计，设计方遵循由社区所制定的条例。照料设施由四个卧室单元组成，分散布置，朝向优美的景观。他们彼此不相连接，分离独立，这是为了尊重阿男古人之间的社会关系和他们的文化禁忌。每个单元有两个卧室、一个较大的套内浴室以及一个储藏间。一条小路将这些家庭单元连接至中心区域，中心区设有社交空间、公共浴室、厕所、大众厨房、

[2] *Ibid*, p. 195.

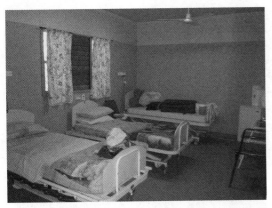

图 4-7 卧室单元非常简洁，由两间共享卧室、一个较大的套内卫生间及储藏室组成。无论他们的身体状况如何，老阿男古人都十分珍惜室外活动的机会。 致谢：柯斯蒂·班尼特

图 4-8 休息用房是一个多功能空间。该机构鼓励居民参与绘画之类的文化活动。卧室里的床经常被移到休息室，当居民身体状况欠佳时可以有他人陪同。 致谢：柯斯蒂·班尼特

洗衣房及行政办公室。一个独立的道路系统将各卧室单元和服务区连接起来，这样照料服务便可以井井有条地进行。

社区感和归属感

项目设计和实施如何实现这个目标？

项目运营方经过三年时间的研究后，将项目选址在普卡加郊区。所有的阿男古社区都认为所选基地是建立设施的最佳地点。这是项目发展最关键的一个方面，因为它可以帮助居民建立社区归属感。基地环境从文化角度适宜辟建活动，文化内涵丰富，特别是它面向被阿男古人奉为神圣的山脉。很大一部分老阿男古人花费大量的时间在室外活动，建筑只是用来提供住宿、存储物品，在恶劣天气时提供庇护，或当人们健康状况不佳时用于休息，因此建筑本身没有基地所处的位置和环境那么重要，社区的场所感起到了决定性作用。

设施的设计是为了让年长的阿男古人在老年公寓中继续维持他们传统的生活方式和生活习惯。例如，火在阿男古社会和文化中非常重要，在缇皮·潘帕库·古拉老年公寓中，不同类型的火运用于不同类型的传统活动中，火苗被安置在火炕中以防造成危险，白天由于太阳和风的影响，火苗处于熄灭状态。

创新

项目运营方如何体现理念上的创新和卓越追求？

缇皮·潘帕库·古拉老年公寓在满足老阿男古人的生活需求和文化禁忌方面有很多创新，例如，许多年长的阿男古人长期患有老年疾病，不少人患有糖尿病，有的患有视觉障碍和眼、肾、心脏方面的疾病（澳大利亚原住民的健康问题几十年来一直都是澳洲政府面临的困难，他们的平均寿命明显低于非原住民）。在缇皮·潘帕库·古拉老年公寓中，一些老年人行动能力已经非常有限。设施设计允许卧室中的床被移到室外，所以这里的居民有很多机会接触到外界环境。设施中的道路宽阔，路面材料经过精心选择以方便居民使用助行器。套内卫生间空间开阔，可以根据需要进行高级辅助护理。

设计团队了解到阿男古人不想改变社区的本土建筑风格，他们仅仅是想走到户外去感受一下外界的活动。建筑真正成为了户外活动的休息场所。建筑开设有极小的窗口，室内自然光线的引入受到限制。每个家庭单元附近都有一个防风墙，居民可以很方便地到达一个庇护空间。

设计团队同时也面临重新诠释老年人照料设计原则的挑战。通过从家庭式风格的装修或者去机构化的建筑设计中寻找先例，可以得知在这样的社区中，如果生活在一个家庭式的或者说熟悉的环境中，将更加容易地接触外界。建筑中一览无余的视线同老阿男古人对隐私的要求平衡，室外的环路设计比室内环路设计更加重要。

图 4-9 由社区建造的"维嘉"（遮阳系统）。致谢：柯斯蒂·班尼特

图 4-10 景观的不同视角用于道路识别，而非家具或颜色。致谢：柯斯蒂·班尼特

虽然这个项目在本土环境下着重关注满足老年人照料需求的途径方法，但是项目的成功更强调在偏远地区设计所面临的挑战。以往这片土地上的建筑都是在现场施工建设，这就要求施工人员在社区中生活数周或数月的时间。这对于戛纳帕健康委员会来说不是一个理想的解决方法，因为它们已经很难寻找到熟练的建筑工人，而且现场质量检查也需要支出巨额费用。所以缇皮·潘帕库·古拉老年公寓被设计为模块化的运输系统，这样房屋便能够在可控的工厂环境中实施组装，从而缩短了现场施工时间。这也是采用工厂预制、现场安装来完成交付的首批实验之一。该设计最终由一家建筑公司在社区中花费了数月时间完成了建设施工。虽然施工方法改变了，但模块化设计得到了广泛的认可，而且模块化的系统已经广泛应用于类似普卡加这样偏远地区的房屋建设中，事实上，这种建造系统在整个澳洲的偏远地区中也得以普及。

社区一体化

社区参与

项目和服务设计是否旨在成功融入当地社区？托管照料设施通过尽可能长久地让居民继续生活在本土社区的方法，理解并维持了阿男古人的家庭观念。它提供了传递知识的途径，老年人将知识世代相传，并且维护了传统文脉。设施除了提供暂托照料服务，还为居民提供洗澡、洗衣、做饭、木柴收集和临床服务，帮助并维持老阿男古人的日常生活。

公寓欢迎居民的家人到访，同时就像一些营地一样，该服务设施也提供一些基本的便利服务，如饮用水、卫生间和用于烧火的场地。但为了保证居民卧室的私密性，公寓并不允许访客进入卧室。为了保证这是一个为居民提供休息的场所，服务设施远离社区并位于普卡加的郊区，同时用高高的栅栏隔离出来。在阿男古人看来，这是设计的积极方面，它阻止了外人进入老阿男古人的私人区域，而不单纯是一个安置老阿男古人生活的场所。对于需要高级别照料的居民来说，尤其是老年痴呆症患者，合适的围栏有很多有益的帮助。

图 4-11　建筑四周是环形的走廊。走廊很宽，以便助行器的使用和床的移动。　致谢：柯斯蒂·班尼特

员工与志愿者

人力资源

是否有适当的政策和设计来吸引优秀员工和志愿者？

缇皮·潘帕库·古拉老年公寓有 15 名员工，10 位是阿男古人。他们全天 24 小时提供服务，平均每天为每位居民提供 3.5 小时的服务。阿男古员工在托管照料中心扮演着重要的角色，他们懂得当地的语言，了解当地的性别、权威和社会关系中的文化禁忌。机构鼓励他们多花时间和居民待在一起，聆听他们的故事并与他们建立友谊，以便让这些老阿男古人感受到尊重。非阿男古员工要接受阿男古历史、组织机构及其作用、阿男古礼仪、基础的皮詹加加拉语等方面的教育，并且了解一些有关灌木食物和阿男古人传统生活方式的知识。

在如此偏远的地区，吸引、培训、雇用员工是非常困难的。这个照料中心为社区带来的益处之一便是为员工提供专业的培训。在过去的十年间，该机构和南澳大利亚高等学院（South Australian tertiary colleges）开展了合作项目，在社区范围内培训业务熟练的员工。让那些文盲员工接受国家标准的照料培训非常困难，同时在雇用员工以及组建一个稳定的团队时又会面临很多障碍。阿男古文化具有高度的灵活性，人们经常参加社区之间的家庭议事，这使雇用长期员工变得十分困难。偏远的地理位置也带来极大的挑战，这里房屋居住条件恶劣，教育机会匮乏。

在近几年，该机构将把提升照料服务水平作为重点，尽可能保证老阿男古人的健康状况，避免将他们送往外地的医院。机构将所有员工送往外地接受培训，旨在提升他们的照护经验。已经有一些员工到别处的姑息治疗中心接受培训并学习最佳的照料方式，以便为照顾身患绝症的居民积累经验。

环境可持续性

针对此项目而言，和城市相比，需要对本地环境的可持续发展赋予一个全新的含义。干旱的环境和偏远的位置对环境的可持续发展带来极大的挑战，这也意味着在设计中很难体现出可持续发展的积极作用。设计项目提出了有效的解决方法，例如，为了减少诊所对空调的依赖，夏纳帕健康委员会的诊所采用了利用雨水的蒸发式冷却系统。但是当这个系统运行时，又要解决防止儿童在储水池中游泳发生意外的状况，这样委员会不得不重新采用空调进行室内环境的温度调节。

因为地处极端的沙漠气候，设计团队需要极大地关注建筑长期的可持续运营。他们在解决供水、污水处理、电力供应等方面投入了很大的精力。由于水中的含盐量很高，为了防止腐蚀，热水装置及配件都达到了工业标准。还有一些方面也面临着持续的考验，如合理的电力供应。使用紧急发电机似乎是一个合理的解决办法，但是在电源发生故障时，由于受到地理位置的局限，发电机能够持续工作的可能性并不高。不过，建筑自投入使用以来已经运行了十年之久，在极端的环境条件下实现了可持续发展。

户外生活

花园景观

花园景观的设计符合照料原则吗?
尽管在沙漠中栽种植物和维护花园需要面对很多挑战,照料中心仍种有大量的桉树来遮阴,同时开发了水灌溉系统来维护那些家庭单元周围的低矮植物。

项目数据

设计公司

Adrian Welke, Troppo Architects
6 Stack Street
Fremantle, WA 6060
Australia
www.troppoarchitects.com.au
Kirsty Bennett, KLCK Architects
68 Oxford Street
P.O. Box 1092 Collingwood
Melbourne Victoria, 03066
Australia
Paul Pholeros, Architect
Australia

面积 / 规模

· 基地面积:设施坐落在遥远的沙漠地带,占地面积大约 40000 平方英里(103600 平方公里),由于这一地区对当地社区来说非常重要,因此无法获取基地的尺寸。

· 建筑占地面积:552 平方米(5942 平方英尺)
· 总建筑面积:552 平方米(5942 平方英尺)

停车场

在 40000 平方英里的沙漠环境中,有无数停车空间。

造价(2000 年)

· 总建筑造价:2000000 澳元(2129282 美元)
· 每平方米造价:3623 澳元(3884 美元)
· 每平方英尺造价:337 澳元(361 美元)
· 居民人均投资:250000 澳元(266160 美元)

居民年龄

大多数老年人的年龄在 60~80 岁之间。偶尔有一些较老的居民,最老的有 99 岁。

居民费用组成

澳洲政府和南澳政府设立了一个为边远地区的社区提供健康服务的机构,该机构所得到的基金用于资助缇皮·潘帕库·古拉老年公寓的发展。

Chapter 5
A Study of Brightwater
Onslow Gardens

第5章
关于布莱特沃特·昂斯洛花园的研究

选择此项目的原因

• 昂斯洛花园遵循尊重居民价值的照料理念，因为这儿的居民曾经受到过歧视。

• 此项目采用了通用化的设计原则，创造了一个无障碍的生活环境。

• 此项目满足了今后可能出现的特殊照料服务需求所面临的挑战。

• 此项目是在文化变迁背景下的一项案例研究。

项目概况

项目名称：布莱特沃特·昂斯洛花园

项目所有人：布莱特沃特照料集团（Brightwater Care Group），澳洲西海岸的一个大型慈善机构，为各个年龄段的人群提供居家式照料服务，为老年痴呆症患者提供照料服务并为有特殊需要的人群提供服务，如后天性脑损伤、亨廷顿氏舞蹈症（Huntington's disease）的病人和残障少年。

地址：

Hamersley Road

Subiaco

Western Australia

投入使用日期：2001年

图5-1 昂斯洛花园的设计融入了周边建筑的要素，如凸窗、山形墙、覆瓦屋顶。 致谢：布莱恩·基德（Brian Kidd）

图 5-2 项目位置 。 致谢：波佐尼设计公司

布莱特沃特·昂斯洛花园：澳大利亚

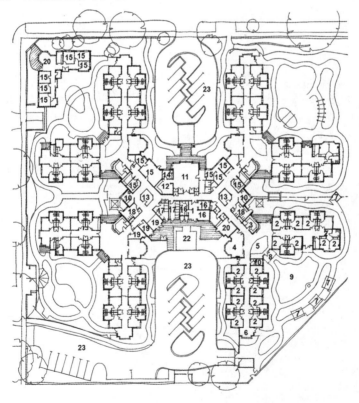

图例:

1: 设施入口
2: 典型的卧室单元和套间
3: 村舍厨房
4: 休息室
5: 餐厅
6: 阳光房
7: 沉思廊
8: 阳台
9: 小屋花园
10: 辅助式浴室
11: 俱乐部
12: 公共厨房
13: 天井
14: 理发室
15: 办公室
16: 食品储藏室
17: 被服间
18: 设备间
19: 维修店 / 杂货店
20: 员工室
21: 设施入口
22: 车库
23: 车位

图 5-3 总平面图。 致谢：波佐尼设计公司

社区类型和居民数量

昂斯洛花园的 4 栋房子中容纳了 60 位护理院居民。护理院的目的是为居民提供高质量并且多种类型的照料服务，这些人由于所需照料需求的多样性，很难获得合适的养老照料服务。项目包括 4 栋房子，或者称之为"村舍"，它们拥有社交共享空间。所有的村舍都为居民提供多样的照料服务。一些居民是患有后天性脑损伤或者身体残疾的年轻人，其他人则因为一些疾病而需要高质量的照料，例如患有老年痴呆症、帕金森综合征和精神疾病，或生理不适，如截肢、肥胖症等。一些居民年老体衰。93%的居民有生理问题，38% 的居民认知能力下降（包括老年痴呆症、方向障碍和失忆）。61% 的居民需要轮椅和支撑协助。

地理概况

本土化设计

此项目是如何与场地相互呼应的？

昂斯洛花园位于一个遗址保护区内。此项目的目的是使建筑融入当地居住环境中，以此保证居民不会被周边社区所排斥。虽然这四个村舍规模很大，但是单层的模块化设计、飘窗和屋顶花园减小了其体量感并在视线上减弱对周边社区所造成的干扰。停车位分布在基地周围，方便人们更容易地进入建筑中。周围的房屋建筑元素被引入昂斯洛花园中，体现在很多细节上，比如飘窗、山形墙、黏土屋面瓦和覆瓦屋顶。房屋的外部面砖种类多样，像屋顶砖和围墙细节的利用与处理，既增加了建筑视觉趣味又削弱了建筑体量。每一栋村舍都有自己的大门，信箱上标示着街道地址、门牌号码，还有一个并不显眼的指示牌。小屋门旁的路口设有公共电话亭、信箱和公共汽车站，这些都增加了项目的本土化特征。

照料

照料理念

项目运营方的理念是什么？这种理念如何应用到建筑中？

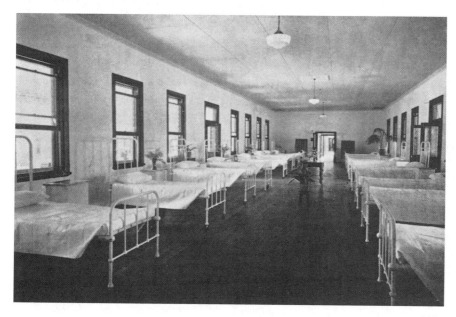

图 5-4　昂斯洛花园的设计取代了"患绝症及濒死病人的静养所"的军营式病房模式。　图片经布莱特沃特集团授权许可使用。

昂斯洛花园的设计受到"社会角色激发"（social role valorization）的哲学理念的强烈影响，这个学说是由沃尔夫·沃夫森斯伯格（Wolf Wolfensberger）在 20 世纪 80 年代提出的。社会角色激发的目的是为那些失去社会价值或者即将失去社会价值的人提供支持，使他们认识到自己的社会价值。沃夫森斯伯格提出在社会中失去价值的人更有可能遭受社区整体性的排斥，成为消极的社会角色，或者与其他人产生社会或空间上的距离。那些衰弱、残障或者有认知问题的老年人和残障的年轻人很有可能成为这一类人。社会角色激发强调人们的社会角色在其他人眼中的重要性，并给他们提供获得美好事物的机会，比如去了解家、家庭、尊严、尊敬、归属感、社区中的话语权、参与权，并且获得工作与自立的机会及标准的住所。

昂斯洛花园所在的基地在 1901 年被布莱特沃特机构购买（最初被称为"静养所"（Homes of Peace））。在这一基地上最初的建筑是"患绝症及濒死病人的静养所"，为人们提供临终关怀和保守治疗服务。在后来的几年中，它也为残障的年轻人、衰弱的老年人以及各年龄段需要高质量照料的人们提供帮助；年龄最小的居民只有 3 岁。

图 5-5 20 世纪 60 年代原有建筑的鸟瞰图，为新建昂斯洛花园，旧建筑在 90 年代末期被拆除。 图片经布莱特沃特集团授权许可使用。

二战后，静养所迅速拓建，最后在像兵营一样的病房里为 270 位居民提供居住服务，最多的时候 6 个人共用一个房间。社交空间被限制在宽大的阳台上，相关服务设施都设置在基地内，如自己的厨房、洗衣店、工程工作间、员工中心和行政中心。照料模式必然是医疗式的，比如，这里的员工系统等级分明，居民都被当作病人来看待。从街上看，它的外观十分巨大醒目，其社会机构化的特征不仅体现在建筑形式上，也体现在照料方式上。

当静养所在 90 年代被拆除时，此机构的目的仍然是为有类似高级别照料需求的居民提供照料服务，但是为了体现一个相对于社会机构化来讲更为现代化的社会参与方式，该模式为社会角色激发理论的实践提供了一个理想的机会。

客户建议建筑师在此项目中让居民融入当地社区，以提高他们的自尊心，同时通过让他们接触社区中残障和患病的人，来增强他们的认知态度。

项目最后设计为类似当地住房的 4 栋村舍小屋。每一栋住着 15 位居民并配备有独立的前门、厨房、洗衣房和大花园。大部分房间为单人房，每个房间有一个洗手间。4 栋小屋由一个中心区域联系，这个中心区域构成了社交场所，当中包含一个俱乐部、美发屋和访客厨房。建筑模仿了周边建筑的尺度和风格，因而此项目成功地融入当地社区的街景之中。由于坐落在两条街的交汇处，其增大了居民与两条街道中社区互动的机会。

在最近几年中，布莱特沃特一直在强调"以人为本"的设计理念，该理念被汤姆·基德伍德[1]（Tom Kitwood）和后来的丹·布鲁克[2]（Dawn Brooker）所发展，这种理念对澳大利亚和英国的养老设施的设计产生了很大影响。

"以人为本"的理念强调照料者和被照料者之间的互动关系，是为了将等级关系和"服务某人"的照料方式转变为伙伴关系和"与某人一起"的照料方式。在传统医疗服务中，这种"文化观念的转变"

[1]Tom Kitwood, "Towards a Theory of Dementia Care: The Interpersonal Process," *Aging and Society*, 13, pp. 51–67, 1993.

[2]Dawn Brooker, *Person-Centered Dementia Care: Making Services Better*, (2007). Jessica Kingsley Publishers: London.

图 5-6 昂斯洛花园的俱乐部。 致谢：布莱特沃特集团

图 5-7 村舍小屋的餐厅家具布置分散，以便居民可以灵活地使用轮椅。 致谢：布莱特沃特集团

对员工来说是一种挑战，昂斯洛花园的员工也不例外。如果没有这种在服务管理理念上的转变，那么建造这样一种建筑所带来的益处就会十分有限。

最初，昂斯洛花园的4栋建筑是根据以下四种功能用途设计的：1栋提供给年轻的残障患者或者脑部创伤者；1栋提供给手术后需要康复的患者；1栋提供给老年痴呆症患者；1栋提供给身体衰弱的老年人。经过10年运营，这些建筑在用途上的区别已经没有那么明显。建筑的许多特征是为了特定人群而设计，例如那些需要重新修复住区的老年人以及原住区的老年人。另外，一些居民会对建筑内不同类型的居民共同居住而感到不适。比如，一个有脑部创伤的年轻患者与老年痴呆症患者生活在同一栋房子中会感到不舒服。

社区感和归属感

项目设计和实施如何实现这个目标？

这些拥有 15 位居民的村舍小屋迎合社区生活的理念。因为大约三分之一的人患有认知衰退，包括老年痴呆、失忆和方向障碍，小屋的小尺度设计减少了他们潜在的认知困难并能在一定程度上消除忧虑感。这也为居民创造了与相邻小屋联系的机会。项目设计非常灵活，允许在小屋独自居住或者与其他小屋进行交流。在每栋小屋中，厨房旁边的门都通向中心的公共社交区域，通过这扇门居民可以互相拜访。两栋小屋的外部通过花园间的小路连接，在它们之间可以自由通行。

对公共区域中细节的重视也反映了设计对创造潜在交流机会、增进集体感和彼此联系的关注。美发屋旁的厨房设有一张大桌子，为等待理发的居民提供用于相互交流的机会。这些社交区域都在建筑范围之内，保安人员夜间在小屋间巡逻时十分便利。尽管做到使这些区域舒适怡人并受大家欢迎十分困难，但是这一目标很有必要，同时也具有很大的现实意义。建筑设计的解决办法是增高天花板的高度来营造空间感，并用两个天井为室内空间提供自然光，使这些社交空间更加具有引导性。

从原来的家中搬到昂斯洛花园在归属感上的确对居民产生了重大影响。之前，这些居民一直共用一间

卧室，最多时候一间卧室同时容纳五个人。在昂斯洛花园中，大部分房间是单人间，这使居民有机会对他们自己的空间进行个性化装饰并在必要时保留隐私。护理人员进入房间前需要敲门，这个看似微不足道的改变却树立了居民的主人翁意识并创造了彼此之间相互尊敬的意识。昂斯洛花园最初有两个共用的房间，其中一间专门设计给一位年轻的残障人士，他已经习惯了社会机构化的合住形式，以至于他不想独住。就在撰写这本书时，管理团队正在商讨如何将这些房间变为单人间，这也说明要满足特殊居民的需求是十分困难的。在设计阶段也存在来自员工方面的压力，这些员工习惯于之前的建筑模式，因而希望有更多的合住房间。建筑师最终采取了折中的办法，在 16 个房间中增加了 8 个可移动的墙体。不过这些墙体从来没有使用过，因为居民更喜欢居住在单独的房间来保护自己的隐私。这个问题反映出，当重新设计生活环境时，就必须面对改变人们的文化观念以及员工对居民需求的态度所带来的挑战 。

在此项目中，为居民提供适当的座椅是非常重要的，这能鼓励他们参与社交活动并增进交流。布莱特沃特集团对昂斯洛的居民给予了极大的关注，为他们提供了专门的座椅并配备了专业的诊所。布莱特沃特集团的高级经理弗吉尼亚·摩尔（Virginia Moore）这样解释道：“对行动有障碍的人士来说，

图 5-8 昂斯洛花园的居民卧室。致谢：布莱特沃特集团

图 5-9 每个小屋都有一个起居室。 致谢：布莱特沃特集团

不合适的座椅会十分消耗体力。他们关注的重点一直是保持平衡与正确的坐姿。如果你提供合适的定制座椅，他们的精力就可以放在参与社区事务上来。"大部分居民不会使用护理院中常用的那种急救式大椅子，而选择使用专业的轮椅。这一点也反映了社会角色激发理念的服务宗旨，因为人们通常在普通社区中看到轮椅；而急救式的椅子则表明他们正处于一个医疗环境中，并被贴上"不健康人"的标签。

创新

项目运营方如何体现理念上的创新和卓越追求？昂斯洛花园的设计宗旨在今天看来可能很普通，但在 2001 年，这是具有创新性的。其中四栋村舍小屋住着不同类型的居民——痴呆症患者、脑部受损的年轻人、在生理或心理上需要高级别照料的老年人，这些都足以证明这是一个优秀的设计，因为一项优秀设计总能满足更广泛的需求。

建筑的环境设计可以帮助居民增加对环境的认知，这弥补了居住个体的残障所带来的行动障碍。这些设计都是基于有利于满足痴呆症患者生活需求的原则。比如，小屋"V"形的设计将居民和员工的视野最大化。当他们走出卧室时，居民能通过较短的走廊看到厨房，并且在大多数情况下，他们也能看

到走廊尽头的壁龛。员工可以从厨房中看到卧室走廊并能同时向外看到花园，这是一种巧妙的看护设计。设计中还巧妙地掺杂了不同的颜色、材质及小物品来帮助指明方向。卧室的门被刷成不同的颜色，还镶嵌有各种图案。在公共的社交区域，两个天井的形状或摆放有所不同，以此作为寻路的标志。小屋被设计为当地的住宅样式以提高熟悉度、归属感和幸福感。休息室中有壁炉和大飘窗。每栋小屋内都有厨房，居民如果愿意，可以在这里协助准备食物。

然而，为了满足各种类型居民的照料需求，家具摆放面临一种挑战。61% 的居民使用专业的轮椅，所以小屋中的家具要设置得松散一些。比如，居民在吃饭时使用轮椅，一张桌子就只能坐较少的人。这一点影响了小屋的居住质量，并引发出一个难题，即如何在这种特殊环境中重新审视美学问题。在客厅和餐厅使用颜色鲜亮的乙烯涂料地面，虽然这样做具有一定的实用性，但却显得有些突兀，与设计者所要表现的家庭风格格格不入。

每栋小屋都有着基本一致的建筑布局。但是在一些情况下，不少特殊的元素被加入建筑之中，以满足一些特殊的感知需求。比如，一栋小屋是专门为手术后或者患有慢性病的康复者设计的。花园中的路

径是台阶式的，以便这些居民做轻量的、锻炼平衡性的运动。但是设计中所考虑到的那类居民并没有住进这间小屋，而这些台阶现在就成为现有居民生活中的一个显著障碍，这间小屋中大部分的居民都会使用轮椅或者有行动障碍。这再次表明了为特殊群体设计所面临的困难：原来为特殊群体考虑的设计元素在现实中变成了现有居民的障碍。

社区一体化

社区参与

项目和服务设计是否旨在成功融入当地社区？
基地原来四面都与马路相邻，其中一条马路非常繁忙。原先的静养所是一个很大的机构式综合建筑，占地 2.5 公顷（6.2 英亩）。为了减小新建建筑的规模，昂斯洛花园计划只能入住 60 个居民，占地1.12 公顷（2.77 英亩）。昂斯洛花园特意设计在最靠近社区的角落，尽最大可能融入当地社区。基地中剩下的面积大约有 1.4 公顷（3.46 英亩），被出售给私人开发公司，现在建成了 35 栋大尺度的房屋。因此，昂斯洛花园被居民区环绕，并且融入了一个以它为中心的社区中。

提格伍德项目（Tinglewood）是为脑部受伤或者身患残障年轻居民开发的另一栋村舍小屋，如今也已经非常好地融入了当地社区。小屋正面对着街道，有独立的入口，后院设有凉亭，供居民与亲人好友一同休憩游赏，休息室的飘窗直接面对当地的橄榄球场。在这个小屋中，15 位居民中虽然只有 2 位可以自由活动，但大部分居民会经常选择使用轮椅或无障碍出租车去访问附近的咖啡屋、商店和图书馆。

员工与志愿者

人力资源

是否有适当的政策和设计来吸引优秀员工和志愿者？
昂斯洛花园中三分之二的员工原先都在静养所工作。这样一个完全不同的建筑和照料模式对员工来说是一种挑战，他们需要重新考虑工作方式。比如，每个小屋工作的员工都组成团队以减少员工每天需

要接触的居民数量。在头十年的运营中，昂斯洛花园采用了传统的员工工作模式。然而，撰写这本书时正值 2011 年，为了满足多样化的照料需求，同时秉持以人为本的照料理念，昂斯洛花园开始采用复合技能的员工模式。

昂斯洛花园有一个大规模的健康团队，其中包括一位理疗师、职业治疗师、语言病理学家和助理治疗师，还有其他社会员工以满足居民的其他需求。

昂斯洛花园还有一个活跃的志愿者团队，志愿者团队由 20 人组成，帮助进行户外游览、感知活动以及满足居民的个人需求。医疗团队为志愿者团队提供支持，其中语言病理学家为志愿者提供喂食训练课程，以便他们帮助吞咽困难的居民，职业治疗师为志愿者提供职业训练，使他们能够与患有痴呆症的居民进行交流。

·每位居民每天接受的直接照料时间：4.5 小时。

环境可持续性

替代能源

昂斯洛花园使用太阳能设备来辅助电加热。房屋管理系统监控所有系统的运行。在卧室的走廊设置天井，以便最大化地利用自然光，照亮原先非常昏暗的区域。

节约用水

节水水龙头和花园中的网状喷头被引入设计中。因为该建筑地处容易发生灌木火灾的地区，法律规定必须存有 100000 升水（26417 加仑）用来灭火。

节约能源

项目采用被动式节能设计，比如使小屋朝向东西方向，设置窗罩（固定式遮阳结构）、阳光控制系统和屋顶隔层，这些都减小了对人工取暖和制冷的依赖。同时还采用了低能耗电灯。

图 5-10　四栋村舍小屋都拥有大花园或者后院，庭园宽阔的小径通向小屋。　致谢：布莱特沃特集团

户外生活

花园景观

花园景观的设计符合照料原则吗？

每一栋小屋都有自己的大花园并有着独特的小径设计。小径不是死胡同，总能通向某一栋小屋，因此不会造成居民迷路。为痴呆患者设计的小屋的花园中有 3 个棚子，这是为了鼓励居民翻查这些棚子以便帮助恢复记忆。一个棚子内有旧式澳大利亚厨房里的工具，一个棚子内有一个 20 世纪早期的洗槽，另外一个棚子藏有很多同时代的小饰品。这些物品可以让居民产生兴趣，唤起记忆并鼓励他们开展彼此之间的交流。提格伍德这栋房子有一个附带小桥的水池，花园能够激发年轻人的探索欲，带给他们启发，并能愉悦身心。因为缺少露台和走廊，一些小屋在恶劣天气时会关闭室外道路。

项目数据

设计公司

Kidd and Povey Pty Ltd
7 Monger Street
Perth, WA 6000
Australia
www.kiddandpovey.com

面积 / 规模

· 基地面积：11199 平方米
　　　　（120545 平方英尺，2.77 英亩）
· 建筑占地面积：3543 平方米
　　　　（38136.53 平方英尺）
· 总建筑面积：3543 平方米（38136.53 平方英尺）
· 居民人均面积：59 平方米 /（635.61 平方英尺）

停车场

30 个地上停车位。

造价（2000 年 5 月）

· 总建筑造价：4927900 澳元（5186163 美元）
· 每平方米造价：1391 澳元（1464 美元）
· 每平方英尺造价：127 澳元（136 美元）
· 居民人均投资：82131 澳元（86086 美元）

居民年龄

平均年龄：72 岁

居民费用组成

所有居民每月缴纳 85% 的个人养老金作为费用。经过资产或者收入评估后被认为是收入较高的人，将被要求向澳大利亚政府缴纳额外费用，这部分费用等同于 95% 的澳大利亚老年人照料服务的支出，通过服务提供者缴纳给澳大利亚政府。

第二部分

Part II

日本项目

Japanese Schemes

Chapter 6
A Study of Akasaki–cho
Day Care (Kikuta)

第6章
关于赤崎日间照料中心的研究

作者的记录

2009 年 2 月，本书中的四位作者访问了位于日本东北部沿海地区岩手县的大船渡。我们参观了包括"向日葵"和"菊田"在内的几家照料老年人项目，接下来在疲惫的两天中，我们在菊田——这所美丽绝伦的日式酒店里举办了一场宴会，这座历史悠久的房屋被用作社区居民的老年人日间照料中心。宴会由员工筹办，他们以超高的工作热忱欢迎我们的到来，这让我们很开心。我们和居民们在那里建立了真挚的友情，并与他们展开了生动的讨论，同时感受到他们的无私好客，这段时光令人终生难忘。

2011 年 3 月 11 日，当地时间大约下午两点钟，一场九级地震发生在离大船渡不远的太平洋上。根据记录，岩手县是日本受灾最严重的地区。这场破坏性地震具有巨大的毁灭力，但接下来的海啸给大船渡及其周边地区带来更为严重的破坏。海啸彻底摧毁了位于菊田的老房子和日间照料中心，只有建筑的大门柱幸存下来，提醒人们这里曾是一所美丽的家园，是一处优美的工作场所。虽然当时房屋里没有居民，但居民仍然对这次灾难深感痛心。来自世界各地的人们，尤其对于曾经一睹美景的我们来说都深表叹息，如今美景已经逝去，但痛苦却显得愈加强烈。

选择此项目的原因

• "菊田"是一座有着一百多年历史的传统日本房屋，它被用作针对老年痴呆症患者的成人日间照料中心。

图 6-1 赤崎（菊田）日间照料中心服务于当地社区的老年痴呆症患者。建筑建造于一个世纪以前，是一座传统的日本住宅，其中许多原始功能得以恢复。 致谢：史蒂芬·贾德

• 此项目是一所日间照料中心，它由四个核心哲学概念所驱动，即社区、生活方式、文化传统及旧时记忆。

• 人们对于许多专门营建的日间照料中心有一些固有的想法，此设施微型的体积和传统的设计则对这些固有的想法提出了挑战。

• 日本传统家居的设计特点被有意保留下来，以此来增强客户的熟悉度。

项目概况

项目名称："菊田"（"Kikuta"）又名赤崎日间照料中心（Akasaki-cho Day Service Center）是这栋房屋的名称，也是曾在当地工作的乡村医生的名字。

项目所有人：纳屋黄川田博士，社长，天神会社会福利基金会（Dr.Noriya Kikawada, President, Social Welfare Foundation Tenjin-kai）

地址：

山马越196号

大船渡町

大船渡市，岩手县

日本 022-0002

投入使用日期：2005年4月

○"菊田"日间照料中心
大船渡

图6-2 项目位置。 致谢：波佐尼设计公司

"菊田"日间照料中心：日本

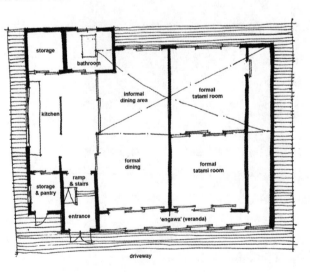

图例：
storage：储藏室
bathroom：卫生间
kitchen：厨房
storage & pantry：食品储藏室
ramp & stairs：坡道和楼梯
entrance：入口
informal dining area：日常用餐区
formal dining：正式用餐区
formal tatami room：正式榻榻米房间
'engawa' (veranda)："缘侧"（走廊）
driveway：私人车道

图6-3 平面图。 致谢：波佐尼设计公司

社区类型和居民数量

"菊田"日间照料中心位于日本岩手县东北的港口大船渡市，是一处专为老年痴呆症患者设立的日间照料中心。该中心处于一栋修复过的有着百年历史的传统日本房屋中，建筑位于一个住宅区旁。

在日本的长期照料保障制度（Long-Term Care Insurance System）下，"菊田"的功能被归类为"社区型服务"，它提供"针对痴呆症患者的专门日间护理"。所有"菊田"的居民均来自当地的社区，因此居民彼此之间相互了解，有着很多共同的习惯与社会基础。相对于新的有意而建的社区日间照料中心，"菊田"有一个明显的优势，那就是它作为一个传统房屋坐落在住宅小区之内，早上员工用迷你巴士从家中接走居民，下午再把居民送回到家，所花在路程上的时间很短。

"菊田"日间照料中心并不是一处大型建筑，它每天最多只能接纳 12 名患有轻到中度的老年痴呆居民，通常情况下，他们平均每周来这里四到五次。大部分居民每天都来，并借此机会互相熟悉以增进彼此之间的关系。

"菊田"日间照料中心是传统的日式一层木结构建筑，占地面积 261 平方米（2809 平方英尺），对于可以容纳一个日本大家庭的住宅而言，它的面积十分合适。项目位于一个住宅区内，附近有一所幼儿园、一所小学和一所初中。

图 6-4　菊田日间照料中心位于一个住宅区的中心。附近的学校促进了两代人之间的非正式交流。　致谢：史蒂芬·贾德

地理概况

本土化设计

此项目是如何与场地相互呼应的？
这座修复的建筑最初是社区内的一个私人住宅。设计通过修复保留原来建筑的外观特征。因此在当地居民看来，"菊田"日间照料中心已经在文化审美和社会功能上完全融入了当地社区。

照料

照料理念

项目运营方的理念是什么？这种理念如何应用到建筑中？
"菊田"日间照料中心针对老年痴呆症患者的照料理念是基于"在当地社区的共同生活"。这意味着"菊田"照料中心是以客户、家庭、员工和当地居民之间可以相互提供支持和关心为起点的，并非员工提供的支持。

对于"菊田"日间照料中心来说，关键词或短语是"社区""生活方式""旧时记忆"和"文化传统"。因此，项目选择一个旧的私人住宅改造成日间照料中心是非常重要的，人们认为老年人可以在这类房子中缅怀过去。这栋房子是菊田博士的私人住宅，他曾经骑马为社区中的居民进行上门服务，如今这栋房子以他的名字命名。博士和他的家人直到大约40 年前还都住在这栋房子里，从那时候起，这栋房子便被社区认为是"菊田博士的房子"。

在修复这座建筑物时，人们非常注重保护其原有的特点，传统日式房屋的特征如炉具、神棚（神道祭坛）和乱马（刻在门上的木纹）被保留下来。另外，设计增加了一间厕所和浴室以便居住和外

图 6-5 居民在客厅的神道祭坛前祈祷。 致谢：史蒂芬·贾德

来的客人访问。为了维持客户的熟悉感，房子中被视为通行障碍的某些特征仍被原貌保留。例如，前门的门槛在日本的家中是一个重要的标志，即使高出地面一步仍被保留下来；鹅卵石花园对于老年人来说通常被视为一个危险的路段，但是位于主入口

图 6-6 "菊田"传统入口的高门槛。原入口处的门槛被保留下来是因为它具有传统的特点，在那里为行动不便的客户安装了一个斜坡。 致谢：史蒂芬·贾德

外面的鹅卵石花园仍被保留下来。之所以选择这些，是因为较高的门槛和鹅卵石花园对于日本老年人来说是非常熟悉的。照料中心内安装了轮椅坡道，坡道的材料和颜色均经过了仔细的挑选，以便与传统房子精心融合并保持家庭的氛围。

房子拥有很多空间，这对于维持"菊田"日间照料中心客户的生活方式来说至关重要。中心内有一个供祈祷者用的神道祭坛、一个多功能厨房以及一个菜园。樱桃、枫木和房子周围的其他树木也都被保留下来。天神会社会福利协会表示菊田的主题是"重建家与人性"。

社区感和归属感

项目设计和实施如何实现这个目标？
"菊田"日间照料中心是一个居民可以体验"家庭生活"的地方，也是居民聚在一起娱乐和放松的地方，周边社区的居民也可以在这里聚集。为了提高社区居民作为"菊田"客户的参与度并提高居民的归属感，照料项目和环境设计纳入了四项原则。

第一个原则是使客户保持他们已经习惯的生活方式和生活节奏。因此在设计中纳入了让客户可以继续体验家庭生活的空间。例如，客户可以在厨房做饭，可以缝纫、洗衣或烘干衣服，也可以在回廊摆放各种工艺品，还可以照料植物花园。通过对神道祭坛的保留修复，居民可以保留他们每天早上在祭坛面前拍手祷告的传统来开始这一天的生活。多功能厨房可以让员工和居民一起做饭，从某种意义上说，居民可以教年轻的员工做传统的时令菜肴，然后围坐在一张桌子前谈笑风生并享用美食。

第二个原则是创造一个使居民、员工和当地居民都感到安全的地方。"菊田"日间照料中心选择类似于布料和屏风那样的纸木框推拉门代替实心墙来分隔房间。地板上覆盖着传统的秸秆榻榻米床垫，这使居民的生活空间既有一定的距离和隐私，又使居民间不彼此孤立。因此，它能使居民感受到房间中其他人的存在，同时也能进行自己喜欢的活动。利用这种"人际距离"（humane distance）的概念，居民永远不会感到孤单。

图 6-7　在一张桌子上共享美餐，以此来创造"家庭生活"并增强归属感。　致谢：史蒂芬·贾德

第三个原则是创造一种宁静的氛围促使居民想要住更长的时间。为了做到这一点，设计保留了传统房屋中宁静的特点，使用了传统的灶具、支柱、装饰画、神道祭坛和榻榻米床垫。这些可以创造

出一种氛围，即居民在这里入住时，即便相互之间没有言语交流，也能惬意地打发时间。"菊田"日间照料中心的设计试图用环境来对这里的居民，甚至当地社区的其他成员加以辅助治疗，使他们尽管患有老年痴呆症，仍然能享受平静的生活。

最后一个原则是创造一个可以有效刺激居民五官感觉的环境。例如，柔和的灯光和花卉可以吸引居民的视觉；在砧板上切碎食物有节奏的声音、微风的低语和鸟儿的鸣叫声可以吸引居民的听觉；柔软的土壤、寒冷或和煦的风以及洒在露台上温暖的阳光可以吸引居民的触觉。

创新

项目运营方如何体现理念上的创新和卓越追求？
在日本，尽管"家庭"的观念正在迅速转变，但是经过共同努力，"菊田"日间照料中心创造了一个不仅能让居民，而且能让他们的家人、员工，还有当地社区的人们都感到安全与舒适的环境。人们乐于使用重新修复的老建筑，再加上运作有方的照料模式，这便意味着"菊田"日间照料中心已经被当地社区广泛认为是一个具有家庭感的地方。

"菊田"日间照料中心的另一个目标是保护当地重要的文化遗产并以此在日间照料中心内创造一种积极向上的社区感。初次购置时，该建筑已经年久失修，人们重新利用了几乎所有的现存材料

图 6-8　秸秆榻榻米床垫，一种被广泛使用的日本传统地面。致谢：史蒂芬·贾德

图6-9 "菊田"日间照料中心的居民可以参与的室内活动：做饭、缝纫、洗衣和园艺。 致谢：史蒂芬·贾德

来修复它，因此没有对周围环境造成破坏。曾经作为社区中重要人物的住宅，这栋建筑物的重修受到了当地居民的一致好评，他们把修复完成的建筑当作整个社区的资产。

社区一体化

社区参与

项目和服务设计是否旨在成功融入当地社区？

"菊田"日间照料中心项目的首要目标之一是营造一种引人入胜的气氛，使周边社区的居民无论何时访问都能感到舒适。这个目标已经在几个方面得以实现。例如，设计露台的目的在于给屋内的居民提供良好的视野及活动的地方。无需进入房间，邻居们就能在露台上和屋内的居民对话，这是一种日本传统的邻里之间的社交方式。房子周围没有像篱笆一样的围栏，这使空间显得开阔并给人一种邀请参观者的感觉。邻居们经常带着

狗来散步并停下来同居民聊天，或在菜园里帮忙。夏天，学生们在回家的路上也可以停下来参加居民的"切西瓜"游戏。居民们也教来访的孩子如何玩这类传统的游戏。

"菊田"日间照料中心也经常参与当地的社区活动。例如，当地社区居民使用这里的会客室举行社区老年痴呆症信息会议。同时，"菊田"日间照料中心也鼓励当地中小学的年轻志愿者来此地进行访问。他们甚至还邀请当地居民参加应急演习。

员工与志愿者

人力资源

是否有适当的政策和设计来吸引优秀员工和志愿者？

员工均通过了全国统一考试，并有与老年人一起生活的经验。

· 每位居民每天接受的直接照料时间：3.4小时。

环境可持续性

替代能源

无。

节约用水

"节约用水"的标识已贴在水龙头附近。

节约能源

"节约能源"的标识已贴在电源附近。

户外生活

花园景观

花园景观的设计符合照料原则吗？

"菊田"日间照料中心项目修复前曾作为私人家庭住宅，花园被看作原主人生活方式的延伸和财富的象征。现在这个住宅已被用作日间照料中心，但花园的作用仍被保留。"菊田"日间照料中心有一个菜园，大约330平方米（3553平方英尺）。

在这里，许多曾在田间工作过的居民施展才华，他们用自己的经历教年轻员工如何在田地里劳作。

菜园里还有各种各样的树木，包括日本杏树、樱桃树、枫树、板栗和核桃树，所有这一切都可以显示出季节的变化。"菊田"日间照料中心秉持一种重要的理念，即让人多与自然接触，通过自然的力量来实现人的新陈代谢、疾病治疗，并最终丰富生活阅历。

图 6-10 "菊田"日间照料中心有一个很大的蔬菜园子，还有包括日本杏树在内的许多水果树。 致谢：史蒂芬·贾德

项目数据

设计公司

这个项目是对菊田博士旧有住宅进行整修，该住宅有着一百多年的历史，被社区和其他建筑物所环绕。建筑的形式和功能都源自日本的传统文化，因此它最初的结构并没有设计公司的参与。翻新的设计最初是由参与建设的施工人员和承包商完成的，他们的共同目标是保留日本传统住宅的外观和情感。

面积 / 规模

建筑占地面积和总建筑面积：261 平方米
（2809 平方英尺）

停车场

在建筑布局中已"预留"出两个或三个停车位。但在这些地方并没有刻意标记出停车空间。照料中心提供了足够的车道和交通空间来满足居民及其小型汽车往来日间照料中心的需要。

造价

无法获知

居民年龄（入住年龄）

无法获知

居民费用组成

费用由日本长期照料保障体系全权资助。

Chapter 7
A Study of Himawari
Group Home

第7章
关于向日葵集合家庭项目的研究

选择此项目的原因

• 此项目是早期日本集合家庭运动的优秀案例。

• 此项目空前地参与了居民的购物、园艺、种植蔬菜及准备食材这些日常活动。

• 此项目是一个典型性（虽然略显普通）的本土化设计。

• 此项目展示了一个与大船渡周边社区高度融合的优秀案例。

项目概况

项目名称: 向日葵集合家(Group Home Himawari)

项目所有人：纳屋黄川田博士，社长，天神会社会福利基金会

地址：

山马越196号

大船渡町

大船渡市

盛冈，022-0002

日本

投入使用日期：1996年12月

图 7-1　向日葵集合家庭坐落于大船渡市，这是位于日本岩手县乡村的一个渔业和港口城市。 致谢：杰弗里·安德森

图 7-2 项目位置。 致谢：波佐尼设计公司

向日葵集合家庭：日本

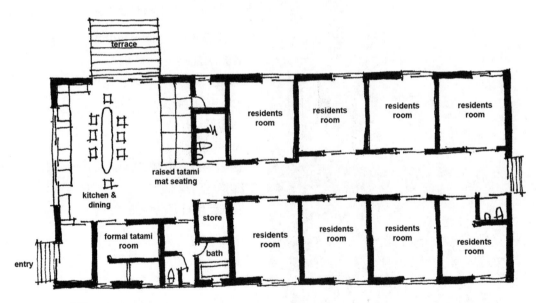

图例：

entry: 入口
kitchen & dining: 厨房和餐厅
formal tatami room: 正式榻榻米房间
raised tatami mat seating: 凸起的榻榻米座位

store: 储藏室
bath: 卫生间
residents room: 居民房间
terrace: 露天平台

图 7-3 地面层平面图。 致谢：波佐尼设计公司

社区类型和居民数量

向日葵集合家庭是岩手县的第一个，也是日本的第八个将要开放的集合家庭项目。在日本，集合家庭通常接纳八位失智老人，项目最鲜明的特点是为其提供更为"家庭式"的生活方式，并让居民更加积极地参与日常活动。这个长期照料保障项目（LTCI，Long-Term Care Insurance）在 2000 年引进到日本以前，全国只有 270 个集合家庭。[1] 在此项目引进之后，全国的集合家庭增长到 10000 多家。这种针对老年痴呆症患者的特殊照料模式在国家保障项目的刺激下取得了前所未有的惊人增长。然而，尽管所有的集合家庭都有包括设计特点在内的相同的监管架构，但它们并非完全一样。日本社会工作大学（Japan College of Social Work）的弘村川教授解释道："一些（集合家庭）像秃鹫一样，掠夺失智的老年人群体；另外一些可能从表面上看来无可挑剔，但是缺少实质内容。向日葵集合家庭项目之所以能凸现出来，是因为它把重点放在以人为本的设计理念上。"[2]

向日葵集合家庭容纳了八位患有老年痴呆症的永久居民。此外，它还提供了一处可供短暂停留的场所。社区里的一些老年人每个月会有三四天来这里帮忙，以此缓解家庭照料者的压力。

向日葵集合家庭按照普通日本住宅的样子进行设计，此项目的员工是由专业的照料者组成，在此居住的所有居民都患有中到重度的老年痴呆症。截至笔者写作时，居民中的三位正在使用轮椅，还有三位走路和下床时需要介助照料。向日葵集合家庭的原则是如果居民愿意，可以一直在此居住至生命的终止。

向日葵集合家庭坐落于大船渡市，是位于日本本州北部岩手县三路海岸的小城市。

[1] M. Nakanishi and T. Honda, "Processes of Decision-Making and End-of-Life Care for Patients with Dementia in Group Homes in Japan," *Archives of Gerontology and Geriatrics*, 48, 2009, p. 296.

[2] Professor Hirokazu Murakawa of Japan College of Social Work, Tokyo, in his Foreword, in Richard Fleming and Yukimi Uchide, *Images of Care in Australia and Japan: Emerging Common Values*, Stirling, Scotland, 2004, p. 2.

地理概况

本土化设计

此项目是如何与场地相互呼应的？
向日葵集合家庭坐落于山丘上，它的东边是大船渡湾，西边是山地，周围是当地居民的果蔬农场。这是一个使用轻钢框架、混凝土瓦屋顶和预制外墙的单层建筑。建筑虽没有明确的风格，但和亦无明确风格的周边社区相呼应。在这片相对贫穷的乡村地区，建筑相得益彰地融于环境，展现出大多数现代住宅的一般特征。这个建筑从外观上看起来几乎就像在工厂中预制的。一个轻型的单面板材结构搁置在混凝土板上，屋顶采用光滑的混凝土瓦覆面，这使其似乎成为了当地最现代的建筑。在当地基本没有，甚至无从考证其原有建筑的文化渊源与影响力。

照料

照料理念

项目运营方的理念是什么？这种理念如何应用到建筑中？
集合家庭在日本占有绝对优势，从外观上看它们很相似，然而，向日葵集合家庭与众不同的是员工从天神会社会福利协会接受的照料理念以及他们在每天的工作中对这一理念所进行的诠释。

向日葵集合家庭的照料理念是帮助患有痴呆症的老人过上"正常的生活"，而不是让这些老年人生活在一种社会机构性的场所里。这个集合家庭着重强调员工要把居民看作被尊重的个体，同时相信居民参加日常活动的潜能。向日葵集合家庭的设计理念有六条原则。

1. 居民不是照料的对象，而是拥有自己生活的人。居民被视为"他或她个人生活的领导者"。换言之，他们的自主性、选择权以及决定权是受到尊重的。

2. 秉持"终生开发"的理念。无论这个人年纪有多大，身体或认知状况如何，向日葵集合家庭的理念是居民们仍有在身体上、智力上或精神上获得新体验的潜能。

3. 对"关系"的尊重。随着老年痴呆症患者身体状况的下降，人际关系就被看得愈加重要。患有老年

图 7-5 居民参加料理家务的所有日常活动。 致谢：斯特灵大学失智服务发展中心

痴呆症的人能够通过同别人的密切联系来保持他或她的身份及存在感。

4. "完整的个体"能够被认知与接受。居民和员工被认为是在一个屋檐下共同生活的朋友。在向日葵集合家庭，他们彼此相互了解并不仅仅是进行鼓励，而是日常生活的一部分。

5. 照料人员需要具备天神会社会福利协会称作"敏锐洞察力"的能力。随着居民认知能力的下降，照料人员必须了解居民个体的需求是什么，也需要迅速辨别每个居民可能力不能及的事情或环境。

6. 悠闲的生活和幽默感。给老年人创造愉快的生活环境是不可缺少的因素。客人到达向日葵集合家庭的第一感受就是这里的居民和员工都是非常快乐的。

向日葵集合家庭是一个运用建筑设计理念的优秀案例。其设计目标是创造一个居民能够在日常生活的

图 7-4 向日葵集合家庭的居民热烈欢迎客人的到来。
致谢：斯特灵大学失智服务发展中心（Dementia Services Development Centre, Stirling University）

图 7-6 向日葵集合家庭鼓励员工去更好地了解居民并尊重他们的生活背景。致谢：斯特灵大学失智服务发展中心

图 7-7 向日葵集合家庭中仍保留着传统的日本生活习惯。致谢：斯特灵大学失智服务发展中心

如何让那些需要临终关怀的居民实现"继续过平常生活"的理念，向日葵集合家庭的员工们在思考这一问题时感觉格外困难。一位居民在向日葵集合家庭住了好多年，当她的病情进入了不可根治的阶段时，员工仍允许她继续保持在家庭生活和节奏上充分的参与度。员工们深知居民间接参与活动同样具有价值，举例来说，在准备食材的时候并不是真正地让居民参与准备过程，而是让他们倾听大家的声音并闻到食物的气味。

向日葵集合家庭居民的身体机能日渐衰退，这导致他们的行动能力也不断下降，越来越多的居民开始依赖轮椅。身体机能衰退使得居民卧室的大小成了问题，天神会社会福利协会正在设法解决这个问题以便居民仍能易于居住。

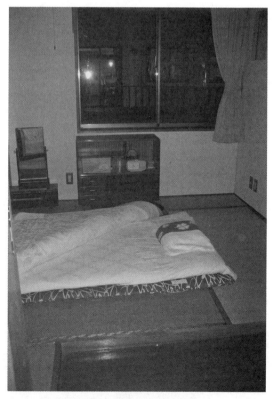

图 7-8 像传统日本家庭那样，一个居民的卧室使用了榻榻米床垫。致谢：斯特灵大学失智服务发展中心

各个方面均感到安全、安心、健康与舒适的居住场所。这个建筑和一般的私人住宅规模大小相当。为了方便居民通行，建筑入口没有设置台阶；为了方便携带助行器或坐轮椅的居民，走廊设计得足够宽敞并设置防滑地板和扶手。建筑包括 10 个私人卧室，其中一些房间的地板上铺设传统的日本榻榻米床垫。居民用他们自己的家具来装饰房间。中央起居区和用餐区由所有的居民和员工所共享。他们一起计划晚上的菜单，在当地购物并准备食材。向日葵集合家庭还有一个大蔬菜园，使其实现完全地自给自足，员工和居民在这里各司其职。

2010 年是向日葵集合家庭开业的第 14 个年头。

社区感和归属感

项目设计和实施如何实现这个目标？
向日葵集合家庭这一模式在创造形成社区的家庭感和归属感上十分成功。它本土化的设计理念以及居民在经营家庭日常活动的参与性上形成了强烈的社区感。居民延续日常生活的状态，他们在附近的市场上购物，并参与到准备食材、洗涤和烘干碗碟、缝纫、园艺、清洁和做木工活等活动中去。这些活动的进行场地具备一个共同的特点，就是拥有一张独立的大桌子，这是一处居民可以一起喝茶、相互交流并彼此分享故事的重要场所。

为了让这个家庭更加安全与舒适，员工和居民付出了很多的努力。例如，他们用罩上和纸的荧光灯来减少强光，灯罩采用的是一种日本传统的纸张，客厅里设有沙发，房间里也没有踏步的阻碍。

创新

项目运营方如何体现理念上的创新和卓越追求？
1996 年向日葵集合家庭开业时，人们认为集合家庭是日本最好的老年痴呆症患者照料项目。和当时很多照料中心不一样的是，集合家庭建筑规模小，

强调熟人之间人际关系的重要性，并且保证居民延续在自己家中生活的状态。在向日葵集合家庭里，居民感受到他们不仅仅是照料的对象，相反这种照料模式激发了利他主义，在那里居住的人们对自己的家庭以及彼此之间都有重要意义。

天神会社会福利协会将向日葵集合家庭运营的其他服务项目进行了整合，这些项目包括为老年痴呆症患者提供服务的日间照料中心、特定的老年痴呆症患者护理院、老年人保健服务设施和一个家庭访问式的护士中心。如此这样，尽管向日葵集合家庭是一个供居民生活在其中的小型独立场所，但是在其周边却有一应俱全的专业人士来提供技术支持。

社区一体化

社区参与

项目和服务设计是否旨在成功融入当地社区？
向日葵集合家庭项目所处的地理位置使其自然而然地融入广义大船渡社区之中。它离儿童照料中心、小学和医院都很近，离市中心和当地的商店也只有一小段步行路程，并且离市政厅和最近的火车站都

图 7-9 员工和居民一起备餐并享用食物。 致谢：史蒂芬·贾德

不远。向日葵集合家庭的居民十分欢迎到访的游客，他们作为主人会提供绿茶进行款待。

向日葵集合家庭坐落于大船渡市一个新开发的居住区，90% 的居民定居在此地少于 10 年。社区里年轻人和孩子的数量正在减少，因此较少举办像盆舞节这样的传统集会活动和社区节日。对于许多护理院来说，邻里融合的问题就是如何使居民的老年人照料服务与他们周边的邻里活动相融合，向日葵集合家庭已经很好地做到这一点，它使周边社区的关系变得更加紧密。简而言之，向日葵集合家庭成为了当地社区的焦点。当地政府官员、社区代表、居民和他们的亲属组成了向日葵集合家庭管理委员会，他们每半个月开一次会，讨论如何增进邻里之间的社区感。管理委员会有简单的政策，如鼓励员工和居民同在街上或遇见的当地人打招呼；也有更宽泛的提议，如让附近的居民参加向日葵集合家庭举办的防火演习，或者让向日葵集合家庭的居民参加孩子们的课后俱乐部。这种隔代人之间的互动赋予了向日葵集合家庭的居民将饮食文化和其他传统文化传递给年轻一代的角色。在过去，日本家庭通常由三或四代人组成。而现在的日本，大多数孩子在小家庭中长大，很少与祖父母接触。因此人们认

为让孩子们在向日葵集合家庭中参加活动是一次宝贵的经历。这些活动包括在夏天吃传统的凉面（面条顺着装满水的竹沟漂浮下来，用筷子夹着，蘸着凉汤吃），在冬天做麻糬米糕（用木杵在研钵中击打蒸熟的糯米）。在 1 月初吃由七种春草和蔬菜熬制成的米粥，来确保新的一年身体健康。这些活动不仅有助于向日葵集合家庭与社区建立良好的关系，而且在增进公众认知老年痴呆症及其影响上发挥了非常重要的角色。现在向日葵集合家庭已经成为了当地咨询老年痴呆症信息和获取相关建议的场所，并且老年痴呆症患者的家属也来此访问。

1995 年，一个名为“失智患者剧团”（Kesen Boke Ichiza）的业余戏剧团队成立，向日葵集合家庭的员工发挥了重要的推动作用。这个剧团通过戏剧来增进公众对老年痴呆症的认知。在剧团成立初期，向日葵集合家庭的居民曾协助机构做过一些帮助系和服之类的活动。虽然他们现在已经很少做这些事情了，但是向日葵集合家庭正试图回到当初的状态，因为这些事情体现了人的信念，即不管患有老年痴呆症与否，他们都能够为社会做出贡献。

图 7-10 居民正在附近的市场上购买回向日葵集合家庭所需食材。 致谢：斯特灵大学失智服务发展中心

图 7-11 向日葵集合家庭的蔬菜园由居民照管，收获物用于家庭烹饪。
致谢：斯特灵大学失智服务发展中心

员工与志愿者

人力资源

是否有适当的政策和设计来吸引优秀员工和志愿者？

绝大多数的员工通过了全国统一考试，并有与老年人一起生活的经验。日本老年人照料系统为集合家庭分配了充足的员工。在白天有三名员工服务九位居民，夜间由一名员工服务。

环境可持续性

此项目没有考虑环境的可持续性。

户外生活

花园景观

花园景观的设计符合照料原则吗？

向日葵集合家庭项目有居民照管的蔬菜园。一些居民终生在田地里劳作，他们教年轻员工如何准备土壤、播种、施肥和收割。收获物用于家庭烹饪，过去也在当地市场上销售。这一点非常成功，因为居民体验到收获的成就感，同时员工在工作上获得了更强烈的满足感。最近几年，随着居民身体日渐衰弱，越来越多的人在器皿和播种器里种植蔬菜和鲜花。照管蔬菜园成为了这个大家庭日常生活的一部分。

在向日葵集合家庭中有一个木质阳台，从春天到秋天居民在那里就餐。它是向日葵集合家庭居民与当地社区居民交往的重要场所，人们会在那里用炭火烧烤秋刀鱼来举办派对。

项目数据

设计公司

天神社会福利基金会

山马越 196 号

大船渡町

大船渡市

盛冈，022-0002

日本

面积 / 规模

·基地面积：向日葵集合家庭坐落在一个老年人保健照料园区里。基地面积未能准确测得。

·建筑占地面积：278.42 平方米（2997 平方英尺）

·总建筑面积：278.42 平方米（2997 平方英尺）

·居民人均面积：30.93 平方米（332.93 平方英尺）

停车场

三个停车位，也可在园区的其他地方停车。

造价

未知

居民年龄

平均年龄：85.3 岁

居民费用组成

能否获得相应的服务是由居民的身体状况而非支付能力来决定。服务费用由日本长期照料保障体系资助，由中央政府、都道府县、市和居民进行补充，补充的上限是总费用的 10%。

Chapter 8
A Study of NPO Group Fuji

第8章
关于 NPO 富士集团项目的研究

选择此项目的原因

- 此项目很好地融入了周边社区中。
- 此项目设计基于特定的环境和目标。
- 此项目有其独特的发展过程。

项目概况

项目名称：NPO富士集团项目（NPO Group Fuji）

项目所有人：富士集团（Group Fuji），私人非营利性机构

地址：

藤丘1-4-2

藤泽，神奈川县

日本

投入使用日期：2007年

图 8-1 从街道上看 NPO 富士集团，在街角处设有一个咖啡店。致谢：NPO 富士集团

图 8-2 项目位置。 致谢：波佐尼设计公司

NPO富士集团：日本

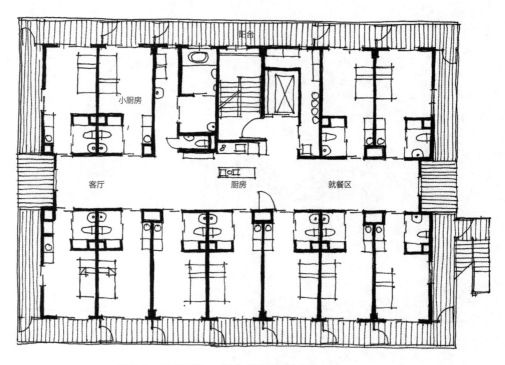

图 8-3 三层平面图。 致谢：波佐尼设计公司

社区类型和居民数量

富士集团坐落于东京郊区，可以为 21 位 65 岁及以上的老年人提供介助型生活照料（assisted care）；为 25 位老年人提供能短期停留的多功能成人日间照料服务和一个集合家庭，能为 6 名患有生理及精神残障的青年人提供照料服务，所有这些服务都位于一个居民区中的四层建筑中。赞助商还在建筑中设置了一间餐厅和一个儿童日间照料服务中心，这些设施同时也对周边社区开放。

项目不仅通过其运营管理，而且通过建筑设计力图为建筑里不同年龄段的人们创造出代际交流的机会。老年人的多功能日间照料服务和针对儿童的日间照料服务均位于大楼的一层，针对有生理或精神残障的青年人的集合家庭的房间位于大楼二层。介助型生活公寓位于建筑的第三层和第四层。建筑在街区主要街角的位置设置了一个小餐厅，这个小餐厅拥有独立的出入口，从而能方便地服务于周边社区居民。餐厅由集合家庭中的青年人经营，这也为他们提供了一个在监护环境下工作的机会。

每个介助型生活公寓都是配有小厨房和独立浴室的私人房间，以此维护并提升居民的独立生活能力。这些房间距离客厅和餐厅等公共空间很近，同一层的居民可以共享客厅和餐厅。这些公共空间为那些乐于聚餐的居民提供了在就餐时以及餐后与他人相处的机会。

NPO 富士集团项目运作起源于一个非常独特而且很有趣的背景。五个家庭主妇为当地那些需要同时照管自己年迈父母及孩子的社区居民创办了一个互助合作系统。她们有着前瞻性的想法，意为开发一个社区互助机构，在这个机构中社区居民可以彼此照顾，同时也为她们以后不可避免的老龄生活做准备。这个机构的运营随着老年人照料需求的稳固增长而逐渐发展起来，从最初那栋可以容纳成人日间照料服务的旧址到现在这座新楼的落成，历经了 19 年的时间。机构规模虽然已经有所扩大，但它仍由当地居民管理和经营，宗旨是在服务于老年人、儿童和有生理或精神残障的青年人的同时，也为周边社区中可提供照料服务者提供服务机会。

图 8-4 一个家庭的客厅，卧室位于两侧。 致谢：杰弗里·安德森

地理概况

本土化设计

此项目是如何与场地相互呼应的？
该建筑设计，力图融入周围由独户住宅和多层公寓组成的居民区。虽然这栋建筑是为老年人和集合家庭中有生理和精神残障的青年人提供居住公寓，但它同样具备日本标准化现代多层公寓大楼的外观特征。虽然这栋楼的外观和内装体现出一些西方设计元素的影响，但它仍与日本的郊区环境相得益彰。

照料

照料理念

项目运营方的理念是什么？这种理念如何应用到建筑中？

NPO 富士集团的理念是向当地社区的老年人、儿童和其他弱势群体提供援助和服务资源，同时，秉承一种包容关怀式照料理念来提供这些服务，以提升当地的社会保障系统。该机构自成立以来，从客观上已建立起一个让妇女具有工作机会并可以同时照顾她们的孩子和年迈父母的社区。项目伊始时资源有限，该机构可以在居民家中为老年人提供个性化服务。通过互助合作的方式，照料人员提供给当地社区居民的照料服务是无偿的。借助这些初始的经验积累，该机构在项目调研中发现，老年居民对能够保障他们在社区内独立生活的安全住房需求量很大。该机构还很快发现老年居民更倾向于能够与其他年龄的人生活在一起，而不是与同一年龄段的人一同生活。这些调研使该集团决定在项目中不仅为老年居民提供住房，而且也为有生理或精神残障的青年居民、需要日间照料的儿童提供住房。努力寻求周边社区的接纳是此项目运营的哲学基础，这从他们对社区的服务上可以明确体现出来。

正是由于他们对这种包容关怀式照料理念的执着追求，使当地的社区居民都十分支持项目的实施，这从项目建设融资债券很快被当地居民购买一空的情况中也可以体现出来。

图 8-5 居民们正在居住单元的客厅里玩游戏。 致谢: NPO 富士集团

图 8-6 居民和当地学校的儿童在居住单元的餐厅举行代际交流活动。 致谢: NPO 富士集团

此项目鼓励在建筑中实现不同年龄群体之间的交流互动。员工鼓励居民参加各种活动，他们同时也尊重居民可以拥有个人私密空间并支配自己时间的意愿。每间公寓都配有独立的厨房和浴室，以便老年居民能够享受到他们自己的私密生活，同时只在必要时由员工为他们提供照料服务。NPO 富士集团建筑设计和护理项目的宗旨是在照料老年居民生活的同时，只要他们有能力并且有意愿，就尽可能地让他们能拥有自己的独立生活空间。

社区感和归属感

项目设计和实施如何实现这个目标？

人工建筑环境设计力图为每一个老年居民提供可以选择的机会，以便他们可以自主选择私密性或社会化的生活方式。在介助型生活公寓中，为便于使用，每组公寓的公共客厅和餐厅都设在楼层的中央处。公共空间中还设有一个大阳台，居民可以到那里看城市的风景和远处的山景。如果居民想和周边大社区的人们聊天互动，也可以到位于一层的成人和儿童日间照料中心去。居民们被鼓励去当地人经常光顾的餐厅吃饭（位于街角的那个餐厅）。

创新

项目运营方如何体现理念上的创新和卓越追求?
富士集团一个重要的创新体现于这座建筑的发展过程之中。创立该机构意为通过与当地居民的互助合作来服务社区。这个机构具有非常强的团结意识,它为当地那些由于自身年龄增长而寻求保障住宅的居民提供系统的支持,同时也为那些因担心自己年幼的孩子和年迈的父母需要外界帮助的员工提供帮助。政府支持针对老年人和有生理、精神残障青年的服务项目,该集团巧妙地借助政府的支持整合了多代同堂和功能性服务,创造出让这些居民在当地社区进行正常生活的环境。该集团面临的挑战是如何把针对老年人、有生理及精神残障青年人的照料以及针对儿童的日间照料服务整合在一个服务项目中。这个项目不仅仅在建筑层面上,而且在更广泛的社区层面上,都很好地完成了这一整合。

街角餐厅的设置同样具有创新性,它使得该建筑能够为外面社区提供用餐服务。餐厅为老年居民、员工和当地居民提供健康的午餐,同时为他们提供了一个共同生活的舒适场所。这对于那些独自生活的老年居民来说更具意义。餐厅的员工会慢慢了解那些定期来就餐的老年顾客,他们格外注意这些老年人的状况。此外,餐厅雇用住在这里的那些有精神残障的青年人,训练他们烹饪和服务的技能,当他们今后离开这里后,这些技能仍然会有用武之地。

该建筑的设计与周边的居民住宅风格和谐相融。有人可能会认为该建筑的设计毫无创意。然而,该建筑的审美意向并非追求与周边建筑的与众不同,而是力图为居民提供一种当地社区日常生活的归属感。为了让居民在其中感觉轻松,室内色彩都经过了精心设计,整个建筑的装饰都力图适应当地居民的典型生活方式和地域文化。

NPO 富士集团的运作和开发也相当具有创新性,机构的资金支持来源于当地社区成员。该建筑的建造资金是通过向当地居民出售债券来筹得的。该集团雇用当地居民担任照料员,并给他们提供高于其他应聘者的工资。

社区一体化

社区参与

项目和服务设计是否旨在成功融入当地社区?
NPO 富士集团项目坐落于一个郊区的住宅区中,当地居民上班时在去往火车站的路上都会经过那里。餐厅面对着主要街道,这加强了不同年龄的人在社区偶遇的可能性。由于餐厅和建筑的外观与周边建筑很协调,当地居民经常光顾此餐厅。成人和儿童日间照料服务向周边社区开放,使不同年龄段的当地居民都能参与到这个机构的服务中来。

图 8-7 "一家人"咖啡厅("Ohana"café)对周边邻里社区开放。致谢: NPO 富士集团

图 8-8 居民在家庭餐厅中和当地高中生一起制作卡片。致谢: NPO 富士集团

建筑在街面还设有一个老年人照料信息中心，当地居民可以在那里进行关于照料的信息咨询并获得专业建议。该中心的员工为那些住在家中的老年人安排必要的援助，同时在必要时为护理员安排及时的帮助。如今，NPO 富士集团已经成为当地居民寻求老年人照料服务及相关信息的理想场所。

员工与志愿者

人力资源

是否有适当的政策和设计来吸引优秀员工和志愿者？

富士集团在周边社区招募员工作为他们开发完善当地社区互助系统的一环。大多数员工经过培训都成为获得认证的专业人士。企业通过设置具有吸引力的薪资来鼓励员工保有对工作的敬业态度和奉献精神，并以此吸引更多高水平的护理员工。此外，还有许多志愿者以各种方式加入到富士集团。员工和志愿者要经过专业的培训，从而保证给居民提供高水平的照料服务，同时他们也能更深刻地理解集团的照料理念，即：鼓励居民独立生活，促进不同年龄群体、社区的一体化，并且服务于当地社区。

·每位居民每天接受的直接照料时间无统计数据。

环境可持续性

替代能源

人工建筑环境设计包括太阳能发电板和"绿色"屋顶设计。

节约用水

无统计数据

节约能源

富士集团将设置节能灯和双层玻璃作为节能措施。

户外生活

花园景观

花园景观的设计符合照料原则吗？

沿街道的餐厅前面设有一个小型的室外花园。花园同时也是这家餐厅的户外用餐区。居民、儿童和员工把共同维护这个花园当作一项重要的代际活动。在这个花园空间中，不同年龄、不同背景的人能够相互接触，构成一个充满活力的社会空间。正是因为路人从街道可以看到这个花园，因此居民们对于给予这个花园的付出引以为豪。

图 8-9 居民在音乐家志愿者的指导下上音乐课。
致谢：NPO 富士集团

图 8-10 NPO 富士集团主入口处的植物仿佛正在迎接访客的到来。 致谢：杰弗里·安德森

项目数据

设计公司

东京平河町
千代田区，东京
日本

面积 / 规模

·基地面积：886 平方米（9537 平方英尺）
·建筑占地面积：459 平方米（4930 平方英尺）
·总建筑面积：1455 平方米（15661 平方英尺）
·居民人均面积：18 平方米（194 平方尺）
·介助型生活模式个人房间面积：14 平方米
（151 平方英尺）

停车场

地上停车场可停放 6 辆汽车。

造价（2007 年）

·总建筑造价：320000000 日元（3936647 美元）
·每平方米造价：219931 日元（2706 美元）
·每平方英尺造价：20433 日元（251 美元）
·居民人均投资：10321930 日元（127020 美元）

居民年龄

平均年龄：82 岁

居民费用组成

90% 的照料费用由日本全国长期照料保险提供，居民们负责支付所有照料费用的 10%。照料设施由像 NPO 富士集团这样的非营利性机构运营，居民们只支付餐费和房费，价格非常经济实惠。

Chapter 9
A Study of Gojikara Village

第9章
关于五十雀村项目的研究

选择此项目的原因

- 此项目运用独特的方法来营造社区归属感。
- 此项目提出了多代同堂的照料方法。
- 此项目采用了邻里外延理念。
- 此项目提倡"不完美主义"。

项目概况

项目名称：五十雀村(Gojikara Mura)

项目所有人：太阳之森（Taiyo no mori），非营利性机构

地址：

名古屋市 29–4

爱知县

日本

投入使用日期：1987年

图 9-1 五十雀村中心园区的一条内部街道。 致谢：清田江美

图 9-2 项目位置。 致谢：波佐尼设计公司

五十雀村：日本

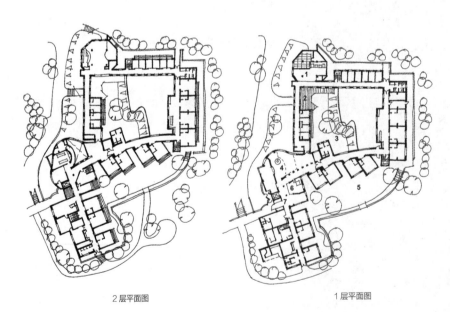

2 层平面图

1 层平面图

图例：

1. 餐厅与咖啡厅
2. 缘侧，日本传统建筑里介于室内和室外的廊子
3. 庭院
4. 休息区
5. 室外花园和羊圈
6. 护士站
7. 入口

图 9-3 介护型照料楼层平面图。 致谢：波佐尼设计公司

社区类型和居民数量

五十雀村位于日本本州岛爱知县名古屋市。该机构最初于 1981 年开始提供儿童日间照料服务。该机构的所有人认为为儿童提供服务将有利于儿童和老年人之间的持续性互动。1987 年，一个为老年居民提供服务的专业型护理院开业了，随着时间的推移，其他老年人照料服务也逐步建立起来，以此为社区中有着不同需求类型的老年人服务。

这个社区的目标之一是在住房开发过程中保护自然栖息地及当地文化，以此来为更多社区的老年人口提供一种熟悉的居住环境。此外，五十雀村的另一个目标是重新建立一个多代同堂的社区，在这种社区中老年居民能够延续他们先前的生活居住方式。为了实现这些目标，五十雀村提供多种服务，不仅针对老年居民，而且也针对他们的家庭成员和游客，接纳他们成为这个养老社区的一部分。五十雀村在其中心园区为居民提供了 13 种类型的服务，包括专业的介护型照料、介助型照料、护士随访服务、家庭照料和针对老年人的成人日间照料。为鼓励多代际之间的交流互动，社区中心的两间旧农舍（儿童日间照料中心和一所护理学校），也对周边更大范围社区的当地居民开放。多年来，五十雀村将服务扩延到另外的三个多代同堂社区中，这三个社区虽然远离中心园区，但距离都在 10 分钟车程之内，五十雀村在那里为那些希望在自己社区内获得照料的居民提供服务。为这些较远地方居民所提供的服务包括：为老年痴呆症患者设置的集合家庭、多代同堂共居服务、成人日间照料服务、儿童日间照料服务、暂托照料服务和一家有机餐厅。

在主园区，80 位老年居民享有专业的介护型照料，50 位老年居民享有介助型照料服务，35 位老年人享有成人日间照料服务，190 名孩子就读于幼儿园，300 名学生就读于护理培训学校。在较远的三个照料点中，13 位老年痴呆症居民与 4 位女性青年专业技术人员以及一个带孩子的家庭居住在一起，在集合家庭中有 40 位居民，在成人日间照料中心有 20 位老年人。为了支持家庭护理人员的工作，在暂托照料机构中有 10 个房间提供给他们使用，从而使他们能够和自己的亲人待在一起，同时也使他们在照料工作中可以得到暂时的休息。

所有的建筑，无论在中心园区还是其他园区，都采用居住建筑的尺度并利用木材进行建造，使这些建筑的外观能够自然地融入周围树木繁茂的环境。中心园区的建筑体量隐没在森林保护区之中，旨在尽量减少对周围自然景观的干扰。中心园区外的建筑物被设计成由短街道连接而成的小型社区，与周边环境协调统一。

地理概况

本土化设计

此项目是如何与场地相互呼应的？
五十雀村的建筑尺度和材料与周边社区中居民熟知的典型住宅风格类似。所有这些建筑都分散设置于森林区。为了再现老年人认知中熟悉的社区感，园区中限制车辆的通行，取而代之的是鼓励访客步行通过社区。因此，一栋栋彼此相似风格的房屋排列起来构成的"街景"使它与日本典型的以步行形式构成的邻里关系十分相像。最终，社区呈现给当地居民一种非常舒适的感觉，并且让居民体验到一种"平常"的社区感。

照料

照料理念

项目运营方的理念是什么？这种理念如何应用到建筑中？

五十雀村的理念：老年居民不论生理条件和认知状况如何，都应有机会同园区内外的人们进行交流互动。为了实现这一目标，五十雀村试图再现一种能够使老年居民延续之前在家中时的生活环境和生活方式的真实社区。照料理念与建筑设计都旨在通过包容多样性、增进代际间的相互接触以及慢节奏的生活方式来营造一种社区感，这些都与那些以任务为导向的，注重效率、便利和卫生的机构化照料体系相反。五十雀村的设计中接受不完美主义，对于整个园区来说，这正是如何能创造出让老年人体验一种平常生活方式的居住环境的关键所在。

在接受不完美主义的同时，为了增强社区感，在园区中采用了许多独特的经营方法。其中之一便是园区的内部道路禁止车辆通行。游客和员工都必须把他们的车辆停放在建筑外围，从周边的停车场走到各个建筑里面。这个社区里不设置硬质铺装的道路，迫使人们慢速行走。这也是鼓励那些来客放慢速度，与村落及其老年居民生活节奏保持一致。通过体验这种慢节奏的步行生活，年轻一代能够与老年人建立起更加融洽的关系并能更深入地彼此理解。

当游客走在五十雀村的园区里，首先听到的就是幼儿园里孩子们的声音。这些声音会使人产生一种在

五十雀村：日本

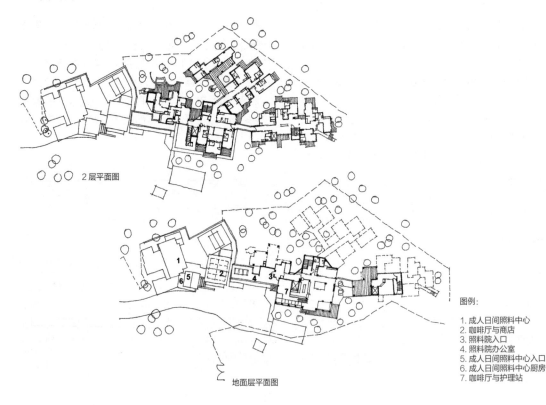

图例：
1. 成人日间照料中心
2. 咖啡厅与商店
3. 照料院入口
4. 照料院办公室
5. 成人日间照料中心入口
6. 成人日间照料中心厨房
7. 咖啡厅与护理站

图9-4 介助型照料楼层平面图。 致谢：波佐尼设计公司

普通社区中的直觉。建筑被有意设计成日本本土建筑的尺度。暴露的木材会给老年居民一种真实感和熟悉感，让他们与以前曾经生活过的房子的特征和风格产生感觉上的共鸣。为了迎合"平常"社区这一概念，园区鼓励员工以轻松的态度对待自己的工作，以减少员工和居民的压力。

五十雀村对于安全概念的解释，也不同于其他典型的老年人长期照料体系中出现的概念。典型的日式房屋中并不设有完备的无障碍系统：居民们可以根据自身对无障碍设施的需求，权衡并调整自己的居住空间。为了营造一种真实的平常生活感，五十雀村的一些非严格设计区域被故意设置有障碍或不便的设施。在这种环境中就形成了这样的状况：居民、员工和志愿者需要互相帮助。社区要求并鼓励居民寻求他人的帮助，以加强社区成员之间的联系。此外，社区还鼓励老年居民和员工商议如何能让他们将自己的居住空间改造成自己家的感觉。同时，这种方法增强了人与人之间的依赖感，在反对统一化、机构化环境的同时，促进了多样化的"居家"环境的形成。

创新

项目运营方如何体现理念上的创新和卓越追求？
日本长期照料体系致力于给老年居民提供一种"平常"生活环境下的个性化服务。出于这个目的，过去几年里以家庭单元和小型家庭这种形式的小型家庭居住环境已经被广泛应用于日本。但是，这种环境设计方法使居民很少有与员工以外的社会人员进行交往的机会，因此造成社区居民生活与周边社区的脱离。考虑到这一情况，五十雀村在社区中逐渐增加代际交流活动，例如将护理学校和幼儿园设置在离老年居民很近的地方，以此来模拟一种大型社区的感觉。这里，学生、儿童和游客并没有被赋予与老年居民互动的义务，他们只是顺其自然地在同村居住，并共同使用公共空间。通过这种包容居民多样性的方式，社区自然形成了一个多代际生活园区，在这里老年居民不是孤立的，而是整个社区不可分割的一部分。

五十雀村的创始人和开发者赋予园区一种独特的属性，区内保留了基地内茂密的树木，从而避免了这些区域被临近的住房建设开发所破坏。这位创始人

图 9-5　园区幼儿园服务于周边社区的孩子。　致谢：清田江美

图 9-6　介助型生活公寓中的咖啡厅对公众开放。　致谢：清田江美

年少时曾在这里玩耍，他力图保护这里的自然、文化和生活方式，这些都是将社区与这片基地联结在一起的重要因素。为尽可能多地保留大树，五十雀村在设计理念中提出"树木比建筑有优先权"。因此，为了不妨碍树木的生长，设计中建筑屋顶上设置了许多孔洞使树木能贯穿生长。

有些区域的建筑环境被有意设计成不便于老年居民使用的。这些不便有利于创造员工和老年居民之间沟通和相互交往的机会。因为五十雀村主要致力于发展社区里的人际关系，这一经营理念已经成为其照料服务和建筑设计理念中的重要部分。

图 9-7 园区中保留的日本传统农舍。 致谢：清田江美

社区一体化

社区参与

项目和服务设计是否旨在成功融入当地社区？
为了能吸引周边社区的人们到访五十雀村，这里的建筑采用了独特的设计和建造方式，志愿者可以参与园区建筑外观、内饰以及地面维护的部分工作。因为该建筑的设计有意追求不完美，所以志愿者在进行园区的简易维护时不会因为技能生疏或者做得不到位或而感到紧张。

五十雀村项目不仅力图保护自然环境，而且也力图保护当地建筑中重要的地域化特征和设计方法。当附近的两个旧农舍即将被拆除时，五十雀村把这两个建筑买下来并作为园区里老年人和孩子们聚集的场所。这些建筑也被用作社区中心，以便园区来访者能够在这里与老年居民交流接触。这些建筑经常用来举办当地活动，如研讨会、儿童教育活动或婚礼。

五十雀村的设计理念是老年人应该在一个多代际社区里享有一种平常的生活方式。在成人日间照料中心，餐饭是由幼儿园里孩子们的母亲准备的。这种安排使得母亲们省去了从家到幼儿园的路途，也使她们可以做一些兼职工作。这样经营方和幼儿园孩子的母亲们能够同时受益，而且这也是增加母亲、儿童和老年居民之间多代互动的有效方法。

园区为给老年居民创造出一种平常的生活方式做了多种努力，它强调小型社区的重要性，反对将老年人置于那种大型的、机构化中的照料建筑中。这种社区感是通过以下措施得以加强的，这些措施包括：混合共居、成人和儿童的日间照料、为老年痴呆症患者提供的集合家庭等，这些设施均设在居住区中心，并与主园区有一定距离，但与主园区都有便捷的联系。在这里，设有一个水疗中心和有机餐厅，以便五十雀村主园区中的居民能够与家人一同共享短暂的悠闲时光。这些五十雀村中较远的设施也为园区老年人提供了一个"外出"的目的地，并以此增进老年人生活中的平常感。

员工与志愿者

人力资源

是否有适当的政策和设计来吸引优秀员工和志愿者？
五十雀村对员工的教育和培训秉承着一个有趣的理念。他们提醒员工"不要太拼命工作，学会放松"。采用这种理念是因为员工不会因工作负荷而感到压力，从而可以给予老年人更和善与真诚的照料。如果员工因要完成多项工作而感到心理紧张时，他们

图 9-8　五十雀村与附近的居住区和谐共处。　致谢：清田江美

可能就会忽视老年居民的真正需求以及对提升老年居民生活质量来说重要的事情。五十雀村鼓励员工不要仅仅关注于完成工作任务，而是要着力于与老年居民间建立一种富有意义的关系。

由于园区以发展老年居民同员工之间关系为重，因此五十雀村鼓励员工放慢工作速度，坐在老年人身边与他们聊聊天。由于员工们无法每时每刻关注老年居民的状态，志愿者在这个园区里便起到了重要的作用。幼儿园孩子的母亲、实习护士生和周边社区的退休人员都参与到关心老年居民的活动中来，他们会在园区里同老年人一起散步，或者是简单地坐着聊天。

· 每位居民每天接受的直接照料时间无统计数据。

环境可持续性

替代能源

在五十雀村园区的不同位置，内部的环境设计包括发电用的太阳能电池板和节能照明灯具。

节约用水

园区内的园艺用水来自雨水收集装置。

节约能源

五十雀村的建筑设计最大限度地提高自然通风，保留尽可能多的遮阴树，尽可能减少对建筑物内人工空调的依赖。

图9-9 园区志愿者利用休息时间与员工在一起劳动。 致谢：清田江美

户外生活

花园景观

花园景观的设计符合照料原则吗？
主园区的所有建筑都位于树木茂密的区域，社区里的人们被大自然所包围。每个居民都可以看到风景，可以听到窗外孩子们玩耍的声音。建筑周围种植有当地的植物，居民们可以近距离地欣赏当地的花草植被。五十雀村为居民提供几处可以种植蔬菜的地方，园区内的老年居民和孩子们一起负责照料这些菜园。人们会在老年居民和孩子们的晚餐中烹饪这些收获的蔬菜。建筑外部景观尽可能保持自然的原样，以带给老年居民和周边社区居民熟悉的感觉。

图9-10 五十雀村关注园区树木的保护。 致谢：清田江美

项目数据

设计公司

相漠原

日本

面积 / 规模

· 基地面积：50000 平方米（12.36 英亩）

· 建筑占地面积：无法获知

· 总建筑面积：无法获知

· 居民人均面积：无法获知

停车场

地上停车场可停放 50 辆车。

造价

无法获知

居民年龄

平均年龄：87 岁

居民费用组成

居民们需要支付价格低廉的房费和餐费，再加上额外 10% 的照料费。其他 90% 的照料费用由政府长期照料保险予以补贴。

Chapter 10
A Study of Tenjin no Mori

第 10 章
关于天神之森项目的研究

选择此项目的原因

· 大量的前期设计能够保证居民、员工以及当地社区的成员创造出一种与当地文化相适应的生活环境。

· 此项目用来促进并鼓励本地社区的人们去照顾这些居民。

· 员工使每一个家庭单元都具有个性特征，从而加强居民的归属感和主人翁意识。

· 此项目利用具有象征性意义的提示来提升认知有所衰退的老年居民对环境的熟悉程度。

项目概况

项目名称：天神之森（Tenjin no Mori）
项目所有人：长冈京静深会（Nagaokakyo Seisin Kai），非营利性机构
地址：
山形县，小山町19号
长冈，京都
日本
投入使用日期：2009年

图 10-1 天神之森街景。 致谢：清田江美

图 10-2 项目位置。 致谢：波佐尼设计公司

天神之森：日本

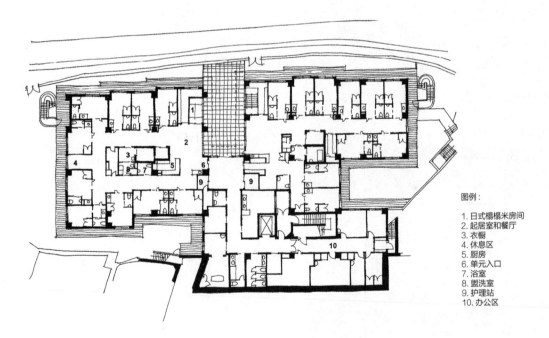

图例：

1. 日式榻榻米房间
2. 起居室和餐厅
3. 衣橱
4. 休息区
5. 厨房
6. 单元入口
7. 浴室
8. 盥洗室
9. 护理站
10. 办公区

图 10-3 地面层平面图。 致谢：波佐尼设计公司

社区类型和居民数量

天神之森是长冈京市的一所专业型护理院，位于日本本州岛京都府的一个郊外住宅区里。护理院能够容纳 60 名需要护理照料的居民，接纳人群的范围包括老年痴呆症患者、认知障碍人员以及身体高度虚弱的人员。同时，天神之森内部还包含一个能为 25 名老年人提供服务的成人日间照料中心。

护理院建筑一共三层，有 6 个家庭，每层两个，每个家庭能容纳 10 位居民。每一户都包括一个带有卫生间的单人间，所有的房间都靠近共享的起居室和厨房。天神之森为每一位居民提供一个床位和基本的家具，居民可以利用个人物品来装饰房间。每个居民都在员工的帮助下装饰起居室和厨房，添置家具。这样，每个家庭便形成了反映本户居民特点的独特形象。

天神之森护理院一个有趣的特征是：来到成人日间照料中心的客户可以按照其喜好选择 6 个家庭之中的任何一个，而不是将日间照料服务安置在某个独立的区域。

地理概况

本土化设计

此项目是如何与场地相互呼应的？
与日本的城市空间环境不同，这个街区由低矮的日本传统民居组成。相比之下，四层的天神之森在这片街区中十分显眼。进入其中，这种体量上的对比感就减弱了许多，尤其是针对日本家庭单元这种社交空间和厨房都比较小的传统空间形式。此外，建筑内部采用居民熟悉的材料和家具，这样能使居民产生一种宾至如归的感觉。

照料

照料理念

项目运营方的理念是什么？这种理念如何应用到建筑中？

图 10-4 日本传统榻榻米单元房间。 致谢：天神之森

图 10-5 在起居室内小憩的女性居民。 致谢：天神之森

天神之森的照料理念基于三个基本的价值观：尊重、慈悯和信任。为了努力实现自身价值观，该机构向居民提供支助，这些支助使居民的生活环境更加和谐，使相互依赖成为可能，同时保证了正常的生活方式，增进了社会的交往与互动。

为了实现自身的目标，该机构在服务的制定、发展、试运营到运营的整个过程中都与当地社区和居民紧密联系在一起。例如，在计划制定阶段，为了确定天神之森的自然和社会的环境形式，举行了多次社区会议以及与当地居民一对一的访谈。与此同时，区域内的现有居民及其亲属都被问及既有老年人照料设施如何提升生理和认知衰退的老年人所处的自然和社会的环境品质这样的问题。

与"任务导向"的工作性质不同，天神之森的员工要确保每个家庭单元的生活节奏都按照居民的偏好、他们的社交、生理及情感需求来确定，而不是生硬地与预先设定好的列表相一致。这种关怀方法也被扩展应用到对居民的家庭成员、临终居民以及对已故居民家人的关怀中。

每个家庭单元相对于其他五个单元都是独立运营和自负盈亏的。所有的食物都在各自单元内准备并烹饪，单元内的所有活动也都是根据内部居民的偏好决定的。

这样的社交环境只有靠管理上的有力支持，才能确保每个家庭单元内的员工都能尽量使每户居民过上日常的生活。只有通过建筑的精心设计来推动居民的相互接触，这一目标才能得以实现。例如，建筑内部有一个本地社区中各个年龄段居民都经常光顾的咖啡厅，它既是个咖啡厅，也是个社交空间。这些空间都由周边社区的志愿者经营。

社区感和归属感

项目设计和实施如何实现这个目标？
这种小型的、家庭规模、各自独立运作的模式是在每个家庭单元的居民中建立社区意识和社区归属感的关键因素。设计师有意将每一户中的起居室空间设计得比日本典型的养老院要小一些，以图增强家的感觉。每个家庭单元都有自己用来装饰交往空间的预算。每个家庭都指定了一名负责人，负责人

依据每位家庭成员的需要来协调照料服务和周边的环境。管理团队每年提供的 102500 日元（大约 1300 美元）经费，其中 71000 日元（大约 900 美元）用来组织活动，剩余部分 31500 日元（大约 400 美元）用来改造周边自然环境，并以此来激发员工对工作环境的主人翁意识和责任感。这个系统能够让每个家庭单元创造出属于他们自己的独特文化和内部空间。

各个家庭之间设计建造了许多小型且独立的交流空间用于加强彼此间的联系。这些空间为人们提供了相遇的机会。当居民、家属及员工离开自己的家时他们能够非常自然地相遇，并且能够在舒适的环境中进行交流。

天神之森的内部空间同样也为居民提供了成为社区一份子的机会。例如，每个家庭中厨房的操作台面和水槽都面向餐厅，如此一来，每位居民都能够同大家一起参与到餐饭的准备、服务和餐后清洁的工作中去。门厅由许多较小的区域组成，让居民拥有了房间之外的个性小空间。同时，为了让居民能够在熟悉的环境中参与家庭活动，在起居室的旁边设计有日本传统的榻榻米房间。

图 10-6 典型的居民房间。 致谢：天神之森

天神之森的周边是一个联系紧密的社区，那里的邻里街坊之间已经共同生活了许多年。这种联系在居民进入照料中心之后仍然延续着，于是周边的居民便成了照料中心的常客。社区内部的交流在社区活动中心自发形成，社区活动中心对于社区团体集会免费开放。同样，咖啡厅为居民、员工和来访家属提供了一个家庭和工作环境之外的社交场所。在周边社区志愿者的经营下，咖啡厅促进了该建筑内的居民同社区居民之间的交流互动。

本来，在一层设计社区活动中心和咖啡厅是相对容易的。然而，这两部分服务设施都被有意地设计在了建筑的顶层，目的就是为了让周边的居民要先通过这栋建筑才能享用到这些服务设施。这样的设计增进了人们对建筑布局以及内部照料服务的了解，同时，增加了居民在建筑中的偶遇几率。

天神之森与公共交通之间也有着便捷的联系，这使居民乘车、出行购物及亲属朋友的到访都便利了许多。

创新

项目运营方如何体现理念上的创新和卓越追求？日本有句谚语，"在建造舞台之前就应该把剧本写好"，不为营利而设立天神之森的长冈京静深会，为了贯彻这一理念开展了大量广泛的草图设计和电脑程序编制。在设计之前，项目成立了一个多学科组成的项目组，这个项目组的目的是研究应该如何进行环境设计才能使居民不受其生理和认知状况的影响，从而促进老年人的独立性生活。

在附近一个已建成的照料机构中，项目组建造了包括卧室和浴室在内的样板间。项目组紧接着征求居民、员工和设计者的意见，以确定这些空间的用途和功能。这些举措使建筑设计得以修改和完善。这种参与性的设计过程在引导员工采用天神之森所倡导的照料方式方面具有特别显著的效果，从而产生了深具实质意义的教育和设计成果。

即使建设完成，这种合作的过程也不会终止，因为员工参与建筑的功能设计是天神之森的一个持续性特征。员工和居民可以为各自的起居空间自行选择

图 10-7 志愿者经营的咖啡厅。 致谢：天神之森

每一件家具和装饰，从而使每一个家庭都呈现互不相同的外观和感觉。这样做的目的是使员工和居民产生一种强烈的归属感和主人翁意识，鼓励他们把天神之森当作自己真正的家。这也给员工提供了一个更好地了解居民个性的机会，从而能为他们提供更有效的照料。

天神之森的目的是为居民提供"日常的"生活方式。在某种程度上，这种日常的生活方式是通过关注每位居民的照料实践实现的。同时，这些居民生活的自然环境也促使他们选择这种日常的生活方式。居民的房间完全是个性化的，员工和居民可以对一些公共空间（如客厅和厨房）以及每天的菜单进行个性化设置。居民可以参与日常的家务活动，如做饭、洗衣、清洁，这些公共空间的本土化尺度和其中的家具、设备都强调熟悉感和日常性。

建筑内的自然空间，包括独特设计的走廊、卫生间、厨房及活动空间，都是为了居民能够在参与这些日常活动的过程中逐渐康复而进行设计的。

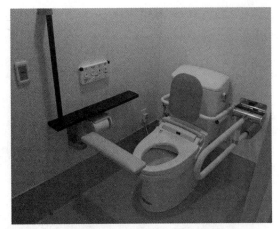

图 10-8 由员工研发的卫生间布局。 致谢：天神之森

图 10-9 居民和员工在起居室。 致谢：天神之森

人员配置比例是一位照料人员照顾三个居民，护理人员是作为通用员工进行培训的。这意味着他们负责所有的家务——从膳食的准备到卫生清理再到提供照料服务。以这样的人员比例，每一位居民可以享受来自员工每天 3.3 小时的直接照料服务。

·每位居民每天接受的直接照料时间无法获知。

环境可持续性

替代能源

无

节约用水

在"天神之森"，收集的雨水用于浇灌外部空间的植物。

节约能源

"绿色"屋顶概念已纳入建筑设计，以减少混凝土屋面结构的热效应，并有助于减少二氧化碳排放量。建筑设计在各处都采用隔热玻璃，并在起居室采用高高的天花板，使房间的自然采光最大化。

员工与志愿者

人力资源

是否有适当的政策和设计来吸引优秀员工和志愿者？
天神之森项目鼓励从当地的邻近社区雇用员工，这样有助于维护当地的文化，保持与当地的联系。除了为当地提供就业机会，天神之森还设置了极富吸引力的灵活轮班工作机制，这意味着员工能够在工作和家庭生活间取得平衡。长期高水平的人员稳定性证明了这些政策的有效性。反过来，这有助于更好地照料居民，也提升了员工对工作的满意度。

图 10-10 餐厅的用餐时间。 致谢：天神之森

户外生活

花园景观

花园景观的设计符合照料原则吗？
天神之森项目的户外庭园可以作为周围社区的居民和游客的非正式会面场所。季节性节日庆典也可以在这些户外空间中举办。除此之外，庭园中还有一个巨大的菜园，居民可以在员工的帮助下参与种植蔬菜，收获的蔬菜用于他们的餐饭。

建筑的上层，临近每个家庭单元都设置有露台，居民可以在那里种植盆栽，享受阳光。在这里家庭成员可以和居民坐下来独处。"绿色"屋顶同时也是一个花园，居民和员工可以在上面种植一些装饰性的植物。

图 10-11 面向远山的户外开放空间。致谢：天神之森

项目数据

设计公司

幽建筑事务所
日本

面积 / 规模

· 基地面积：2751.94 平方米（39622 平方英尺）
· 建筑占地面积：1231.02 平方米
　　　　　　　　（13251 平方英尺）
· 总建筑面积：3336.8 平方米（35917 平方英尺）
· 居民人均面积：46.92 平方米（505 平方英尺）

停车场

19 个汽车停车位。

造价

· 总建筑造价：650000000 日元（8007820 美元）
· 每平方米造价：194494 日元（2397 美元）
· 每平方英尺造价：18097 日元（223 美元）
· 居民人均投资：1083333 日元（133268 美元）

居民年龄

平均年龄：87 岁

居民费用组成

居民支付价格低廉的房费和餐费，再加上 10% 的照料费用。另外 90% 的费用由政府通用的长期照料保险补贴。

第三部分
Part III

瑞典项目
Swedish Schemes

Chapter 11
A Study of Neptuna

第 11 章
关于海王星项目的研究

选择此项目的原因

· 这座费用低廉的公寓坐落在一块条件优越的房地产用地上，此项目给出了在项目规划阶段中，关于老年人项目重要性的意见。

· 此项目提倡社区和邻里的可持续发展。

· 居民不需要离开他们以前的公寓或改变他们旧有的生活方式进入一个与世隔绝的照料模式中。

· 此项目并没有采用老年人住宅的刻板外观，而是将其融入周围的社区。

· 此项目表达出一个强有力的观点，即老年人有权选择居住在一个能充分表现自己个性的积极环境中。

· 此项目强调细节设计，促使老年人能够更好地原居安老。

项目概况

项目名称：海王星项目（Neptuna）

项目所有人：南部花园小屋基金会（Stiftelsen Södertorpsgården），非营利性信托基金公司

地址：

BoO1

Scaniaplatsen 2A

SE21117

Malmö

Sweden

投入使用日期：2005年

图 11-1 从海王星水疗池望去的海滨长廊。 图片摄影：大卫·休斯（David Hughes）

图 11-2 项目位置。 致谢：波佐尼设计公司

"海王星"项目：瑞典

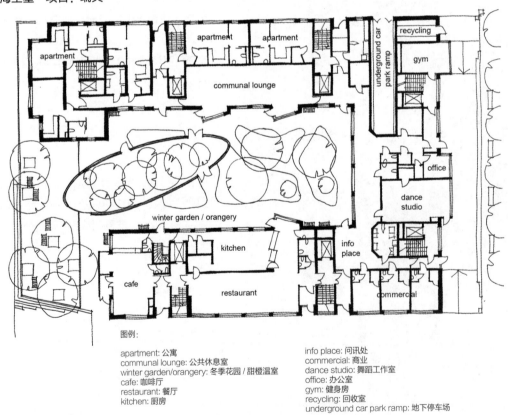

图例：

apartment: 公寓
communal lounge: 公共休息室
winter garden/orangery: 冬季花园 / 甜橙温室
cafe: 咖啡厅
restaurant: 餐厅
kitchen: 厨房

info place: 问讯处
commercial: 商业
dance studio: 舞蹈工作室
office: 办公室
gym: 健身房
recycling: 回收室
underground car park ramp: 地下停车场

图 11-3 地面层平面图。 致谢：波佐尼设计公司

社区类型和居民数量

"海王星"项目是为 55 岁以上的个人开发的经济适用房。它位于瑞典原马尔默西部港区（Malmö Western Harbour area）的一个开拓性、国际认可的生态重建区内，此项目旨在提供一个以可持续发展能源为基础的大型生态社区。在这个项目中共有 95 幢包含一间和两间卧室的公寓；还包括一幢"U"形的四层建筑，该建筑内有种类齐全的健康和社区设施及中央庭院和冬季花园。

项目的重建区域位于马尔默海滨，这里曾经是工业区，由于项目顺应了可持续发展的综合策略，它已经被贴上了"明日城市"的标签。建成后，该地区将容纳约 10000 名居民，雇用约 20000 名员工，还包括为学生们所建的占地达 62 英亩的教育设施。

此项目所有者为南部花园小屋基金会，一个非营利性信托基金公司，它既提供社会保障式的经济住宅，也提供那些能够吸引私营部门并为他们创造可以市场租赁并具有出售价值的建筑和地块。此项目的受欢迎程度反映了一些居住在城市中的老年人的诉求，他们希望在可持续发展的城市环境里购房安家。

由于其受欢迎程度以及在五到七年内符合条件的居民候补名单人数爆满，目前大多数租户都是 75 岁及以上的老年人。居民须是 55 岁以上、退休并领取养老金的马尔默注册居民。程序上首先由市政府协调并审查，但信托基金的所有者保留租赁的最终控制权和批准权。

"海王星"项目与传统的社会支持或者退休住房的区别在于，将老年人放在一个新兴而且著名的高品质海滨社区的核心，它是公认的"终身邻里"示范项目的一部分。这可能顺应了这样一个事实，即"海王星"项目是该地区再开发战略的一部分，它旨在为当地退休人员提供积极的综合设施，这意味着在未来，当地年轻一些的居民可以不用搬离社区就可在这里留下来享受退休生活。

通过展示一种能够促进更广泛的社区包容性与参与性的新型生活空间和建筑，"海王星"项目迎合了城市重建计划的设计背景和环保策略。

地理概况

本土化设计

此项目是如何与场地相互呼应的？
此项目究竟是一个老年人的住宅综合体，还是说它的居民是老年人，对于这个问题"海王星"项目并没有给出直观的视觉提示。在这方面，它积极响应了自身周边高品质、高配置的邻里环境，由于住宅整体开发的品质优秀，这一区域已经成为非常理想的居住空间。"海王星"项目现代的、基于立体派的设计风格力图与周围建筑相协调，其采用的更加中性基调的材料也与周围建筑的配色相辅相成。"海王星"项目作为提供私人住宅的众多海滨公寓开发项目之一，阳台、独特的冬季中庭、现代的咖啡厅、

酒吧、餐厅、健康套房和长廊上的其他设施，完美地呈现在人们眼前。

四层的建筑规模与整体重建规划设计相协调，规划中特意将较大规模的建筑放在靠近海滨的一侧，以此来为内部空间提供遮蔽，那里坐落着像家庭公寓和单户住宅一样的家庭尺度的建筑。

建筑师意图打造隆德镇（Lund）附近的中世纪小镇的当代版本，在很大程度上，这已经取得成功。"海王星"项目后面是一个供人们步行的错综复杂的小巷，小巷连接着诸多空间，这些特征使它明显不适用于机动车的通行。无论是外围更高的建筑还是小镇中两层高的住宅，都沿街而建，从而取得了独特

图 11-4　社区邻里之中的"海王星"项目。图片摄影：大卫·休斯

的整体效果。从这个角度上看，这里没有高密度的塔楼，唯一例外的是备受瞩目的"扭转大厦"（Turning Torso），一个由著名建筑师圣地亚哥·卡拉特拉瓦（Santiago Calatrava）设计的地标式摩天大楼。

照料

照料理念

项目运营方的理念是什么？这种理念如何应用到建筑中？

这是一个经济实惠的老年人住宅社区，而非一个包含照料功能的生活辅助型住房。这里没有正式的照料人员，因而没有相应的照料理念。但是，设施的管理人员从周一至周五会为居民提供一定程度的建议和照料服务。个人健康照料和实用的家庭感受的照料服务可以非常方便地从当地照料机构和服务运营方二者之间进行选择购买。目前并没有达成统一的协议或集中式的合同。这在一定程度上反映出，北欧地区联邦政府应承担发放老年人福利的责任，而在瑞典的某些特定区域，人们对这一责任的解读出现了偏差。

由于缺少正式的照料理念，考虑在个人公寓以及共同的社交空间层面上，通过建筑设计、环境和一定的设施，来促进居民的独立性并提供与之相关的支持，无疑是具有现实意义的。在每间公寓内，针对老龄居民未来诸多照料需求的关注，并基于老龄居民的实际照料需求，设计着重打造可灵活调整的居住环境，以便日后实现从居家环境向医疗环境的转变。

大面积的开窗、高高的天花板，每间公寓都有一个面积比例适中的室外阳台并且连带全景视野，这些都提供了高水平的自然采光，而且使人易于接触外部环境。目前已经证实，这些因素有助于提升老年人和那些患有老年痴呆症需要照料的病人的整体幸福感。

每间公寓的规模设定在 43 平方米 ~54 平方米（462.85 平方英尺 ~ 581.25 平方英尺），以有利于摆放各种家具，这也符合那些需要生活辅助护理的居民的需求，例如，有些居民在日常生活中需要使用轮椅或者行走辅助设备。此外，公寓提供高适应性的厨房和高品质的浴室设备，其中包括灵活

图 11-5　所有居民的公共空间，包括一个公共休息室。　图片摄影：大卫·休斯

图 11-6　俯瞰海滨长廊的"海王星"水疗馆。　图片摄影：大卫·休斯

可调的马桶、淋浴房和盥洗室，它们通过集成式可调节控制箱和存储设备来实现其性能。所有这些都使家庭生活变得智能而且实用。

整个租赁费包含大型开发项目中的服务与设施费用，这些服务设施中包括咖啡厅、餐厅、洗衣房、小型健身套房、水疗馆、日光浴室、桑拿浴室、图书馆、大型的外部玻璃中庭和一个活动区。总之，这些设施和"海王星"建筑项目相融合，共同形成了一个可持续发展的社交环境，这个环境能够增进居民的幸福感、身体健康、个体的独立性和相互间的交流互动。

社区感和归属感

项目设计和实施如何实现这个目标？
该建筑向居民提供的隐私感、社区感和归属感由三个乃至四个层次组成。这些首先由私人公寓空间本身实现，其次是各个楼层空间，然后是作为一个整体的"海王星"项目，最终它与其相关的中央设施一起，融入更广泛的海滨社区和四周的邻里社区中。

建筑前沿海滨的"长廊"拥有丰富的休闲区。一旦置身于建筑群之间，人们会发现一系列令人愉快的相互连接空间，这些空间吸引着人们去进行探索发现。

从与建筑师和一些已建成公寓里居民的讨论中可以

图 11-7　俯瞰海滨长廊的"海王星"水疗馆。　图片摄影：大卫·休斯

看出，虽然一种正常的邻里文化已经呈现，但在"海王星"项目中那种健全的共同社区的强烈感受实际上并不存在。显然，居民们更易于和与他们共同活动的公寓邻居建立亲密的联系，这也反映了大社区的普遍情况。

虽然一系列空间都经过精心组织和设计，但建筑的入住情况和目前居民资料的独立性表明，退休居民与外界社区的联系要多于他们与建筑内部社区的联系。随着居民年龄的增长，居民的年龄结构也会发生变化，这种情况可能会有所改变。这可以反映出居民的幸福感对居民健康的辅助作用以及社区居民生活和建筑设计的关系。

建筑设有七部电梯和楼梯，因此此项目发生"偶然和非正式"的公寓邻里社交的概率较小。这些电梯和楼梯可以有效地为每个楼层的四个公寓服务，它们之间没有设置联系的走廊。虽然这种模式使公寓的可用空间最大化，提供了较好的隐私保护，而且它也是一种常常被传统生活辅助型住房和退休乡村（retirement village）项目所忽视的家庭设计模式，但是它严重限制了居民之间的偶遇和非正式互动的机会。虽然住区为居民提供的非正式互动空间已经有所改善，然而证据却表明，老年居民相信一旦自身的身体状况出现问题，他们同样能召唤自己的同伴前来提供帮助。

入住后的评估表明，在设计和建筑功能上，居民对项目中心设施的使用频率比原本预期的要低。然而，有证据表明，那些实用性的场所，如洗衣房、图书馆和活动空间，都得到了充分利用，令人兴奋的顶楼桑拿浴室、水疗馆和阳光房，在一组核心用户中相当受欢迎，而咖啡厅、餐厅和具有售酒许可证的酒吧，对于"海王星"项目或来自相邻社区的人们来说，还算不上是不可或缺的场所。这也许与来自周围临近的"真正的"酒吧的竞争有关，又或者是因为在社交活动或模式方面整个社区仍然在自建当中。备受瞩目的一楼室外玻璃中庭也是一个居民未充分利用的空间。

创新

项目运营方如何体现理念上的创新和卓越追求？
尽管此项目没有注册的或正式的照料资质，传统的照料服务运营方在政策上也没有创新用来分享，但这座建筑仍然在多个层面上展示出自身的创新和卓越表现。最明显的创新之处在于，它能够在如此受人关注并且久负盛名的重建地区和新兴社区内提供老年人一个高品质的经济适用房居住环境。这项计划及其对更广泛的重建项目的贡献和此项目要打造的混合社区形象的目标，这些都是我们必须纳入考虑范围的。

在建筑的单体公寓设计中，对公寓细节、品质的追求和关注可以提供给居民一个即使随着年龄的增长

仍可满足使用需求的环境，这里所体现出的创新，在许多生活辅助型住房设计模式中往往是不存在的。

社区一体化

社区参与

项目和服务设计是否旨在成功融入当地社区？
这个项目通过提供一个促进邻里经济的社区，来对上一层级的设计和环保再生项目策略做出积极的回应。这个社区的人们是利用步行、自行车或公共交通的方式去使用当地社区的设施并以此带动邻里经济。

整个建筑设计通过提供高品质的住宅环境来呼应项目的滨水特征，这些高品质住宅提供给人们包括庭院、步行区域在内的当代城市空间和相应的生活方式。图书馆、活动房和一层临街的健身房为周围社区的居民在视觉上提供了关于其功能的强烈暗示，树立了老年人作为公民积极活跃地融入当地社区的健康形象。

在"海王星"项目范围以外更大的社区里，临街设有商业化的保健和美容商铺、美发馆、足疾诊疗所和保健疗程等整套设施，这些全部对当地社区开放，并得以有效利用，这进一步促进了不同年龄人们之间的互动。此外，在临近街道的显著位置且临海一侧，设置了一个拥有售酒许可证的酒吧、咖啡厅以及更大规模的餐厅。这些设施向公众开放，为社区居民彼此之间的接触、交流和更大规模的代际活动提供了积极的机会。

一楼的中央庭院与花园设计也反映了建立一个大社区的策略。"海王星"项目凭借其面向该地区和海滨的开放性特征，在自然和社会两方面都提供了一个温馨而且包容性的文化，老年人的居住社区缺乏这些开放的特征，往往将焦点集中在社区的安全性上，因此给人的感觉是隔离，而不是融合。

随着时间的推移，在这个大社区中真正投入使用的设施是否比设计时所规划的设施发挥更大的价值，这是一个非常有意思的命题。而且我们发现一个有趣的现象：老年人的设施在社区中随处可见，其实

图 11-8 面向周围社区开放的"海王星"项目咖啡厅。 图片摄影：大卫·休斯

老年人只是想介入并参与到主流社会中，而不是被隔离。出乎意料的是，中庭或冬季的温室花园是不向公众开放的。

员工与志愿者

人力资源

是否有适当的政策和设计来吸引优秀员工和志愿者？

一个独立的项目经理在周一至周五的工作时间负责为居民提供一些建议并提供一定程度的照料服务。然而，由于这是一个为独立生活的老年居民开发的照料服务项目，因此还不存在专门的照料程序和员工。经理的工资通过居民服务费支付。经理的工作包括管理和实践性质的任务，并负责提供指导意见。餐厅是以商业方式运作的，没有居民补贴。在桑拿房和健身房里没有员工，居民需要自助使用这些设施。

环境可持续性

在不影响总体规划设计目标和相关质量要求的前提下，"海王星"项目属于广义住房开发与混合用途开发项目的一部分，这个开发项目拥有较强的环保资质和策略。这座建筑所坐落的地区，通过对共享空间的规划为行人进行设计，在机动车辆之上优先考虑行人和自行车。当地的综合巴士作为联系社区和更大范围的马尔默区域的交通工具，使用的是天然气和沼气的混合动力。

随着前工业码头被改造成一个以 100% 本地生产的可再生能源平台为基础的生态居住和混合用途的社区，一个低碳城市的复兴议题正随之兴起。该区域设计采用了一个被称为"绿色空间因素"（Green Space Factor）的绿色规划工具，同时还利用了当地的雨水管理系统。与更大范围的大社区保持一致，该建筑提供了一个综合性的垃圾管理系统，在每个大厅设置可放置多种垃圾的循环"槽"。一些垃圾可回收用于生产再生能源。

替代能源

设计中没有使用可替代能源，但设置了包括通风系统在内的节能系统。颁布实施的法规规定，所有新居民的能源消耗量必须低于 110 千瓦时／平方米／年。

节约用水

法规中包含的所有节水措施都已被纳入设计中。

节约能源

最初选择研究"海王星"项目，是因为其所谓的可持续发展特点和环保认证，但在调查研究之后以及与建筑设计师的讨论中并没有发现这方面更为实用的信息。

户外生活

花园景观

花园景观的设计符合照料原则吗？

尽管斯堪的纳维亚的气候十分恶劣，户外生活仍是瑞典社会和文化的重要组成部分。因此，保留并利用自然景观资源便成为建筑设计和开发策略中不可或缺的一部分。建筑中所有公寓都与海岸线具有良好的视觉与空间联系，并以此积极回应其所在的独特地理位置。

与大范围的海滨和社区模式一致，传统的花园面积有限，但此项目的户外生活可以通过设置私人公寓阳台、联系主入口和建筑临街面的拥有树木景观的中央庭院区来实现。此外，通过增加一个巨大的玻璃中庭以及在建筑初始费用和原始概念之外单独由景观设计师设计的冬季花园设施，使"海王星"项目的花园面积得以大大增加。

公寓阳台的设置使每户居民至少拥有一面朝向海景的景观。其中几间公寓具有全海景景观，这在商业背景下具有昂贵的地产价值。虽然建筑间距较小，居民们仍接受这种开放阳台的设计概念，他们将其看作一种文化或者泛社区的生活理念，而不是将视线干扰问题当成一个负面因素。阳台是个性化的，并为居民有效利用，为每位居民提供了一个灵活怡人的室外空间。此外，公共活动室、顶楼的水疗馆、大型露台，这些都与外部和周边社区有着强烈且直接的视觉联系。

风景优美的花园是一个开放的空间，因为此项目没有要提升居民安全和监管力度的要求。这个空间在冬天提供了一个庇护环境，在夏天则为人们提供了阴凉。可以说这座建筑本身及园林区域，都已向建筑前部的大型玻璃中庭和冬季花园做出了功能上的

图 11-9　夏天的冬季室内花园。　图片摄影：大卫·休斯

图 11-10　延伸到院子的冬季花园。　图片摄影：大卫·休斯

妥协。中庭在一定程度上遮挡了一些公寓和阳台的视野，削弱了建筑物与开阔的海滨之间的相互关系。非官方证据表明，这个玻璃中庭虽然在视觉上引人注目，但它在许多方面制约了建筑的正常功能，同时我们得知，其玻璃维护和植物维护的费用也十分高昂，并且由于冬季气温过低，人们都不愿待在那里，这又降低了它的实际效用。遗憾的是，这个温室在冬天使用时显得过冷，在夏天使用时又显得过热，而且由于疏于使用，现在不得以需要对它进行维修。

项目数据

设计公司

Arkitektgruppen i Malmö AB
Niklas Olsson and Lars Karud
Angelholmsgatan 1a
214 22 Malmö
Sweden
www.arkitektgruppen.nu

面积 / 规模

· 基地面积: 2560 平方米
　　　　　（27556 平方英尺；0.63 英亩）
· 建筑占地面积: 1360 平方米（14639 平方英尺）
· 总建筑面积: 8605 平方米（93623 平方英尺）
· 居民人均面积: 此信息无法获知。此项目由经济适用公寓构成，每间公寓的居民数量各不相同。
· 单人间和双人间公寓面积为 43~65 平方米（462.85~699.65 平方英尺）。

停车场

建筑有 32 个地下停车位。整座公寓较小的停车面积反映出开发者力图通过促进社区使用综合公共交通，以便在更大的区域实现环保目标的设计策略。

造价（2005 年）

· 总建筑造价: 136000000 克朗（21707313 美元）
· 每平方米造价: 16000 克朗（2554 美元）
· 每平方英尺造价: 1434 克朗（234 美元）
· 居民人均投资: 此信息不可获知。此项目由经济适用公寓构成，每间公寓的居民数量各不相同。

居民年龄

居民应至少 55 岁，退休并领取养老金，同时为马尔默注册居民。然而由于其受欢迎程度和五到七年内符合条件的居民候补名单人数的爆满，以至于大多数人的年龄超过 55 岁时，并没有入住到"海王星"项目中。目前社区居民的平均年龄大约是 75 岁。

居民费用组成

最初的租金设定基于租户的收入及其养老金福利。租一间公寓的费用大约是每月 5266 克朗（835.340 美元）。

第四部分
Part IV

丹麦项目
Danish   Schemes

Chapter 12
A Study of Salem
Nursing Home

第 12 章
关于塞勒姆护理院的研究

选择此项目的原因

·此项目建于原有建筑的旧址上。为生活需要重度护理的老年人提供帮助。

·此项目共两层，包含了四个家庭，此模式为居民带来了集体认同感。

·塞勒姆护理院在每个家庭的个性、隐私及认同感之间寻求平衡，并以此消除居民的孤立感。

·建筑内的员工很尊重这座建筑。

·此项目提供了一个高度集约的环境，这个环境充分利用了建筑内部空间、光线品质，并充分满足居民的心理使用需求。

项目概况

项目名称：塞勒姆老年人住宅型护理院(Salem AELdreboliger Nursing Home)

项目所有人：建筑为一家私人基金所有，该基金由非营利性的迪克纳斯福特理森公司（Diako-nissestiftelsen）监管。照料服务由根措夫特议会（Gentofte Council）支持的社区机构提供，并与许多丹麦照料模式相同，由当地的社会团体，包括议会、护理院员工和社区代表监督和管理。

地址：

Mitchellsstraede 5

2820 Gentofte

Denmark

投入使用日期：2005年

图 12-1　从草坪上看 C 区和 D 区的冬季花园和阳台。图片摄影：大卫·休斯

图 12-2 项目位置。 致谢：波佐尼设计公司

塞勒姆护理院：丹麦

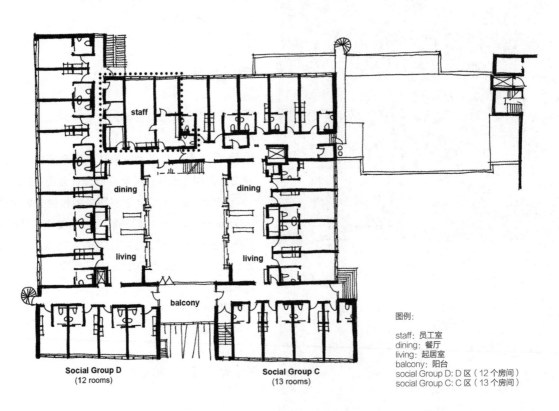

图例：

staff：员工室
dining：餐厅
living：起居室
balcony：阳台
social Group D: D 区（12 个房间）
social Group C: C 区（13 个房间）

图 12-3 二层平面图。 致谢：波佐尼设计公司

社区类型和居民数量

塞勒姆是坐落于根措夫特（哥本哈根城市中心以北 10 公里的一个富裕郊区）的一家护理院。

原来的照料院始建于 1963 年，但已经过时，因此能否满足老年人不断提升的照料需求，已成为该机构所面临的挑战。于是，人们对原有的建筑进行了拆除，目前的塞勒姆护理院于 2005 年开始运营。

这个新建筑位于一个居住与商业混合的地区，三面环绕着公寓楼、生活辅助型住房、私人住宅和小型企业。当地一所学校和各种商店都近在咫尺，从而形成了一个便利的、综合性社区形态。

建筑背面朝向开阔的根措夫特市政公园和湖泊，给人一种非凡的视觉感受以及开放空间与绿色空间相互融合的感觉。

护理院居住着 45 位有高依赖性照料服务需求的老年人，他们居住在 4 个独立但又相互联系的有 8 ~ 13 人的家庭里。居民档案中收录了许多有老年痴呆症护理需求的人。

要求居民租住公寓，提供自己的家具、服装等，而租金水平基于他们的个人收入和储蓄水平。此外，居民需要为医疗、食品、洗衣和相关的管理成本付费，而所有照料成本由国家免费提供。

大部分居民来自当地；从根措夫特以外迁到附近家庭来的老年人也可进入护理院，但需经过地方议会的评估与决定批准。

每个家庭基本上是自成体系的，与家庭内居民的身份、文化和目的相称。然而，所有的家庭都与其他家庭及中央公共区域具有强烈的视觉联系。建筑中有一个大型的玻璃中庭，它取代了原来的中央庭院，从而将个人隐私、公共环境的刺激、居民可控的独立性以及员工通过监控来提供护理支持的各种需求融为一体。

在丹麦，"塞勒姆"这个名字已经意味着为居民创造充满快乐、幸福和睦的生活，这些理念被应用到护理院重建的设计原则中。

地理概况

本土化设计

此项目是如何与场地相互呼应的？
设计团队首先在当地社区广泛征询意见，将他们的特定需求相整合，并纳入最终的设计中去，从而使项目得到了社区的好评并使其很好地融入了当地的社区环境中。

当地人强烈希望新的护理院在规模和材料上应是具有老建筑特征的现代版本。社区希望新建筑采用与旧建筑相同的建筑体量，所以建筑仍然是一栋两层高的建筑（有一个地下室），它采用了邻近建筑使用的浅色砖、屋顶瓦片和其他材料，以此使之与周围建筑能很好地融合到一起。

项目大面积运用玻璃窗和中庭，营造出建筑与外部空间的积极关系，这使得建筑的传统立方体量在当地呈现出自身的建筑特征。这样的处理弱化了其功能主义的外观，有利于实现与周围环境的相互融合。

中庭、露台和花园的设置使相邻的根措夫特公园和湖面的景色得到了有效补充。无论是风格统一的中庭金属支柱，还是从护理院延伸到湖边的室外林荫大道，这些细节的设计都成就了一个建筑与环境相互融合的景观。

照料

照料理念

项目运营方的理念是什么？这种理念如何应用到建

筑中？

塞勒姆护理院的设计围绕着一个照料理念，就是为极度依赖身体及精神照顾需求的老年人提供切实可行的自主选择，在这些老年人中，大部分人的日常生活需要照料，如吃饭、穿衣和如厕。

在新建筑建设之前，社区代表、员工、管理人员和服务用户参与了一个为期12个月的新建筑前期咨询和设计纲要指导计划，从实际的洗涤工作到临终照料，这个计划需要考虑所有的生活和工作要求。可行的隐私性和社区参与之间的平衡被看作照料理念和建筑设计的重要核心。对于建筑设计来说，想要体现家庭规模和氛围，提供一定的隐私性是十分必要的，因为它使居民切实感到安全，有方向感，并能尽快找到家的感觉。

在建筑重建计划中如使用现存的护理院建筑用地，这不仅制约了建筑体量的扩建，而且开发场地的地下空间也过于昂贵。经进一步调研决定，原有建筑已不能适应现代住宅电梯轨道和相关的技术要求，于是，最终老建筑被快速地拆除掉，只保留其地下室和中央厨房的区域。这样的建设条件导致了建筑规模相对于许多现代开发商的标准而言显得较小，但它却可以提供一个温馨的家庭环境氛围并保证了项目实际的功能。

所有的公用事业房间，如员工照料、培训和一些管理功能都设置在地下一层，地面一层迎面是接待空间、办公室及中央厨房，旁边是一个众所周知的可尽览公园美景的咖啡厅。

这些公用事业和行政职能的分开设置，为四户家庭提供了脱离常规体制和流程的家庭氛围。这有助于员工在家庭环境下更专注于对居民的照料和自身的责任，而不是在一个大型和传统的护理院环境中工作。

隐私、个人空间、社交机会是针对三个综合的空间等级（或"层"）而特定设立的，它们分别是居民自己的公寓、特定居民居住的家庭和更广泛的护理院社区，其中包括咖啡厅、中庭、美发沙龙、健身房和辅助性的娱乐和社会活动区域。

每个居民公寓足够大，以便摆放根据个人选择并满足员工护理需求的可移动家具。大型整体浴室都配有可调节的水槽、淋浴、衣柜和扶手，从而依据居民的需求变化提供不同的协助。该社区提供一个小而紧凑的厨房，居民可以自己制作简单的小吃和饮料，并通过这种方式促进居民自身持续的独立感。每间公寓有一个大窗户以及可以眺望花园、湖泊或开放视野景观的独立阳台。入户门向内凹陷的空间提供了一定的防御和个人空间，储存柜和大照片/姓名板放在居民入户大门处，用作可视化的提示帮助居民进行定位。

每个家庭中的一些房间直接面向开放式的综合厨房和起居室，剩下的房间则面向一段短的走廊。在较大的家庭中，原来的旧建筑布局使得新建筑必须使用两个短的公寓走廊，这可能在方向问题上存在死角或产生潜在的困惑。所有走廊的宽度足以容纳非固定的家具，阳光从走廊尽头的大玻璃窗直射进来。这个公寓的走廊都位于朝外的一侧，因此去除了所有面对面的门，从而避免产生混乱或者降低隐私感。

家庭内部区域将主要焦点集中在社会交往和活动上，这是运营方经营理念的核心要素。固定及可移动的厨房设备和工作台面的组合，使开放式厨房、餐厅与起居空间可以灵活地适应各种活动和居民的护理需求。

图12-4 D区中的厨房区域。 图片摄影：大卫·休斯

开放式的公共区域，用丹麦典型的简单木制家具和中性颜色装饰，为行动不便的居民创造了优质的使用空间，针对不同的功能和区域采用了强烈的可视化提示，如厨房、餐厅和生活区域也为患有老年痴呆症的居民提供向导。该建筑还成功地应用了照明"指南"以及标示出环境区域和行为目的之间联系的开放架子和橱柜。

临床医护与运营任务会在远离家庭生活空间的员工独立工作区域，如带洗衣槽的单独洗衣间中完成。这消除了会破坏家庭生活和机构活动的行为。

特别在晚间，当员工在同一层楼换班时，每层独立而且接近两户家庭设置管理区域使员工调配变得高效。每层员工共用一个管理区域，它位于家庭区域之外，这可以避免居民产生机构感和医疗感。

建筑和社区的三层是公共区域，有行动能力的居民可以无障碍地到达这里，同时那些需要更多生活协助的居民则可以一览无余地看到这些区域。运营方使用电子智能标记系统，谨慎地监控患有老年痴呆症的居民，使他们能够安全地拥有更大的活动空间。

运营方在活动、包容性和选择方面的理念与这些系统的建设水平相关。例如，居民可以选择在自己的公寓、家庭内或者咖啡厅用餐，而从相邻护理居住单元来的老年人则可以进入这里的咖啡厅，这便提供了一系列的社交接触和个人隐私空间。通过设置大面积的玻璃、宽阔的阳台、对着庭院开放的玻璃门和一年四季提供"室外"景观的室内空间，加上中央三层通高的玻璃中庭，都使建筑最大程度获得了自然采光。

丹麦漫长的冬季自然光照很少，建筑设计对光照的利用巧妙地回应了建筑所处的自然条件。光照会对老年人生活带来影响，那些患有老年痴呆症、焦虑和抑郁的老年人，受光照的影响尤其明显。借助屋顶天窗和透明玻璃，光线直接穿过建筑，射入一层走廊和家庭空间。为减少老年痴呆症患者可能出现的焦虑，员工会对光照水平进行仔细监控。相反，如需要静思和放松的特定区域，则设置了高度较低的天花板和强度较弱的光照，这些区域会为居民提供可视化和其他感官的提示。

图 12-5　内置金属网架的冬季花园映出花园杨树林的影子。
图片摄影：大卫·休斯

社区感和归属感

项目设计和实施如何实现这个目标？
如上所述，项目设计营造出一种强烈的场所归属感和空间"层级"的概念（对社区中的互动和活动可自行参与及选择）。

玻璃中庭的设计对于归属感和有形社区感的营造发挥了重要作用。理念虽然简单，但考虑到该建筑是建立在早期建筑的旧址上，塞勒姆护理院仍有别于其他护理院。设计灵感来自伦敦一些较大的商场，它们具有较高的玻璃穹顶或天花板，并带有开敞的内部阳台。

在项目中，中庭和独具匠心的内部宽阔视野的设计，高效地建立起了四个家庭之间生理与心理上的联系，它们可以在同一层空间和整栋建筑空间的不

图 12-6 被金属网架稍稍遮蔽的，从 A 区和 C 区深入冬季花园的门和阳台。 图片摄影：大卫・休斯

同层面上，通过玻璃中庭彼此共享。它使居民能享受自己家庭以外的活动和乐趣。这种行为的积极作用已经得以显现：通过调动人们有针对性地加入社会实践、多人小组及各类活动中去，可以提升居民的总体幸福感。

此外，建筑中的开放空间改善了建筑内部的气候环境，从而使内部避免了欧洲传统护理院和养老院的沉闷氛围，显得活力十足。即使在冬季的几个月里，也能体验到享有室外"新鲜空气"的感觉。在这里，设计使那些无法正常接触到外界环境的老年居民，可以真切地看见并感受到外界环境的变化。在更高的护理院空间层面上，对于那些较少选择参与社区活动的居民，这些空间与那些具有孤立封闭感的设计相比，会给他们带来积极的视觉感受，使他们产生更强烈的归属感。

有一种运营理念认为，在更小型的组群、家庭及单元模型中更容易照顾老年人，但同时也担心这样会减少老年人与社会的互动和刺激。这个设计很好地平衡了这种理念。由此，我们可以带给那些患有痴呆症的老年人更有针对性、切实可行的社区设计理念。这个包含家庭空间、楼层空间及全部社区空间层级概念的，充满活力、结构清晰的设计项目倡导老年人健康社交生活的核心理念，并使其在经营战略和建筑环境等方面得以实现。

创新

项目运营方如何体现理念上的创新和卓越追求？
设计原则的创新点在多处得以体现，例如：原本需要高级别持续护理的老年人如今在这个建筑环境中可以过上相对独立的生活，同时，不论老年人对外界环境的依赖性如何，设计都为他们提供了社交互动并享受视觉体验的可能。

建筑及相关照料理念为老年人提供了一个安全的社区环境，设计有效地减少了老年人生理损伤的风险，并在家庭规模、免费医疗设施的设置上，提高对生

图 12-7 B 区的用餐区。
图片摄影：大卫·休斯

活需要高级别护理老年人的照料能力。建立详细的居民评估档案、持续的照料计划、可靠的医疗技术保障以及一支优秀的照料员工团队，这些都成为塞勒姆护理院的必要补充条件。

索拉建筑事务所（Thora Arkiteckter）认识到，在设计创新及其在真实家庭环境中的运营效率与发展平衡之间的关系方面，塞勒姆护理院迈出了正确而且积极的一步。然而，我们需要将进一步的工作放置在丹麦乃至更广泛的国际背景下，围绕护理人员和护理功能及其相关经济与运营效益来设计这类建筑，使其关系得以平衡，而不是仅仅考虑那些住在里面的人。

为了使设计更加出色，索拉建筑事务所秉承了如下理念，即老年人应更多地参与到设计阶段，使设计成果更具居家的亲切感。虽然这种家庭照料模式是积极有效的，但也有证据表明，在生活中，老年人愿意从新的感受和体验中获得身体与感官上的刺激。这座建筑正是通过提供多样化的空间，来引发并纳入更多的代际和社区活动，以此为居住在此的老年人提供新鲜的感受与体验。

关注细节设计对居民的影响，也会提供创新的想法和设计项目，这一点通过引入两个层次的居民浴室

照明得到了证实。在实用性与可操作性层面上，良好的照明设计可以支持老年人的基本工作和活动，但更柔和、更"人性化"的照明有可能使老年人对他们自身、样貌及整体的幸福感更加良好。

设计更加重视建筑材料及其带来的视觉冲击，而不仅仅局限于材料的实用功能，这是另一个需要进一步评估和创新的领域。

图 12-8 整体浴室可调节装置配件的图片。 图片摄影：大卫·休斯

社区一体化

社区参与

项目和服务设计是否旨在成功融入当地社区？
护理院与邻近的保障性住房 —— 克劳克舍夫（Klockershave）社会公共事业项目相联系。这个较大的社区有 53 间公寓，根据当地社区的要求，两个项目共用一些配套设施，如一个美发沙龙和咖啡厅／餐厅，克劳克舍夫的公寓租户可在这里享用午餐和晚餐。这些设施为综合项目计划的一部分，但直到 2011 年，咖啡厅还没有为当地老年人和周边社区提供服务。人们正在努力去鼓励更多的人参与到社区建设活动中来，积极使人力资源与综合社区相整合匹配。

员工与志愿者

人力资源

是否有适当的政策和设计来吸引优秀员工和自愿者？
在丹麦就业比例的调控下，塞勒姆护理院有效促进了员工的工作热情，在整个建筑设计过程中，员工也做出了积极的贡献。

高水平的长期在职员工降低了工作岗位的轮换率，这为居民提供了积极而稳定的服务。在目前的就业和经济环境下，招聘员工并不困难，由于良好的工资水平和合同条件，塞勒姆护理院的招聘状况始终处于良好状态。较高的员工配比（一个员工服务四位居民）能实现较好的照料水平和更高的工作满意度。塞勒姆护理院有一个约 120 人的员工团体，配备 65 个全职职位，每位居民每天可接收 3 个小时的直接照料。机构还采用了全上岗培训计划，促进员工的持续学习，以应对不断变化的实践要求。

环境可持续性

基本上，这栋楼符合丹麦对于保温和能源方面的要求。其最大的优点是冬季花园的规模及其对花园的使用。这座大型设施能够更轻松地调节 4 个片区的开放式休息室和用餐区的温度。如果没有室内庭院，在过热或过冷的天气里，为了调节建筑内的气温，就需要额外进行采暖或降温。

替代能源

无

节约用水

无

节约能源

无

图 12-9 B 区的起居室清晰地表明，居民在阳光明媚的日子里更喜欢休闲区 —— 室外的冬季花园。 图片摄影：大卫·休斯

户外生活

花园景观

花园景观的设计符合照料原则吗？

室外花园、中庭、露台和庭院，与每户家庭的阳台相结合，一起为居民提供了灵活多样的室外空间，这些室外空间提供了不同层级的隐私性和开放性。

无论气候如何，户外生活和社会活动都是丹麦人生活的重要组成部分。因此，花园设计回应了整个照料原则，为居民提供保持独立、安全接触户外环境的机会。这些原则对于老年人心理和生理的健康都至关重要。

玻璃中庭覆盖在原有庭院之上，为居民提供了一个安全的全天候室外空间，人们可以在这里举办一系列的活动，能够在此放松身心。中庭与两个家庭之间门廊上共享的户外取暖器，能调节温度并延长这些空间的实际使用时间，还可以为居民运动、社交和活动提供必要的设施。对这些空间持续而高效的利用，可以传递给居民积极的社区亲切感与安全感，反之，使用率不高的户外空间很难建立起这种积极的社区亲切感、安全感。塞勒姆护理院主要为那些老年痴呆症患者提供护理，因此这一点显得尤为重要。

在温暖的季节，中庭的大型滑动玻璃门可以完全打开，室内外开敞连通起来，从而形成了一个可以有效监管的安全"室外"区域。

建筑与室外环境有机融合，建筑对周边大范围景观的有效利用，为居民提供了可安全地无障碍进入的花园，并且共享外面别致的风景。

项目数据

设计公司

Rune Ulrick Madsen
Arkitekt MAA, Direktør
THORA Arkitekter A/S
Denmark
www.thora.dk

面积 / 规模

由于此项目是局部建筑的重建，照料院与旧建筑相连，共用一些使用空间。因此，不能准确计算面积/规模。

停车场

项目约有 25 个停车位，但停车数量与周围社区一起计算。

造价

丹麦公共住宅建造成本必须低于每平方米 23000 克朗，包括所有应计成本，如土地征用和税收费用。这将是本设计合同的一个参考点，因为这个项目破拆、翻修、新建过程的复杂性，建设成本与之前的预算有所出入。

居民年龄

平均年龄：89.2 岁

居民费用组成

丹麦是一个重赋税国家，以此来给那些需要医疗或社会帮助的人提供高福利和补贴。例如，那些领取全额养老金的人，预计只会支付 15% 的养老金用于照料院的居住费用。除此之外，福利资格审查制度将对居民所需的补助额进行评估。

第五部分
Part V

荷兰项目
The Netherlands Schemes

Chapter 13
A Study of Wiekslag
Boerenstreek

第 13 章
关于维克斯拉格·波尔社区项目的研究

选择此项目的原因

· 此项目提供的环境设施，使身体残障、需要照料的老年人能够尽可能地独立生活。

· 此项目强调服务设施位置的重要性，以实现社区参与为目标，并鼓励居民和邻里之间进行积极互动。

项目概况

项目名称：维克斯拉格·波尔社区（Wiekslag Bo-erenstreek），位于代尔霍芬的一家卫星城式护理院

项目所有人：巴恩–苏斯特护理机构（Zorgpalet Baarn-Soest），非营利性照料机构

地址：

Wiekslag Boerenstreek

Oude Grachtje 70

3763 WK Soest

The Netherlands

投入使用日期：2006年

图 13-1 从回廊看维克斯拉格·波尔社区。 致谢: 詹妮·德·扎瓦特（Jeanine de Zwarte）

图 13-2 项目位置。 致谢：波佐尼设计公司

维克斯拉格·波尔社区项目：荷兰

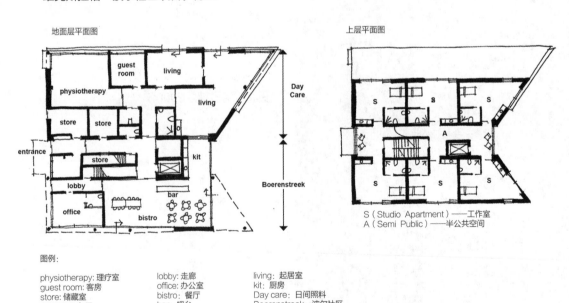

图例：

physiotherapy: 理疗室
guest room: 客房
store: 储藏室
entrance: 入口

lobby: 走廊
office: 办公室
bistro: 餐厅
bar: 吧台

living：起居室
kit: 厨房
Day care：日间照料
Boerenstreek：波尔社区

图 13-3 楼层平面图。 致谢：波佐尼设计公司

社区类型和居民数量

巴恩－苏斯特照料机构成立于 1997 年，当时以家庭为单位，向 6 户居民提供护理服务。代尔霍芬项目（Daelhoven）使护理机构的规模第一次得以扩大，使其可以为 15 个家庭总计 90 位患有老年痴呆症、身体残障或需要康复治疗的居民提供服务。1999 年，巴恩－苏斯特照料机构开设了第一家卫星城式的护理院——维克斯拉格·波尔社区，服务了包括 2 个家庭 6 位患老年痴呆症的居民。

2006 年，巴恩－苏斯特照料机构扩展到距代尔霍芬 2.5 公里（约 2 英里）的维克斯拉格·波尔社区，成为一座卫星城式的护理院。维克斯拉格·波尔社区可以为 18 个身体残障的居民提供住所。与代尔霍芬和巴恩－苏斯特不同，维克斯拉格·波尔社区提供更偏向独立型生活公寓的环境，而不是家庭式公寓。居民可以穿行于设在底层的荷兰人称作"大咖啡厅"（grand café）的空间。咖啡厅设有休息室和用餐区，用餐区包括供服务人员和居民共同使用的大厨房。厨房中设有轮椅无障碍通道，故居民无需服务人员帮助，便可以独立使用。洗衣房、治疗健身房和服务人员用房也都设置在底层。

单室公寓附带浴室和小型开放式厨房，位于楼层较高的第三层。每层有六间公寓和两个设有长凳或扶手椅的半开放公共空间，在独属私人空间和大咖啡厅公共空间之外，为居民提供了另一种可选择的休憩空间。

项目由巴恩－苏斯特照料机构运营，对身体有残障的人提供日间照料的机构也位于这栋建筑物的底层。常住居民和日间照料客户共同使用一层的健身房。

地理概况

本土化设计

此项目是如何与场地相互呼应的？
维克斯拉格·波尔社区毗邻居民社区，周围独栋和联排别墅环绕，而且靠近商店。建筑需要应对繁忙的十字交叉路口和环路，通过窗户居民就可以俯瞰城市生活。从建筑设计角度来看，建筑形式主要是为了满足自然采光和通风的功能需求，而非回应其场地环境。建筑避免与周围住宅相隔过近，是城市环路上一栋引人注目的建筑。

照料

照料理念

项目运营方的理念是什么？这种理念如何应用到建筑中？
巴恩－苏斯特照料机构致力于为居民创造家庭化和可认知度高的日常生活环境。因此，护理服务和建筑设施应是家庭化的、可认知的、安全的、并兼顾居民的个人要求和社会需求，使居民能够融入社区中。

与其他坐落在苏斯特的照料机构相比，维克斯拉格·波尔社区为身体有残障但具有认知能力的居民提供更宽敞、更私密并设有浴室的单室公寓。每一层楼的 6 户居民都没有起居空间，而是在一层为 18 户居民设置了酒店式的大咖啡厅。居民可以选择在大咖啡厅或者在自己的单室公寓用餐。大多数居民都选择在自己的公寓用餐，自己烹饪食物或是订购"送餐上门"服务，这些送餐食品则来自维克斯拉格·波尔社区外的配餐中心。

社区感和归属感

项目设计和实施如何实现这个目标？

图 13-4 维克斯拉格·波尔社区利用落地窗来获取大量自然光。致谢：詹妮·德·扎瓦特

位置：

项目所要表达的基本理念：通过设定每个开放空间的位置与其所容纳的居民数量来促进居民和邻里间的互动。

开放空间的位置选择对照料服务机构至关重要：最好是靠近商店，位于邻里活动的中心，对日常活动有良

好的视野。巴恩－苏斯特照料机构认为，在邻里中具有良好的中心位置，才能够实现社区融合并营造易于环境识别的核心理念。对于波尔社区的居民来说，能观察到邻里的活动是他们觉得成为社区一份子的一种方式。但更重要的是，波尔社区身体残障的居民，能够自行或是在家人、朋友及护理人员的陪伴下外出和购物。在本书写作期间，两户居民在

144

图 13-5　居民可以在大咖啡厅的休息空间接待客人。　致谢：詹妮·德·扎瓦特

一周内两次拜访了供残障人士使用的日间活动中心。

设计：
维克斯拉格·波尔社区坐落在开阔的场地上，十分引人注目，一侧毗邻繁忙的道路，另一侧毗邻低层的独立式住宅。建筑外观看起来像现代公寓楼，而不是老年人照料服务机构。

维克斯拉格·波尔社区一层的大咖啡厅和公寓房间都设有落地窗。充足的自然光线成为建筑的突出特色，也是居民和员工在建筑使用后评估中高度赞赏的方面。

巴恩－苏斯特照料机构丰富的建设经验帮助其设计出设施精良、功能齐备的项目。例如，身体残障的居民能够独立或是在员工协助下使用为其量身定制的浴室。大咖啡厅的厨房也可以满足坐轮椅居民的使用需求。

维克斯拉格·波尔社区在设计上明显的不足是只设有一部空间较小的电梯。电梯内无法容纳一张床，这意味着长期卧床的居民无法到达咖啡厅。选择这种尺寸的电梯参考了代尔霍芬护理院的设计先例。电梯空间一次只能容纳一部轮椅，对于一些较大尺寸的轮椅，电梯便显得空间局促。现有的建筑布局并不具备增设另一部电梯的条件，这种设计上的不足很可能会限制建筑未来的使用效率，并使住在这里的居民行动受到限制。

创新

项目运营方如何体现理念上的创新和卓越追求？

巴恩－苏斯特照料机构认为在中等规模社区内有活力的地方设置小型卫星城式护理院，可以提高居民的生活质量。在针对残障人士的居家照料中，此项目采用卫星城式的护理院形式，这样可以最大化地实现老年人生活的独立性，同时老年人们还能在较小的机构得到很好的保护同健康照料。建筑具有较高的品质，内部的私人房间、大咖啡厅和室外花园都经过精心设计。社区鼓励居民外出进行活动，或是来到咖啡厅同其他居民、照料人员共享咖啡，聊天畅谈。这个项目在老龄服务中的创新之处就在于它对以上各元素的综合使用。通常，身体不便的老年人也可以像在波尔社区里一样独立生活，但这一般是在他们的照料需求并没有那么大的时候才能实现。而在波尔社区，居民们对照料服务的需求是十分巨大的，但他们仍然能独立掌控自己的生活。

社区一体化

社区参与

项目和服务设计是否旨在成功融入当地社区？

维克斯拉格·波尔社区的居民生活尽可能地保持独立。他们每周都要出去参加各种社会活动，自己驾驶代步车去商场购物。

员工与志愿者

人力资源

是否有适当的政策和设计来吸引优秀员工和志愿者？

对许多照料人员来说，维克斯拉格·波尔社区是很有吸引力的。但在下午下班前的繁忙时段和暑假期间，很难招聘到员工。照料服务机构将年龄为15~19岁的在校学生在下午4：30到7：00时段，安排配合照料人员进行兼职工作。在荷兰，年龄达到15岁的孩子每天可以工作两个小时。年龄再大一些的在校生工作时间可以更长一点。他们可以协助居民做各种工作，如去城市中心或去游泳池，或是做些家务。

· 直接照料员工的工作时间：15.84 名全职员工（FTE，Full Time Employee）（1 名全职员工每周工作 36 小时）。

· 每位居民每天接受的直接照料时间： 4.51 小时/天/人。

环境可持续性

替代能源

无

节约用水

无

节约能源

在维克斯拉格·波尔社区的设计伊始，可持续发展在荷兰已经不再是个热门话题。因自 1995 年以来，荷兰的建筑法规对现存和新建建筑已经制定了包括节能在内的技术标准。维克斯拉格·波尔社区满足墙体、屋顶、地板和双层玻璃隔热、隔音的要求。维克斯拉格·波尔社区的设计不包括替代能源和替代节水措施。

户外生活

花园景观

花园景观的设计符合照料原则吗？

维克斯拉格·波尔社区项目的大咖啡厅位于一层，花园有两个大露台和水池。建筑呈"V"形围合着露台，从露台可以分别通往大咖啡厅和日间照料中心。通往大咖啡厅的露台很受居民欢迎，居民经常坐着轮椅在露台上喝咖啡、聊天，或只是观察城市环路和道路上的行人。

图 13-6 维克斯拉格·波尔社区坐落在普通城市社区中，看起来像是普通公寓建筑。 致谢：詹妮·德·扎瓦特

项目数据

设计公司

Oomen Architecten

Ulvenhoutselaan 79

4803 EX Breda

The Netherlands

www.oomenarchitecten.nl

面积 / 规模

· 基地面积：1700 平方米；0.42 英亩（18299 平方英尺）
· 总建筑面积：1536 平方米（16533 平方英尺）
· 单室公寓建筑面积：44 平方米（474 平方英尺）
· 居民人均面积：85 平方米（919 平方英尺）

停车场

地面停车场可以提供 14 个停车位。

造价（2004 年 1 月）

· 总建筑造价：2791626 欧元（3963335.69 美元）
· 每平方米造价：1817 欧元（2655 美元）
· 每平方英尺造价：169 欧元（240 美元）
· 居民人均投资：133181 欧元（189121 美元）

居民年龄

2006 年 12 月，第一位入住的居民 56 岁。2007 年，居民的平均年龄为 61 岁。2010 年，居民的平均年龄为 69 岁。居民年龄从 46 ~ 84 岁不等，大多数居民年龄在 55 ~ 65 岁之间。在荷兰，护理院居民的平均年龄要大得多。2004 年，护理院中身体有残障居民的平均年龄为 81 岁。[1]

居民费用组成

护理费用由荷兰国家长期照料保险计划——特别医疗支出法案（Exceptional Medical Expenses Act，EMEA 或者 AWBZ）提供。计划的目的是提供被保险人用于长期和持续照料的大额经济支出，如护理院照料，长期居家介护型照料、弱智和慢性精神病患者的照料。保险提供了一整套完整的项目，包括照料、住房、食品和其他家政服务。居民个人需承担一定的费用。承担费用的多少取决于年龄、纳税收入和家庭情况。

[1] M. de Klerk, "Ouderen in instellingen," The Netherlands Institute for Social Research; The Hague, 2005.

Chapter 14
A Study of Wiekslag Krabbelaan

第14章
关于维克斯拉格·克阿彼劳恩项目的研究

选择此项目的原因

· 维克斯拉格·克阿彼劳恩护理院为照料的老年痴呆症患者提供了熟悉的、方便的而且"家庭般"的环境，并根据不同的家庭情况对设计进行调整变化。

· 这幢建筑为居民提供了熟悉的内部环境，同时又与外部的周边社区建立起了联系。

· 此项目十分强调服务的重要性，使居民可以乐于并真正地长期在社区中生活。

· 此项目基地所处的位置与容纳的居民数量是鼓励居民与周边社区间交流这一设计理念的主要体现。

项目概况

项目名称：维克斯拉格·克阿彼劳恩项目（Wiek-slag Krabbelaan），位于代尔霍芬（Daelhoven）一家卫星城式护理院

项目所有人：巴恩-苏斯特，非营利性照料机构

地址：

Wiekslag Krabbelaan

Prof. Krabbelaan 50–52

3741 EN Baarn

The Netherlands

投入使用日期：2010年

图 14-1 从公共花园看克阿彼劳恩，街道对面是儿童游乐场。
致谢：詹妮·德·扎瓦特

图 14-2 项目位置。 致谢：波佐尼设计公司

维克斯拉格·克阿彼劳恩项目：荷兰

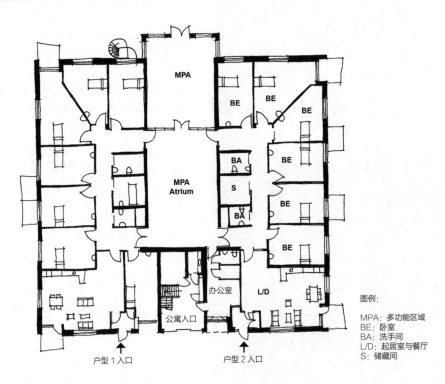

图例：

MPA：多功能区域
BE：卧室
BA：洗手间
L/D：起居室与餐厅
S：储藏间

图 14-3 楼层平面图。 致谢：波佐尼设计公司

社区类型和居民数量

巴恩 - 苏斯特护理机构,从 1997 年开始对一个有 6 位居民的家庭提供护理院式照料服务。在代尔霍芬护理院项目中,该照料机构第一次扩展其规模,从而可以为 15 个家庭共计 90 位患有老年痴呆症或身体残疾、需要康复治疗的居民提供家庭式照料。

1999 年,巴恩 - 苏斯特护理机构又设立了一家卫星城式护理院——维克斯拉格·斯密特斯文护理院（Wiekslag Smitsveen）,这家护理院可以为两个家庭中共计 6 位患有老年痴呆症的居民提供服务。作为核心项目,维克斯拉格·斯密特斯文护理院进一步强调了以家庭化和可认知生活方式为导向的经营理念与目标。从 2006—2010 年,巴恩 - 苏斯特护理机构已经拓展出两家卫星城式护理院:第一家是维克斯拉格·波尔社区（2006 年）,为身体有残疾的居民提供照料;第二家是维克斯拉格·克阿彼劳恩项目（2010 年）。

维克斯拉格·克阿彼劳恩项目是一家距代尔霍芬 7 公里（4 英里）的卫星城式护理院。两个家庭中的 13 位患有老年痴呆症的居民生活在三层公寓楼的底层。每个家庭都有独立入口。起居空间拥有一个包括餐厅和休息区在内的开放式厨房。每位居民拥有面积为 25 平方米（270 平方英尺）的私人卧室。每个家庭中有一间浴室,另外,为保证生活的私密性,在居民自己的卧室中都设有洗漱池。其中一间浴室专门用于多项感官的刺激训练。两个家庭共用两个可以进行各种活动的大型多功能空间,居民可以在多功能空间里与员工或家人进行创造性和文化性的活动。

公寓楼上面的三层楼由胡伊及其周边地区住房基金会（Stichting Woningcorporaties Het Gooi en Omstreken）管理。巴恩 - 苏斯特护理机构租用其中一间公寓用作家居照料服务的办公室。在此基础上,照料机构给居住在维克斯拉格·克阿彼劳恩公寓上部楼层部分和附近的其他居民提供福利和扶助。这 16 间公寓的面积大小为 65~75 平方米（700~800 平方英尺）,出租给那些需要照顾但仍然能够独立生活的居民。住房基金会要求巴恩 - 苏斯特护理机构作为服务提供方,负责公寓使用权的分配以及对公寓居民的照顾服务。

地理概况

本土化设计

此项目是如何与场地相互呼应的?
该护理机构开发的所有项目都强调地理位置的重要性:服务机构的位置对于实现参与社区活动与维持日常生活的理念非常重要。

维克斯拉格·克阿彼劳恩项目位于一个既有独立住宅,也有公寓楼的居民区中,对面是有儿童游乐场的公共花园。其中一个家庭还能看到一个公共足球场,商店也在步行距离之内。

图 14-4 维克斯拉格·克阿彼劳恩项目的设计鼓励居民在庭院中活动。 致谢:詹妮·德·扎瓦特

照料

照料理念

项目运营方的理念是什么？这种理念如何应用到建筑中？

巴恩－苏斯特护理机构力图为居民提供家庭化和熟悉的日常生活。因此，照料服务和建筑设施都是家庭化的、熟悉的、安全的，兼顾个人和社会需求，使居民能够融入社区生活中。机构经营理念的核心是对居民日常活动的组织要优先于对他们日常起居的照顾。

为了营造居家感和归属感，控制家庭的规模十分重要。因此，每个家庭由6、7名成员组成，这相当于荷兰一个大家庭的规模。正餐所需食物从附近的商店购买，在家庭内准备好，可以在常用的家用炉灶上为居民们烹饪，并在一个独立的餐桌上用餐。家庭洗衣和清洁工作尽可能由居民协助服务人员在家庭内完成。此外服务人员还有许多工作要做，如帮助居民洗浴、换衣、购买杂货、做饭和打扫等。

维克斯拉格·克阿彼劳恩护理院主要服务于老年痴呆症患者，每个家庭由6、7位居民组成。在这里，每个家庭具备正常家庭中所需要的功能空间，如与街道连接的前门、附带厨房、餐桌和休息区的起居空间、私人卧室和共用浴室。

在代尔霍芬的护理院中，维克斯拉格·克阿彼劳恩是比较独特的案例，因为该社区只有容纳13位居民的两个家庭。而荷兰其他痴呆症照料机构受到财政经济的影响，通常由许多家庭组成，这也是其不同于那些照料机构的地方。对于建设这种规模的护理院，采用卫星城的模式便显得相辅相成。如果社区中只有两个家庭，13位居民，那么邻里之间的社会交往及购物行为的发生是必然的。

社区感和归属感

项目设计和实施如何实现这个目标？

位置：

在维克斯拉格·克阿彼劳恩项目中，通过设定每个基地的空间位置和所容纳的居民数量来促进居民与邻里的互动，是案例所要表达的基本理念。

对维克斯拉格·巴恩－苏斯特护理机构而言，护理院的位置至关重要：位置最好靠近商店，位于邻里活动的中心，并对日常活动有良好的视野。在邻里中具有良好的、中心的位置，才能实现社区融合并形成易于识别的（家庭式）环境的目标。这意味着居民无论是与员工还是和家人一起外出购物都很便利。邻里活动可以通过视觉真切地感受到，而观察邻里活动也可以让他们觉得自己是社区的一分子。

设计：

维克斯拉格·克阿彼劳恩项目的外观看起来像是现代公寓楼，而不是一个老年人护理机构。因此建筑与周围环境颇为融洽。

维克斯拉格·克阿彼劳恩护理院的建筑照明主要采用自然光。客厅两侧都有巨大的窗户，多功能空间位于建筑中心的庭院，而带有玻璃屋顶的中庭也可以引入自然光线。

维克斯拉格·克阿彼劳恩是为满足老年痴呆症患者的照料需求而量身定制的建筑。但当建筑在未来需要改作其他用途时也容易实现。公寓楼上面三层的独立型生活公寓空间可供不同类型的居民使用，而底层也可以改造成两个或多个公寓作为其他用途。

建筑的框架结构和非承重内墙体系为未来改造提供了极大的灵活性与可持续性。

图14-5 私人卧室中摆放着居民个人的家具。 致谢：詹妮·德·扎瓦特

图 14-6 起居厅中两个休息空间之一。 致谢：詹妮·德·扎瓦特

创新

项目运营方如何体现理念上的创新和卓越追求？

巴恩－苏斯特是在居家照料方面拥有丰富经验的照料机构。他们依靠这些经验，不断致力于完善照料水平并提高居民的生活质量。他们除了要"延长居民的自然生命"，更重要的是要"提高居民的生活质量"。

随着他们的第一个卫星城式维克斯拉格·斯密特斯文护理院获得成功，他们坚持发展规模控制在能容纳 13 ～ 20 位居民的小型照料机构。荷兰其他的照料机构，通常由于经济原因不会选择建设规模如此之小的独立服务项目。巴恩－苏斯特护理院认为应在普通社区中充满活力的地方建设卫星城式养老院，这样可以提高居民的生活质量。这个项目设施精良，居民的私人卧室和客厅、日常使用的中庭和其他多功能空间都经过了精心设计。

社区一体化

社区参与

项目和服务设计是否旨在成功融入当地社区？

维克斯拉格·克阿彼劳恩项目的居民是需要照料的老年痴呆症患者，外出购物时需要员工、志愿者或家人的帮助。由于他们身体的缺陷，邻里交往活动是有限的。所有的社区活动基本都会发生在建筑内部。

由于维克斯拉格·克阿彼劳恩护理院所处的中心位置加上其规模较小，居民基本是通过视觉观察和感受在家门外或去商店途中发生的一些事情与邻里社区产生比较简单的联系。家庭成员也会被邀请到集合家庭里来，成为居民中的一分子，并让他们参与到其中的日常生活中。例如，家庭成员可能与亲属或其他居民共进咖啡或午餐。

图 14-7 有休息空间和厨房的起居空间。 致谢：詹妮·德·扎瓦特

员工与志愿者

人力资源

是否有适当的政策和设计来吸引优秀员工和志愿者？

在维克斯拉格·斯密特斯文护理院，当照料人员是很有吸引力的工作。但在下午下班前的繁忙时段和暑假期间，却很难招聘到员工。巴恩－苏斯特护理机构将15~19岁的在校学生根据其年龄，在下午4：30到7：00时段提供配合照料人员进行家庭照料的兼职工作。15岁的学生每天可以工作两个小时，再大一点的孩子可以工作得更长一些。他们协助居民准备晚餐并和居民一起用餐并协助他们就寝。

在本书写作期间，除了参与居民日常生活的家庭成员外，在维克斯拉格·斯密特斯文项目中并没有出现很多参与活动的志愿者。照料机构认为，护理院培养一批志愿者是需要时间的。志愿者通常为原来居民的家人，需要一定的时间来熟悉护理院的情况。维克斯拉格·斯密特斯文项目在2010年才开始营业，预计未来会有越来越多的志愿者在这里工作。维克斯拉格·斯密特斯文项目正通过多种途径邀请

他人前来并成为志愿者，例如，他们会挨家挨户地发放材料进行宣传。

· 直接照料员工的工作时间：11.35名全职员工（1名全职员工每周工作36小时）。

· 每位居民每天接受的直接照料时间： 4.48小时/天/人。

环境可持续性

替代能源
无

节约用水
无

节约能源

自1995年起，荷兰的建筑法规便已经针对既有建筑和新建建筑出台了相应的技术要求，其中包括建筑物的节能要求。维克斯拉格·斯密特斯文项目为了响应这些要求，采用了隔热性能优异的外墙和屋顶材料及双层玻璃，这些材料同时也具有出色的隔

音性能。维克斯拉格·斯密特斯文项目还设置了地源热泵系统，该系统能够满足首层家庭冬季的集中供暖与夏季的集中制冷。

户外生活

花园景观

花园景观的设计符合照料原则吗？

维克斯拉格·斯密特斯文护理院的两个家庭共享一个连接起居厅的花园。居民可以通过花园对邻里活动有更好的观看视野和感受。

更重要的是，这些景观园林设计元素进一步强调了本书中部分荷兰项目案例所共有的一个重要特征，即：建成环境要有亲和力，要有"家庭般"的感觉，建筑外部环境要与建筑内部设计相互呼应，从内到外地建立起可识别的环境。[1]

---

[1]For further detail on Daelhoven, see Damian Utton, *Design for Dementia*, London, 2005.

项目数据

设计公司

Jorissen Simonetti Architecten

Planetenbaan 16

3606 AK Maarssen

The Netherlands

http://www.jorissensimonettiarchitecten.nl/

面积 / 规模

- 基地面积：2700 平方米（29063 平方英尺）
- 建筑占地面积：900 平方米（9688 平方英尺）
- 总建筑面积（维克斯拉格项目＋公寓）：2578 平方米（27749 平方英尺）
- 维克斯拉格总建筑面积（不包含公寓）：871 平方米（9375 平方英尺）
- 卧室建筑面积（不含套房）：25 平方米（269 平方英尺）
- 每个家庭单元建筑面积：331 平方米（3563 平方英尺）
- 居民人均面积：67 平方米（721 平方英尺）

停车场

地上停车场（地面）可以提供 11 个车位。

造价（2010 年）

- 总建筑造价：790222 欧元（2523063 美元）
- 每平方米造价：2005 欧元（2826 美元）
- 每平方英尺造价：91 欧元（269 美元）
- 居民人均投资：137709 欧元（201189 美元）

居民年龄：

平均年龄：87 岁

居民费用组成

照料费用由荷兰国家长期照料保险计划——特别医疗支出法案（EMEA 或者 AWBZ）提供。计划的目的是提供被保险人用于长期照料的大额经济支出，如护理院照料、长期护理院照料、对弱智和慢性精神病患者的照料。保险提供了一整套完整的项目，包括介护型照料、住房、食品和其他家政服务。居民个人需承担一定费用。承担费用的多少取决于其年龄、应纳税收入水平和家庭情况。

Chapter 15
A Study of De Hogeweyk

第15章
关于德·哈德威克项目的研究

选择此项目的原因

· 此项目挑战性地思考了如何创造和建设社区的问题。

· 此项目的特点是兼顾照料和居住的双重功能。

· 创造性地解决了安全性和独立性的问题。

· 此项目的设计要点是建筑与环境融合以及环境保护的问题。

项目概况

项目名称：德·哈德威克项目（De Hogeweyk）

项目所有人：威卫姆·哈德威（Vivium Hogeweey），荷兰非营利性照料机构

地址：

De Hogeweyk

Heemraadweg 1

1382 GV Weesp

The Netherlands

投入使用日期：2009年

德·哈德威克项目分两期建设：一期工程建设了能容纳15个家庭的居住空间、部分办公室和剧院，并于2008年4月投入使用。二期工程建设了能容纳8个家庭的居住空间及道路设施，并于2009年12月投入使用。德·哈德威克项目于2010年1月全面建成。

图 15-1 德·哈德威克项目有着景色迷人的花园、街道和广场，以促进居民日常在户外的活动。 图片摄影：麦德琳·萨斯（Madeleine Sars）

图 15-2　项目位置。　致谢：波佐尼设计公司

德·哈德威克项目：荷兰

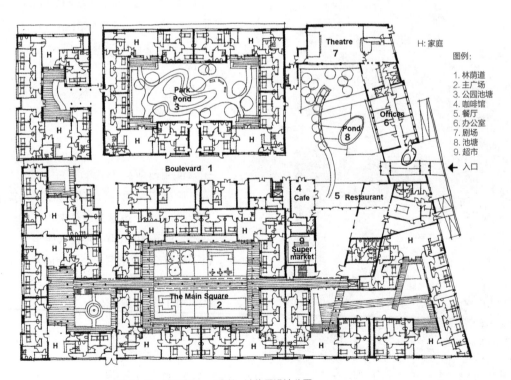

图 15-3　总平面图。　致谢：波佐尼设计公司

社区类型和居民数量

德·哈德威克项目为 152 位老年痴呆症患者提供护理院照料服务。与传统的护理院布局不同，德·哈德威克项目由 23 个独立家庭组成规模较小、自成体系的住区，除了其中一个家庭有 7 间卧室外，其他的家庭都只有 6 间卧室。

在 23 户家庭中，每个家庭都是独立的。住区拥有自己的服务设施，包括剧院、超市、美容美发厅、咖啡馆／小餐厅和饭店等。德·哈德威克项目尝试跳出"一刀切"式的照料模式以及一般老年人照料建筑中常规的设计方法。项目力图为居民提供一种与其生活能力相适应的生活方式，不仅是出于照料的生理需要，而且是出于维护居民的心理需要。家庭空间是根据七种完全不同的、具有代表性的生活方式设计的。例如，如果居民是从事传统行业的工人，他／她可以与他的工友同住。如果居民对艺术感兴趣，他／她可以与其他同样对艺术感兴趣的人同住。德·哈德威克的设施向周边社区开放，韦斯普（Weesp）的 1.7 万居民可以共享这些设施。

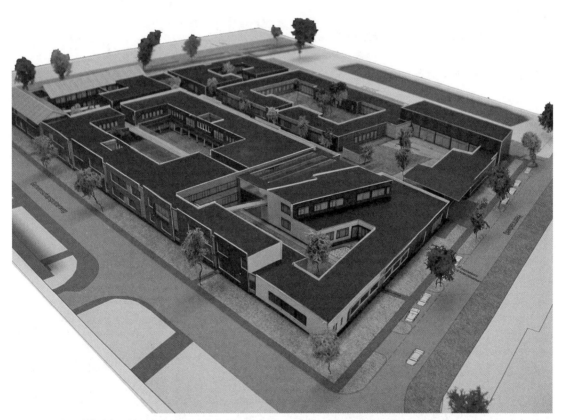

图 15-4　德·哈德威克是针对老年痴呆症患者的照料项目。　致谢：摩勒纳 + 波 + 范迪伦建筑事务所（Molenaar & Bol & VanDillen Architects）

地理概况

本土化设计

此项目是如何与场地相互呼应的？

乍看起来，德·哈德威克项目的外观相当规整，是一个无法定义其准确功能的大型广场建筑。与一般的城市街区设计恰恰相反，项目采用了建筑周边围合、内部设置景观和街道的设计布局。出于对场地设计的考虑，人们很容易发现德·哈德威克项目的主要入口，但如果驱车进入却不容易发现其入口。一旦人们经过社区接待处进入其中，便会惊喜地发现充满活力的剧院广场和其他居民设施，如带有露台的餐厅。

照料

照料理念

项目运营方的理念是什么？这种理念如何应用到建筑中？

威卫姆·哈德威机构是开发并拥有德·哈德威克项

目的机构。机构的经营理念是即使老年痴呆症患者不能完全独立生活，也应该延续他们习惯的生活方式。在这一理念的指导下，德·哈德威克项目成为安全的居住社区，患有老年痴呆症的居民可以以一种习惯的方式生活，而这不仅仅是出于照料上的需要。事实上，德·哈德威克项目的居民需要护理院式的照料，因为他们不再能完全独立地在社区中生活，但他们仍然有机会安全地参与到正常生活与活动中去。

在德·哈德威克项目中，理念的转变并不是一件容易的事。1993 年，威卫姆·哈德威机构开始探索比照料需求更具人性化的居民生活方式，并在家庭中安排了七种不同的生活方式。在德·哈德威克项目中，居民可以与几个志同道合的人一起以熟悉的方式共同生活。在荷兰，能容纳 6～8 位居民的家庭是当前照顾患有老年痴呆症患者广为接受的照料规模标准。但在 1993 年，这还只是刚刚被人所接受的一种方法。德·哈德威克项目的与众不同之处在于，将新型的居住户型同多种居家生活方式联系起来。在 20 世纪 90 年代，德·哈德威克项目

图 15-5　从外观来看，德·哈德威克项目并没有显示出其用途或社区的活力。图片摄影：麦德琳·萨斯

160

把这种观念的改变付诸于改造原来村落基地中旧建筑的实践中。旧建筑设计为传统的四层混凝土护理院，周围有花园。当工作重点转变为照料式的生活方式后，旧护理院的每层空间都衍生出附有三个起居厅的街道，每个起居厅都有与居民自身相符的生活方式。护理院的花园为居民提供了赏心悦目的景观，同时，周边居民在经过护理院时甚至能更好地观赏花园的景致。但旧建筑仍然有许多局限性，例如，在没有监管的情况下，居民进入花园还是不安全的。此外，虽然德·哈德威克项目在旧建筑中安排了家庭式的居住模式，但护理院并没有形成典型的、家庭化的居住环境。

因此，威卫姆·哈德威机构决定拆除老建筑，建设成为可以为 7 种不同的生活方式提供优质环境的新型社区。社区可容纳 23 户家庭，共 152 位居民。哈德威护理机构希望社区中能包括居民生活所需要的各种设施，如剧院、酒吧、超市和餐厅等。除此之外，新项目还包括各种营造良好邻里社区关系的要素。因此，开发方决定把护理院的名称从"德·哈德威"（De Hogewey）改为"德·哈德威克"（De Hogeweyk），因为"威克"听起来像荷兰语中的"邻里社区"一词。

图 15-7 在德·哈德威克项目中，建筑将街道和花园围合起来。 图片摄影：麦德琳·萨斯

德·哈德威克家庭单元的七种生活模式：

1. 传统式（Traditional）：居民对从事传统行业或管理小企业充满自豪感和认同感。

2. 城市式（City）：生活在城市中心的"城市化"居民。

3. "金理"式（Het Gooi，北荷兰省的一个自治区）：当地居民重视礼貌、礼仪和形象，并以此地名命名。

4. 文化式（Cultural）：居民欣赏艺术和高雅文化。

5. 基督式（Christian）：对居民来说，基督教信仰是日常生活的重要组成部分。

6. 印尼式（Indonesian）：印尼曾是荷兰殖民地，德·哈德威克部分居民的生活方式带有印尼的背景，并深刻地影响着他们的日常作息。

7. 家庭式（Homey）：居民重视照顾家人和家庭，对于他们来说，感受家庭生活的节奏与拥有传统生活方式同等重要。

每个家庭都设有 6 或 7 间卧室、两间浴室和一间带有厨房的起居厅，以期为生活在一起的居民创造出家的氛围。德·哈德威克项目中的每个家庭都设有一间可供两人共用的卧室，其余的 13 间卧室为两户家庭居民所使用。卧室由哪两位居民共用取决于他们自己的生活习惯。许多居民对于这种管理模式都十分赞成。有另一个合住的人在身边会感到更有亲近感，可以减轻紧张情绪。通常因为新居民开始入住时没有熟人，便会在两人间的卧室中为新居民安置一张床，作为家庭中的第七位成员。当家庭中有空闲的房间时，再提供给双人房的居民单人房间。在德·哈德威克项目中发现相当多的居民喜欢留下来与家庭成员同住，因为他们觉得在朝夕相处的生活中受益匪浅。

德·哈德威克项目：荷兰

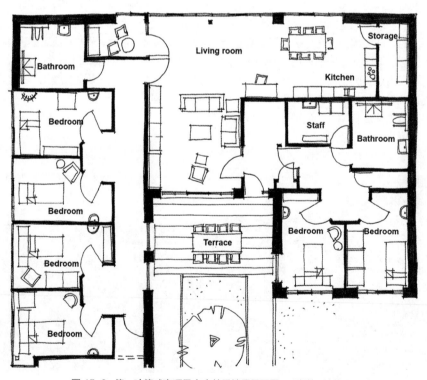

图例：

Bathroom：浴室
Living room：客厅
Storage：储藏室
Kitchen：厨房
Staff：员工休息室
Bedhroom：卧室
Terrace：门廊

图 15-8　德·哈德威克项目家庭单元楼层平面图。　致谢：波佐尼设计公司

社区感和归属感

项目设计和实施如何实现这个目标？

德·哈德威克的旧项目设计和新项目设计的差异十分明显。原来的护理院位于基地中央，周围环绕着景观。而新的德·哈德威克项目则采用完全不同的布局模式，村落式住宅沿基地边缘而建，居住建筑和附属设施围合着花园、广场、街道，整体空间特点变得内向而集中。

2002 年 10 月，建筑设计师在新的德·哈德威克项目中提出了"小村庄记忆（a little village of memories）"的设计概念，这与普通的城市网格截然相反。在这种理念支持下，房屋沿街而建，花园和广场围合其中，而不是相反的方式。这种布局有效地提升了居民的生活环境，村落成为患有老年痴呆症居民的安全场所。他们可以离开自己的家，安全地进入花园和街道。德·哈德威克项目的建筑师在内部和外部布局上也创造了风格各异的建筑形式，使其既具可识别性，又兼顾美观，可以有效地帮助患有老年痴呆症的居民寻找回家的道路。

家庭之间的差异性也符合护理机构为每个家庭提供不同生活模式的经营理念。威卫姆·哈德威机构和建筑师将七种不同的生活方式和为居民提供正常生活的双重目标融入建筑设计项目中。德·哈德威克项目在各方面都做出了对居民生活方式有针对性的家庭设计。例如，倾向于充满活力的城市生活方式的家庭会有着与城市环境中类似的邻里关系，这与选择传统家庭的邻里关系有相当大的不同。生活方式甚至决定着居民家庭入口的方位。在一些家庭中，如果客人来访，只有通过前门进入才比较合适。而在另一些家庭中，进门方式并不是那么正式，访客可以敲门后直接进来，夏季甚至可以直接通过花园进入。居民生活方式和家庭的选择也决定了是给他们设置正式的用餐区，还是在开放式厨房中用餐。

德·哈德威克项目将设计重点放在家庭生活之外有意义的活动中，居民的现实生活并不都在家里发生。常态的生活有着丰富多彩的形式，居民可以出门买菜，出去吃午餐，或到戏院看戏，也可以离开家出去看病。而在护理院，各种原因限制了他们的外出活动，非常多的老年人不会享受到这些常态的生活。德·哈德威克项目力图在社区内的护理院之外，让居民可以享受到多种日常生活方式，这是一种具有挑战性的策略。由于居民活动被限制在村落的范围内，项目能够保证患有老年痴呆症居民的安全。这无疑是个具有挑战性的设计，但在德·哈德威克项目中已经获得成功。虽然居民在社区中绕路的现象时有发生，但当居民出现老年痴呆症症状时，却可以保证其人身安全。

图 15-9 城市生活方式下的家庭内部。致谢：威卫姆·德·哈德威克（Vivium De Hogeweyk）

图 15-10 德·哈德威克的居民按照习惯的方式生活，包括逛超市。致谢：威卫姆·德·哈德威克

照料机构认为让居民在搬入到居住的房间前参与一定的户外活动非常重要，户外生活设计中有三个关键要素：迷人的花园、街道和广场。德·哈德威克项目的街道和花园的设计富于变化，与日常生活息息相关，如路牌、路灯、池塘、长椅以及人们可以聚集的广场。这些为居民所熟悉的设施构筑了常态的生活场景，加之置于户外，消除了其刻意护理照料人工化的痕迹。

创新

项目运营方如何体现理念上的创新和卓越追求？
2005 年，在荷兰的护理院中，至少有 10% 的老年痴呆症居民选择在家庭式护理院中生活，预计在 2010 年将上升到 25%。[1] 在理想状态下，这些家庭的生活将尽可能保持常态。出于这个原因，家庭式护理模式需要处于日常生活的社区中。德·哈德威克项目选择以不同方式来实现这一目标。德·哈德威克项目选择建立其完整的家庭式村庄模式，而不是在典型的乡村或郊区附近建设小规模住宅，以这样的方式，居民可以尽可能独立地生活。德·哈德威克项目的员工将设计理念和照料项目融入居民的日常生活。在设计新建筑之前，他们考虑到日常

生活的方方面面，其中主要包括两个问题："居民会在家里做些什么？""我们需要提供什么来配合这些行为？"例如，居民住在家里，可能会去超市。在大多数情况下，护理院的居民不会出去购买每日饭菜。而在德·哈德威克项目中，居民需要出门去超市购买家常饭菜的所有配料。当然，有些家庭成员去超市会更多一些，他们有时候也会出去吃饭。有人可能会问，在冬季下雪时居民还会外出吗？一般这种情况下，居民自己不会外出，而由别人代购日常生活用品。因此德·哈德威克项目有自己的超市，员工会陪同居民购买日常生活用品。

我们还可以按照相同的思维方式联系到生活的其他方面，如：出去吃饭、去剧院、看医生等其他一系列的活动，这些使得德·哈德威克项目与众不同，居民仍可以保留他们以前喜欢的生活方式。

德·哈德威克项目最初的设计方案还包括灵活的建筑体系，在将来可以转换成不同的照料模式或居住建筑。然而，由于最初的项目成本过高难以实现，修改后的项目最终选择可以将任何一个家庭分成两套或三套公寓。

项目重要的创新设计元素之一是康复治疗师、医生和赡养服务都位于主要街道显眼的位置。而许多其

---

[1]*De Toekomst Van Kleinschalig Wonen Voor Mensen Met Dementie*; Utrecht, October 2007; Aedes-Actiz Kenniscentrum Wonen-Zorg, Hugo van Waarde, Monique Wijnties.

图 15-11 德·哈德威克社区自成邻里。 图片摄影：麦德琳·萨斯

他老年人护理机构出于某些可以理解的原因，通常把这些设施放在住宅后面。在德·哈德威克，这些服务设施成为街景的一部分，人们在店铺橱窗前面就可以看见照料人员在哪里和正在做什么。

德·哈德威克项目是为患有老年痴呆症居民设计的社区，需要应对居民记忆力衰退的状况。家庭的规模小而且亲密。但社区本身规模相当大，可以容纳众多的居民。家庭规模适合居家生活和居住。设计是居民所熟悉的，对特定生活方式的喜爱更将激发居民的亲切感。建筑设计和照料工作的结合，使居民个人的自尊、自主和独立得到提倡。不论在家庭中，还是在较大的社区范围内，都可以实现居民的安全保障。

社区一体化

社区参与

项目和服务设计是否旨在成功融入当地社区？德·哈德威克项目是安全的"社区"（community），也是将正常人生活融入设计和运营之中的"记忆村落"（memory village）。社区外的居民不是被邀请进入村落，他们中更多的是自愿而来。

德·哈德威克项目对所有人开放，不仅仅服务于社区居民和他们的家庭。任何人都可以进来在餐厅吃饭或去剧院听音乐会。事实表明，社区外成员参加这些活动是因为德·哈德威克的服务设施非常全面，很多人觉得探访在德·哈德威克的亲人，陪同他们去酒吧、餐厅、剧院也是一种享受。尽管如此，威卫姆·哈德威照料机构仍希望进一步提高居民的社区参与度，护理机构会继续努力吸引社区外的人来成为志愿者或使用这些设施。

德·哈德威克项目的入口面对着中央大街，计划通过中央大街使对面的场地和本项目相互有联系。遗憾的是，由于开发计划的推迟，德·哈德威克项目的入口对面仍是一大片空旷的、尚未开发的土地，缺乏相应的吸引力。

在德·哈德威克项目的北部，毗邻停车场，是八层高的公寓。公寓业主对德·哈德威克的项目建设很满意，并与德·哈德威克住区和居民建立了联系。在建设过程中，德·哈德威克项目与周边社区保持联系，告知他们相关的建设活动，并一直探求减少扰民的方法。当建设结束时，相邻公寓地块的居民捐赠了一座小型雕像，以表示他们与德·哈德威克社区保持着联系。

员工与志愿者

人力资源

是否有适当的政策和设计来吸引优秀员工和志愿者？

德·哈德威克项目除了社区居民的家庭成员外，还拥有 120 名志愿者。家庭成员主要来拜访他们的亲属，并在照顾过程提供一些照料帮助。例如，在印尼家庭中，家庭成员有时会帮助准备印尼餐。

德·哈德威克项目的照料理念对于员工和志愿者极具吸引力。机构给员工提供了在他们感兴趣的家庭生活方式和氛围中工作的机会。威卫姆·哈德威照料机构的经营理念是众所周知的，仅此一点就吸引了足够的员工和志愿者，而其他护理机构则可能在吸引员工和志愿者问题上面临困境。

· 每位居民每天接受的直接照料时间： 4.89 小时 / 天 / 人。

环境可持续性

2002 年，在德·哈德威克项目设计伊始，环境的可持续发展在荷兰已经不是热门话题。自 1995 年以来，荷兰建筑法规已经对现存和新建建筑制定了包括节能在内的技术标准。德·哈德威克项目符合这些要求，包括绝缘墙壁、屋顶、地板和双层玻璃窗以及隔声技术。德·哈德威克项目并没有涉及替代能源或替代节水措施。

户外生活

花园景观

花园景观的设计符合照料原则吗？

居民独立到户外去活动，是照料理念中重要的组成部分。因此，德·哈德威克项目不仅专注于家庭设计，也包括户外邻里设计，为居民营造出既有趣又安全的室外空间。在新建筑的设计中，护理机构试图找到一块更大的基地，位于韦斯普村的中心，能够为全体居民提供地上房屋，鼓励居住在韦斯普村的村民使用德·哈德威克住区中的设施。但由于没有找到适合的、宽敞而且位处中心的基地，该机构

图 15-12 根据德·哈德威克护理院的生活方式，花园设计风格各异。 致谢：麦德琳·萨斯

决定在旧护理院的同一块基地上，重建德·哈德威克护理院，家庭单元布局在地面层和二层。

德·哈德威克项目有几个花园和公共广场。每个花园和场地设计都是独一无二的，同时考虑到家庭的个性化服务和社区位置，使其与具有代表性生活方式家庭的内部空间布局相互关联。家庭单元坐落的位置可能是某种特定生活方式的延续。例如，城市生活方式的家庭靠近大广场，而传统生活方式的家庭则位于更加私密的领域。根据家庭的生活方式，确定其与住宅相联系的花园和广场的设计风格，有些偏向城市风格，另外一些则强调传统风格。

项目数据

设计团队

建筑设计

Molenaar & Bol & VanDillen Architecten

Taalstraat 112

5261 BH Vught

The Netherlands

www.mbvda.nl

景观设计

Niek Roozen

Ossenmarkt 36

1381 LX Weesp

The Netherlands

www.niekroozen.com

室内设计

威卫姆·哈德威护理机构的室内设计方法是独一无二的。很多室内设计是由德·哈德威克护理院的员工来完成的。在整个过程中，员工描述他们想要的氛围，并进行家具、内饰和装饰的最终选择。第一阶段，员工与肯姆博设计公司（www.kembo.com）一起工作。第二阶段，德·哈德威克项目没有和任何一家室内设计公司签订合同。德·哈德威克项目的餐厅是与卡拉森室内设计公司合作的（Klaasen Interior, www.klaasenhekker.nl）。

面积 / 规模

· 基地面积：15310 平方米
（164735 平方英尺，3.78 英亩）
· 建筑占地面积：7607 平方米（81851 平方英尺）
· 总建筑面积：10772 平方米（115907 平方英尺）
· 居民人均总面积：70.87 平方米
（762.55 平方英尺）

停车场

地上停车场可提供 56 个停车位：基地内有 46 个停车位，其他 10 个是与建筑前面的市政公共空间共用的。

造价（2005 年 6 月）

· 总建筑造价：含税 19268808 欧元
（27836906 美元）
· 每平方米造价：1789 欧元（2584 美元）
· 每平方英尺造价：166 欧元（240 美元）
· 居民人均投资：126768 欧元（183110 美元）

居民年龄

平均年龄：男士 79.5 岁，女士 83.7 岁

居民费用组成

照料费用由荷兰国家长期照料保险计划——特别医疗费用法案（EMEA 或者 AWBZ）提供。计划的目的是提供被保险人用于长期和持续照料的大额支出，如护理院照料、居家长期照料、弱智和慢性精神病患者的照料。保险提供了一整套的项目，包括照料、住房、食品和其他家政服务。居民个人需承担一定费用。承担费用的多少部分取决于其年龄、应纳税收入水平和家庭情况。

德·哈德威克项目大部分的建设成本 17800000 欧元（25707331 美元）通过常规的财政资金提供。然而，德·哈德威克项目在把设计理念转换成住区环境的建设过程中，花费超出了财政预算。额外支出的 150 万欧元（2166348 美元）来源于其他基金、赞助商和捐助者。

Chapter 16
A Study of Weidevogelhof

第 16 章
关于维德沃格霍夫项目的研究

选择此项目的原因

· 此项目是由住房协会和照料机构合作推动社区发展的实践。

· 不同类型的福利和照料住房在（社区）发展的各阶段里分散在邻里社区的不同位置。

· 此项目理念使经济适用房很好地融入建成环境中，不仅吸引老年人，也吸引其他可能需要住房或照料的人群到这里居住。

· 住区基础设施位于维德沃格霍夫，服务于整个泊奈克南部社区（Pijnacker-South）的郊区，项目建设使维德沃格霍夫项目成为城市郊区的一部分。

项目概况

项目名称：维德沃格霍夫项目（Weidevogelhof）
项目所有人：本地的让德姆·乌恩住房协会（Rondom Wonen）负责整个维德沃格霍夫（含义"草原鸟苑"）项目开发。让德姆·乌恩住房协会与其他住房协会合作筹措维德沃格霍夫项目建设资金。最初计划是让德姆·乌恩住房协会10年后从融资伙伴那里购买项目产权。然而，在实施过程中，这部分计划有所变动：产权仍然归负责筹集资金的住房协会所有。穆伊兰德住房协会（Mooiland）是一期项目所有人，哈宾恩住房协会（Habion）是二期项目所有人，让德姆·乌恩住房协会是三期项目所有人。并由让德姆·乌恩住房协会负责项目的管理和运营。

在荷兰，护理机构可以独立开发并经营自己的产业，也可以与住房协会合作开发。在维德沃格霍夫项目建设中，住

图 16-1 维德沃格霍夫项目和家庭公寓位于佛罗兰 (Floralaan) 的对面。 致谢：詹妮德·德·扎瓦特

房协会负责项目的基础设施建设和公寓的租用事宜，照料机构则负责为居民提供医疗服务。因此，在泊奈克地区（Pijnacker），有许多不同的护理机构，参与项目的这些照料机构各自提供特定的照料和服务。维德沃格霍夫项目的一期工程与彼得·范·福瑞斯特护理机构（Pieter van Foreest，老年人照料机构）合作开发。项目二期工程与针对性住房协会（Fokus Wonen）（为身体有残疾的人士提供针对性住房（Fokus Housing））合作开发。项目三期工程与IPSE（智障人士照料）合作开发。所有参与项目开发的住房协会和照料机构都是非营利性机构。

地址：

Weidevogelhof

Floralaan

Pijnacker-Nootdorp

The Netherlands

投入使用日期：2010年9月，基地上第一幢建筑落成。2010年年底，项目的一期工程和二期工程完工。项目的三期工程计划在2011年底前准备动工。2010年10月，第一批居民入住住区。预计最后一批居民将在2012年年初到年中入住住区。

维德沃格霍夫项目：荷兰

乌普（Wulp）：
49 座提供庇护型住宅
3 套家庭式老年痴呆症照料单元
儿童日间照料
老年痴呆症花园

奇威特（Kievit）：
25 座提供庇护型住宅

卡沃特（Kwartel）：
24 座提供庇护型住宅
3 套家庭式老年痴呆症照料单元
有 8 个房间的护理旅店
当地的福利事业
理疗讲座
病理服务
美发店

帕特斯（Patrijs）：
20 座提供庇护型住宅
40 个介助型生活单元
酒店
艺术沙龙
彼得·范·福瑞斯特办公区

瓦特斯尼普（Watersnip）：
23 座提供庇护型住宅
41 套家庭式老年痴呆症照料单元
综合的职业医师
药房
牙医
身体理疗
产科医师

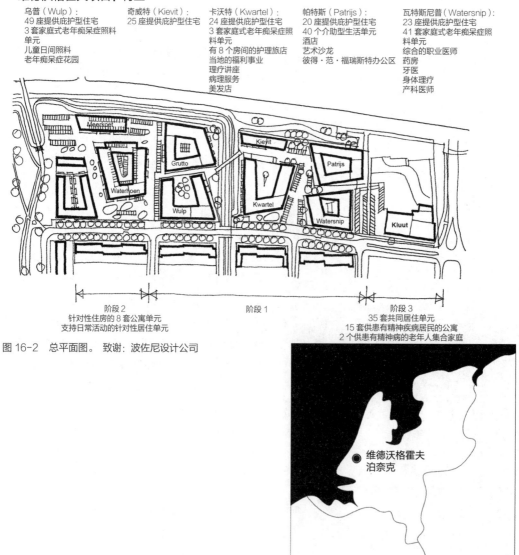

阶段 2
针对性住房的 8 套公寓单元
支持日常活动的针对性居住单元

阶段 1

阶段 3
35 套共同住单元
15 套供患有精神疾病居民的公寓
2 个供患有精神病的老年人集合家庭

图 16-2　总平面图。　致谢：波佐尼设计公司

维德沃格霍夫
泊奈克

图 16-3　项目位置。　致谢：波佐尼设计公司

社区类型和居民数量

维德沃格霍夫项目包括九幢建筑，总共有 354 间公寓，其中有些住房是经济适用房。项目属于凯泽斯霍夫（Keijzershof）住区的一部分，这个住区拥有 2300 间住宅。凯泽斯霍夫住区是泊奈克－诺特多普新建城郊泊奈克南部的一部分。城郊的另一部分是托何克（Tolhek）住区，其 1700 间房屋位于铁路线的对面。泊奈克南部这一新建城郊的整个服务设施都集中在维德沃格霍夫。

泊奈克南部社区几乎有四分之一的居民居住在经济适用房里。由于泊奈克地区的人口和社会经济状况，经济适用房的需求很可能将不断增长。而且越是年代久远房子的业主越希望租售自己的房屋，从而从诸如频繁地维修等房屋事宜中解脱出来，这更加推动了经济适用房的需求。还有一些居民希望离开他们的大住宅，减小住宅的面积，选择更为舒适的没有楼梯的公寓，这也是那些高龄居民的行为需求。考虑到这些因素，让德姆·乌恩住房协会适时而动，维德沃格霍夫项目便应运而生。

让德姆·乌恩住房协会在维德沃格霍夫项目中建立起完善的住区发展机制，这一机制由其他照料协会提供全方位的服务。维德沃格霍夫项目是"终身保障"邻里社区，包括庇护型住宅、介助型生活照料、初级照料、福利及其他服务以及居家介护型照料、暂住型照料机构和痴呆症照料。社区开发的独特性在于开发商没有将服务设施集中设置，而是将它们分散布置在基地之中，力图开发出与周围邻里真正融合的社区。

维德沃格霍夫项目：荷兰

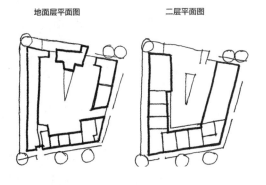

| 地面层平面图 | 二层平面图 | 三层平面图 | 四层平面图 |

地面层
左侧：照料酒店
底部：语言矫正中心、病理服务中心、理发店
右侧：彼得·范·福瑞斯特办公区

二层
左上：老年痴呆症护理家庭单元
左下和底部：公寓
右侧：当地福利机构

三层和四层
左上：老年痴呆症家庭护理单元
左下和底部：公寓

卡沃特

图 16-4 维德沃格霍夫一期建筑位于中间，二期建筑位于右边，三期建筑位于左边。 致谢：波佐尼设计公司

一期工程

庇护型住宅公寓

凯泽斯霍夫一期工程包括 201 间庇护型住宅，从一到四间卧室不等，其中 176 间为经济适用房，另外 25 间是较大的公寓，最大面积到 150 平方米（1615 平方英尺），按照市场价而不是按照经济适用房的租金出租。

为了打造能满足不同照料需求人群的混合居住社区，201 间公寓中为需要护理院照料的老年人保留的最多有 82 间。所有公寓设计都符合照料和辅助照料的要求，因此彼得·范·福瑞斯特照料机构可以为 201 间公寓的任何一户提供介护型照料服务。维德沃格霍夫项目给个人提供了从住房协会租用公寓的机会，尽管他们可能还不需要任何生活上的照料。这些租金用于照料培训，以备未来之需。随着这些居民年龄增加，他们仍然可以留在自己的公寓里，在自己熟悉的环境中生活。一期工程中，六幢建筑中的两幢是专门用于庇护型住宅，余下四幢建筑混合设置了居住公寓和其他设施。

介助型生活公寓

彼得·范·福瑞斯特照料机构的客户租住了四十间一室介助型生活公寓。这种类型的可提供照料服务的住房现在已经纳入荷兰法规，但估计在未来这种小面积的公寓需求将会减少，人们将需要面积较大的公寓。因此，这种小面积介助型公寓都被集中布置在一幢楼的上下两层，采用灵活的平面布局，以便将来在不需要这个类型的公寓时，两间公寓可以合并改造成一个大的公寓，或几间分开的公寓也可

图 16-5 维德沃格霍夫项目的开发遵从这样一个主流理念：优质的住房是实现综合福利和生活照料相结合的基础。 致谢：詹妮德·德·扎瓦特

图 16-6 基础卫生保健服务的等候厅。 致谢：詹妮德·德·扎瓦特

以合并成一个家庭，以适应老年痴呆症患者的照料需求。

家庭式痴呆症照料

在彼得·范·福瑞斯特照料机构管理的 10 个家庭中，每个可容纳六位老年痴呆症患者，他们分散居住在六幢建筑中的三幢中，这样可以最大限度地营造出家的感觉，并与正常人群成为邻里。每幢建筑中的三四个家庭居住在二楼及以上，互相为上下楼层关系。

彼得·范·福瑞斯特照料机构还在泊奈克南部社区还为老年痴呆症患者及其照料人员提供日间照料的设施与服务。

暂住型照料机构

彼得·范·福瑞斯特暂住型照料机构有六间附带套间浴室和配套设施的客房，可以提供康复照料和临终关怀照料。康复照料和临终关怀照料独立布置，入口分别布置在走廊的两端。暂住型照料机构有四个房间用于康复，两个房间用于临终关怀照料。房间功能是可互换的，两扇推拉门可以根据需求来划分空间，实现了房间的使用灵活性。

泊奈克南部 4000 户居民的服务设施

泊奈克南部社区住区规模所需的生活设施均布置在维德沃格霍夫项目中，包括餐厅、理发店和美容沙龙等。在维德沃格霍夫项目中，医疗卫生服务涉及的范围很广泛，包括普通医师、药房、牙医、专科医师的服务以及物理治疗、病理服务、言语治疗等，这些医疗服务面对整个泊奈克南部社区开放。只有超市和其他商店布置在凯泽斯霍夫地区。

为老年人建设的特殊设施

除泊奈克南部社区郊区的服务设施之外，维德沃格霍夫项目还为 40 个介助型生活公寓提供社区中心服务以及服务于当地老年人福利机构——泊奈克老人福利基金会（Stichting Welzijn Ouderen Pijnacker）的项目设施。毗邻当地福利机构，家庭照护办公室为未来的客户设立了中央信息点。彼得·范·福瑞斯特照料机构设有专业护理照料的家庭医生、物理治疗师和职业治疗师，在毗邻家庭照护室的中心位置，专业从事老年人照料工作。

二期工程

维德沃格霍夫项目经营理念中重要的组成部分是达成出租房屋与照料用房的最佳配比。而一期工程中出租给不需要照料的人的公寓数量太少，无法达到最佳配比。这也意味着，不能够给泊奈克上了年纪的老年人提供充足的经济适用房。因此让德姆·乌恩住房协会决定兴建二期工程，二期工程是位于一期工程以北的两栋楼，旨在为年龄在 55 岁以上的人提供 100 套经济适用住房。

二期工程也包括针对性住房协会负责的组群，这里可以帮助有严重身体残障的人参与日常生活活动（ADL，Activities in Daily Life），并开展独立的生活方式。在这种经营理念下，在针对性住房（Fokus Housing）中生活的人能够过上"正常人"的生活。维德沃格霍夫社区中有八幢二到三间卧室的公寓和日常生活活动单元。另外八幢拥有两个卧室的公寓坐落于凯泽斯霍夫地区，位于维德沃格霍夫项目周边的地方，距离日常生活活动单元不超过 300 米（984 英尺）。这八幢公寓是与私人房屋开发商共同开发的，位于两个家庭住宅街区的拐角一层，每户都有自己的花园。

三期工程

三期工程是一幢建筑，包括两个部分，预计在2011 年年底全部完工。低层部分服务于智障人士，包括 5 间独立型生活公寓，10 间介助型生活公寓以及可容纳 9 位居民的两个家庭。高层塔楼部分是35 间公寓，每间公寓有二到三间卧室。

地理概况

本土化设计

此项目是如何与场地相互呼应的？
泊奈克 – 诺特多普市（Pijnacker-Nootdorp）位于荷兰西部，海牙和鹿特丹两个城市之间，面积 37 平方公里（14 平方英里），有 48000 位居民。泊奈克地区希望住区的外观和感觉如同小村庄，但维德沃格霍夫项目所处的地理位置有很多城市元素。泊奈克地区南部的新建社区，如凯泽斯霍夫和托赫克（Tolhek），连接到鹿特丹。凯泽斯霍夫毗邻泊奈克的旧区，基地是带有沟渠的草地，铁路将泊奈克南部社区分割为东西两个部分，西部是凯泽斯霍夫，东部是托赫克。维德沃格霍夫项目位于凯泽斯霍夫地区，沿铁路线的条状土地上，泊奈克南社区车站旁边，面积 7.7 英亩（31160 平方米，335403平方英尺）。

维德沃格霍夫项目的建筑设计具有一定的挑战性。要在相对狭小的区域中，建设所需数量的公寓，不可避免地带来高容积率。泊奈克 – 诺特多普市政府想要保留村庄的氛围，这种高密度设计不应导致社区功能的缺失或过度城市化。设计可以满足将来居住和护理功能的需要。为了解决这个问题，建筑师没有选择具有历史符号或有机设计的形式，而是采用具有较强可识别性的当代设计风格，以与荷兰其他社区相互区别。

为了进一步解决这些问题，建筑师选择将区域划分成更小的街区，并将两个街区设计成开放空间，其中之一是车站广场。设计师力图在这个高密度解决项目中，创造出更多具有趣味性、开放性和柔和性的空间。设计包括不同形态的邻里项目，包括"C"形建筑、方形建筑和三幢线形建筑。微妙的曲折、

图 16-7 从乌普（B）楼顶朝向托赫克方向鸟瞰维德沃格霍夫项目。致谢：詹妮德·德·扎瓦特

角度、塔楼和基地上建筑群体结构的延伸，都会为在周围漫步的行人增加新鲜感。项目还设置了绿色公共空间，使行走、骑车和停车服务的区域分开设置。建筑师基于人体尺度，将这些设计理念融入设计中去，创造出开放的、引人入胜的，又兼具温暖且安全的社区。

照料

照料理念

项目运营方的理念是什么？这种理念如何应用到建筑中？

不论居民是否属于受护理人群，住在家中还是在家庭般的住居环境中，让德姆·乌恩住房协会的核心业务是建造住房。需要护理的大多数人群是老年人，但是残障人也可以向让德姆·乌恩住房协会寻求帮助。无论年龄大小或残障轻重，实现独立生活和家庭般的生活是项目的共同目标，也是当今荷兰政府制定政策的基础。

为了实现这一目标，住房、生活照料和福利服务三个方面必须同步发展。居住区靠近照料服务设施，特别是区域内配套必要的福利服务是非常重要的。随着年龄的增长，人会变得越来越依赖于这些服务，

这不仅能满足独立生活的需要，更重要的是人能够掌握自己的生活。

在维德沃格霍夫项目中，提供护理服务的住房是独立生活和辅助生活护理的混合体。这种集住房、照料和服务为一体的住居混合体需要由住房协会和照料机构合作开发，使其能分别专注于自身的核心业务和专业知识。

在住房、福利和照料相结合的社区内，居民可以尽可能地长时间住在自己家里，在需要的时候可以搬进同在一个街区内的介助型护理公寓。当夫妻中的任何一人需要生活照料时，即便是需要老年痴呆症的专业护理，夫妻之间仍然可以保持较近的距离。这项计划可为 10 个家庭的 60 位老年痴呆症患者提供方便的护理。在这种情况下，他们不仅可以轻松地去护理家庭中探望对方，老年痴呆症患者也可以回到家里短暂地生活一段时间，或出去拜访亲戚，或是在熟悉的环境喝杯咖啡。

基于这一理念，住区提供了现代化的、设备齐全的面积在 70~140 平方米（750~1500 平方英尺）的公寓。一些公寓除一间卧室外，还拥有阳台或花园等室外空间。出于保护隐私的考虑，项目还为居民提供了额外的独立卫生间。

图 16-8　从阳台眺望当地福利设施用房。致谢：詹妮德·德·扎瓦特

公寓和公寓建筑都被设计成终身住房。公寓能保证居民独立生活，甚至在其使用移动和交通辅助设施时，护理机构也能同时提供照料服务。在中央入口的走廊和电梯，居民可以很方便地使用助行器、轮椅或电动代步车。很多建筑物的地面层设有电动代步车停车场。

社区感和归属感

项目设计和实施如何实现这个目标？
在为居民提供正常生活环境的经营理念下，所有的公寓和设施没有集中设置在一个大规模的建筑里，而是将它们设计成一个被称为"维德沃格霍夫模式"的邻里单元中。另外，由于凯泽斯霍夫是全新开发的城市郊区，维德沃格霍夫项目的设计必须十分完备，不仅可以提供住房、护理和福利，也可以营造出一种归属感。总之，维德沃格霍夫项目必须在凯泽斯霍夫的大社区中具有可识别性，并拥有自身特色。项目设施的设置和位置都营造出居民的归属感。餐厅靠近车站广场，福利和医疗服务设施位于餐厅旁边建筑的首层和第二层，并毗邻车站广场。

创新

项目运营方如何体现理念上的创新和卓越追求？
维德沃格霍夫项目不是一幢建筑，也不是一组建筑，而是一个完整的、具备完善设施的邻里社区。它可以满足任何年龄段居民的居住需求，并提供高品质且经济适用的居住环境。项目位于新城郊凯泽斯霍夫地区的中心地带，这也正是许多新城郊地区所欠缺之处。因此，完美的项目选址使其拥有良好的发展前景。

社区一体化

社区参与

项目和服务设计是否旨在成功融入当地社区？
让德姆·乌恩住房协会意识到创造一个能够提供完备的服务和活动而且安全的邻里社区是很重要的，并在维德沃格霍夫项目中实现了这个目标。如果居民想尽可能长时间地独立生活，他们必须有能力掌控自己的生活。三个因素可能会破坏这样的生活：生理或认知能力的退化、不安全感和孤独感。

对生理或认知能力退化的恐惧感会导致居民产生不安全感。因此，维德沃格霍夫社区从家庭护理到老年痴呆症患者的护理、暂住型照料机构的照料都设有完善的服务和照料体系，此外，社区还提供现代的智能报警系统。居民在此可以有安全感，确保自己在需要照料时可以得到及时的帮助和照顾。

孤独感是影响生活质量的主要威胁，并常产生于老年人中，即使是夫妇生活在一起。与他人交往并参与社区活动，对个人形成优质生活的体验至关重要。因此，服务于泊奈克南部社区的福利设施是必不可少的，如设置集会和活动中心、公共餐厅以及提供交通、送餐服务等。由于拥有餐厅和医疗卫生服务，维德沃格霍夫项目也吸引了其他社区，尤其是生活在泊奈克南部社区的居民。这种人与人之间的交往，是自然而然发生的，但也是社区正式和专门组织而发生的。依靠完备的设施条件，维德沃格霍夫项目致力于实现成为泊奈克南部社区，特别是生活在凯泽斯霍夫的老年人"家园"的长期目标。

员工与志愿者

人力资源

是否有适当的政策和设计来吸引优秀员工和志愿者？
维德沃格霍夫项目是由当地泊奈克老人福利基金会在泊奈克地区开发的第二个项目。这个福利机构已经有几百名志愿者在位于泊奈克中心地区的护理机构工作。该机构希望能够为维德沃格霍夫项目招募到足够多的志愿者。

维德沃格霍夫项目现代化的照料理念和设计吸引着人们来此工作，特别是生活在泊奈克南部社区的4000个家庭中的居民。维德沃格霍夫项目可以提供幼儿看护。居住在凯泽斯霍夫地区外的人，可以通过驾车或其他公共交通工具很容易地到达维德沃格霍夫社区，即使从泊奈克的其他地方骑自行车到达这里也仅需要10~15分钟时间。

环境可持续性

替代能源

自 1995 年以来，荷兰建筑法规对现存和新建的建筑制定了包括节能在内的技术标准。维德沃格霍夫项目符合这些要求，如绝缘墙壁、屋顶、地板和双层玻璃窗，同时双层玻璃窗也满足隔声的要求。维德沃格霍夫项目通过设有含水层储能系统（ATES，Aquifer Thermal Energy Storage）的地源热泵，来解决冬季中央供暖和夏季制冷的问题。

节约用水

无

节约能源

建筑物的较低屋顶上覆盖着阔叶植物，这些植物吸收雨水，隔绝热量，并形成引人入胜的景观。

户外生活

花园景观

花园景观的设计符合照料原则吗？
维德沃格霍夫项目经营理念的重点之一是在住区中营造具有归属感的环境。私人花园和公共绿地实现了接触户外的可能性，从而支撑了以上理念。每间公寓都拥有自己的花园或阳台。没有设置在地面层的痴呆症照料家庭，也都拥有自己的阳台。

为增强居民的社区意识和归属感，雄狮协会（Lions Club）正在赞助和开发一个公共集会场所。公共集会场所位于社区中央，毗邻卡沃特（Kwartel）建筑，在佛罗兰（Floralaan）家庭社区的对面。这样可以促进邻里社区的居民与居住在维德沃格霍夫公寓的老年人进行交流。

图 16-9　户外公共集会场所。 致谢：达特·德建筑事务所（Dat de architectenwerkgroep tilburg）

图 16-10 阿尔茨海默花园毗邻痴呆症照料家庭和儿童日间照料中心。 致谢：詹妮德·德·扎瓦特

周边社区的另一个公共绿地位于布局呈"C"形的乌普（Wulp）建筑内，该建筑有一个花园和一个私人儿童看护花园，与阿尔茨海默花园（Alzheimer's garden，译注：阿尔兹海默症即为老年痴呆症）相邻。虽然两个花园之间有低围栏分隔，但是儿童与老年痴呆症患者之间仍然可以形成互动。阿尔茨海默花园由泊奈克地区当地倡导照料和治疗的机构资助建设。考虑安全性，花园设计只有一扇门可以进出花园并连通维德沃格霍夫社区。

项目数据

设计团队

建筑设计

DAT De Architectenwerkgroep Tilburg

Theo van Es
Walter van der Hamsvoord, project architect
Prof. Cobbenhagenlaan 47; 5037 DB Tilburg
The Netherlands
www.datarchitecten.nl

景观设计

Karres en Brands Landscape Architects
Oude Amersfoortseweg 123
1212 AA Hilversum
The Netherlands
www.karresenbrands.nl

面积 / 规模

- 基地总面积：31160 平方米
  （335403 平方英尺，7.7 英亩）
- 一期工程：21451 平方米
  （230897 平方英尺；5.3 英亩）
- 二期工程：7791 平方米
  （83862 平方英尺；1.93 英亩）
- 三期工程：0.47 英亩，1918 平方米
  （20645 平方英尺；0.47 英亩）
- 建筑占地面积：
- 建筑 A：2460 平方米（26479 平方英尺）
- 建筑 B：2595 平方米（27932 平方英尺）
- 建筑 C：614 平方米（6609 平方英尺）
- 建筑 D：2981 平方米（32087 平方英尺）
- 建筑 E：2115 平方米（22766 平方英尺）
- 建筑 F：1714 平方米（18449 平方英尺）
- 一期工程段总占地面积：12479 平方米
  （134322 平方英尺）
- 二期工程总占地面积：未知
- 三期工程总占地面积：1792 平方米
  （19289 平方英尺）
- 总建筑面积：
- 建筑 A：7086 平方米（76276 平方英尺）
- 建筑 B：6835 平方米（73570 平方英尺）
- 建筑 C：3151 平方米（33912 平方英尺）
- 建筑 D：5376 平方米（57867 平方英尺）
- 建筑 E：7796 平方米（83913 平方英尺）
- 建筑 F：5606 平方米（60341 平方英尺）
- 一期工程总建筑面积：35850 平方米
  （385879 平方英尺）
- 二期和三期工程总建筑面积：未知
- 公寓面积：70~150 平方米（753~1615 平方英尺）

停车场

维德沃格霍夫项目提供 188 个室内停车位（地面层）和 61 个室外停车位。一期工程提供 114 个室内停车位和 42 个室外停车位。二期工程提供 39 个室内停车位和 19 个室外停车位。三期工程提供 35 个室内停车位，未设置室外停车位。

所有建筑提供室内集中自行车停车场，两栋独立居住式公寓还在建筑内提供电动助力车停车场。

造价（2010 年）

- 总建筑造价
  - 一期工程造价：71895000 欧元
    （102896467.13 美元）
  - 二期工程造价：26900000 欧元
    （38500870.26 美元）
  - 三期工程造价：10775000 欧元
    （15421221.27 美元）
- 每平方米造价：
  - 一期工程：每平方米 2005 欧元
    （2869.10 美元；或每平方英尺 266.65 美元）
  - 二期和三期工程造价尚未统计

居民年龄

至本文写作时，三分之二的工程量已经完成。自理型租户、介助型和介护型租户开始迁入。因此，在项目初期运行阶段，还无法确认居民的平均年龄。

居民费用组成

在暂住型照料机构中，痴呆症照料家庭的费用和智障人士房间的费用由荷兰一项国家长期照料保险计划——特别医疗费用法案（EMEA 或 AWBZ）支付。

根据规定，其他开发的公寓一部分用来出租，另一部分作为经济适用房。租户支付租金，而经济适用房租户的租金可由个人住房福利支付。

如果这些租用公寓的居民需要照料，其费用一部分由 AWBZ 支付，还有一些是由社会支持法案（Social Support Act）支付。法案支付内容包括家庭护理和福利，如社会和交往活动等。法案旨在让每个人，无论老幼、残疾还是健全，无论个人有无问题，都能参与到社会生活中来。卫生、福利和体育部门定义了法案的基本框架，每个城市可以根据居民构成和需求进一步制定自己的政策。

第六部分
Part VI

英国项目
United Kingdom Schemes

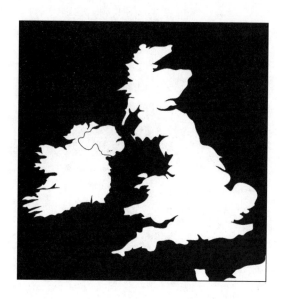

Chapter 17
A Study of Belong Atherton

第 17 章
关于贝隆·阿瑟顿项目的研究

选择此项目的原因

· 此项目位于小镇中心，毗邻城市。
· 此项目将长期护理和独立型生活的概念融为一体，同步发展。
· 此项目考虑到老年人的脆弱体质，通过建筑设计，为包括老年痴呆症患者在内的老年人提供不同层次的照料需求。

项目概况

项目名称：贝隆·阿瑟顿项目（Belong Atherton）
项目所有人：贝隆(Belong)
地址：
Mealhouse Lane
Atherton
Wigan
Lancashire
M46 0DR
United Kingdom
投入使用日期：2011年4月

图 17-1 贝隆·阿瑟顿项目的入口与咖啡厅在地面，二层是社区活动室。 致谢：达米安·尤顿（Damian Utton）

图 17-2 项目位置。 致谢：波佐尼设计公司

贝隆·阿瑟顿项目：英国

图 17-3 总平面图。 致谢：波佐尼设计公司

社区类型和居民数量

贝隆·阿瑟顿的业主已经在英国开展了多个针对老年人的项目，并根据以往的经验设计出一套适合老年人的生活方式。这种生活方式不是与外界隔离，而是要保护、激发并保持人的能动性和独立性。贝隆几个村庄的设计和运作，强调了创造非程式化的空间，这使人们在个人空间和私人领域中有一种居家感觉的同时，也可以享有一系列辅助设施并参与各类活动。贝隆·阿瑟顿项目是一幢主要由砖砌的三层建筑。自新千年以来，贝隆公司将提高整个英格兰西北地区居住、痴呆症护理及介护型护理服务水平作为使命，这是此后第四个建成并开业的项目。

贝隆公司（Belong company）脱胎于照料服务公司（CLS，Care Services Limited）和镇照料服务机构（Borough Care Services），这两者都是非营利性护理机构。两家护理机构分别由柴郡（County of Cheshire）和维冈镇（Borough of Wigan）地方政府提供资助直到 20 世纪 90 年代初。两家护理机构共拥有 54 间护理单元，多数可以追溯到 20 世纪 60 年代和 70 年代，是当时小卧室、共享卫生和洗涤设施的典型体现。这些护理院的规模各不相同，一般均可容纳 40 位居民。尽管大多数护理院在 20 世纪 90 年代进行了翻新，改造成卧室内附带浴室设施，但仍有一些护理院由于各种原因没有改造，而且还有 20 多家尚在运营。其中四家因面积合适被选定进行改造，得以重建。第 4 个项目是贝隆·阿瑟顿，因为位于维多利亚女王时代的磨坊小镇阿瑟顿的中心位置，隶属于维冈镇，所以有着独特的意趣。

贝隆项目要求建设一座能容纳 6 个独立家庭、每个单元容纳 12 位居民的建筑，使他们能够共同生活。由于财政限制较为宽松，项目力图建设面积较大的家庭，进而实现"大家庭"的生活方式。每个家庭都设计成现代家装风格。项目中的 6 个家庭设计成 3 种不同布局。每个家庭均围绕着包含起居室、餐厅和厨房区在内的较大开放式公共区域而设立。

附带浴室的私人卧室，朝着中央开放式公共区域或走廊尽头开门。这样一来，居民在住宅周围可以轻松地找到回自己家庭单元的路，员工也能方便又全面地监控整个家庭。一些居民谈到这里的家庭设计时，感觉比他们以前住过的照料院更为安全，因为他们随时可以看到周围的员工。居民提及以前他们看不到员工时，会有种被遗弃感。

除了提供温馨的家庭化与非程式化环境，贝隆项目的设计旨在为当前和未来的使用要求提供灵活性。贝隆项目致力于将 20 世纪 60 年代以来廉价的、老化的、不灵活的结构升级，并在此方面积攒了大量的经验。设计经济实惠、灵活多变的空间已经成为机构的纲领性理念。卧室空间和公共空间的面积轻松超过了国家规定的最低标准。当房间使用面积较大时，尤其当卧室面积较大时，居民便有了个人可支配的空间，一旦居民的需求发生变化，房间也可以增设额外的设施。

贝隆公司一直在理论和实践方面推行优质的设计理念。例子之一是 2001 年约瑟夫·朗特里基金会（Joseph Rowntree Foundation）发表的题为"我的家不是家"（My Home not the Home）的报告。[1] 在这份报告中，居民建议供应商应考虑到他们卧室形状的多样性。显然，这种变化会受其他实际因素的影响，如经济上的考虑，但这一原则在所有贝隆公司开发的项目中都得到了实践。在贝隆·阿瑟顿项目中，卧室形状和大小各异。例如卧室有很大的凸窗设计，以便限定每位居民私人房间内的休息区。

所有单人卧室均设有无障碍淋浴房，当卫生间门打开时，居民可从床头看到卫生间。卧室和淋浴房的设计一一对应，以便未来转换成小公寓后适应人口和需求的变化。两个卧室的套间未来很容易改造成单卧室的公寓，并附带独立的厨房、卧室和起居室。每间卧室入口处设置一个小的凹进空间，降低天花板和筒灯高度，营造"前廊"的空间印象，实现从

---

[1] *My Home not the Home*, published by Joseph Rowntree Foundation, 2001. Edited by Tim Dwelly; Research by Eleanor McKee and Caroline Oakes.

家庭内公共空间的半私人领域到卧室这一私人领域的空间过渡。

开放可达的厨房成为一个充满活力的生活枢纽，日常活动围绕厨房空间展开。餐饮、手工、起居区域明确划分，沿着面积较小的凹进空间和休息空间排列，并提供了多种可能性。居民可以在任意时间内选择自己喜欢的活动，无论活动是面向大街还是朝着宁静的花园或阳台。

设计团队与业主就服务于老年痴呆症患者公寓的良好设计原则达成一致，并在出版物中发表了他们的见解。贾德（Judd）、马歇尔（Marshall）和菲彭（Phippen）在《为老年痴呆症设计》[2] 中说，对于老年痴呆症患者来说，良好的设计应能弥补个人缺陷，并在最大限度上提高居民的独立性并增强其自尊心和自信心。设计也应该展现对员工的关怀，具有导向性和可理解性，强调个人认同感。同时欢迎居民亲属和当地社区居民的来访，以便为居民带来适度的情感刺激。当然家庭和卧室的空间布局与室内装饰也应该尽量满足这些原则。目前，像玻璃面的厨房橱柜、隐藏式的服务门、记忆展示柜、熟悉的装置和设备等常用的解决项

目被广泛使用。私人住宅内令人感到非常舒适和安心的氛围并不常见。而在贝隆·阿瑟顿项目中，不按响门铃则不能拜访任何居民。这个规定即使是最高级的员工也必须严格遵守。每个家庭都是居民家庭的私人领域，而不是简单的通路，任何人都需要得到允许方能进入。

考虑到适应老年痴呆症患者的视力问题，房间设计中具有清晰的颜色和明暗的对比是很必要的，相关的设计指导原则现已由英国皇家国立盲人研究所（RNIB，Royal National Institute for the Blind）通过并出版。随着时间的推移，预计六个家庭都将主要供不同程度的老年痴呆症患者使用。设计考虑到这种可能性，在楼上的家庭内设计了大阳台，在保证安全的前提下居民能够接触到室外空间，另外在地面层也设有设施齐全的花园。

贝隆·阿瑟顿项目在英国照料质量委员会（United Kingdom Care Quality Commission）注册，提供 72 个 "老年痴呆症及其他护理" 的床位。虽然现在社区尚且不到 72 位居民有照料需求，但设计布局和细节及运作和管理政策都可以 "面向未来" 地应对当前及未来居民的需求变化。贝隆项目是一个关怀

图 17-4 咖啡厅 / 小餐厅向周边社区开放。致谢: 达米安·尤顿

[2] S. Judd, M. Marshall, and P. Phippen, "Design for Dementia,"- *Journal of Dementia Care*, London, England, 1998.

生命的场所，无论是建筑本身还是员工都需要不断改进以满足居民需求。

除了这六个家庭，村庄地面层的空间核心由小餐厅组成，由设施齐全的中央厨房提供服务。厨房通过可控温度的送餐车和单独的服务电梯，可以为各个家庭提供送餐服务。然而，大部分的烹饪工作由员工和居民像家人一样在家庭中完成。小餐厅有直接通往主要街道的出口。曲线式的接待台从接待区优美地延伸到餐厅服务线路上，可以全天候地提供各种美食和小吃。美发沙龙位于小餐厅附近，另一侧的电动门可以直接把人们导向后停车场。

楼上还布置有其他一些常见的服务设施，如社区活动室、网咖和小商店。如果将这些房间布置在地面层，使用状况可能会更加理想。但总体布局上不允许这样的布置，在各种权衡后选择了这样的设计并辅以良好的管理。

社区的核心设施向公众开放，与其他已建成的贝隆村庄居民共享，成功地为居民和社区之间的互动提供了机会。居民不会感到孤立无援，他们觉得自己是社区甚至更广泛的邻里街区的一分子。这项措施的另一个好处是向潜在的未来客户群体和员工展示社区并以此来提高社区的收入。

所有的贝隆项目都强调行人优先。主入口不允许大量停放汽车，行人可以由花园穿过或者由街道进入，社区关注的重点是非驾驶出行的居民，而不是车辆。社区内严格限制车辆进入，但通行仍具有易达性。

贝隆项目的最后一个组团是介助型公寓。在贝隆·阿瑟顿项目中，有27间一室或两室的公寓，分布在三层楼上，并在外部造型上与其他照料房间没有区别。不过居民可以通过他们独立控制的门，穿过铺有常见地毯样式的走廊和楼梯并走向室外。入口处设计了单独的电梯。设计强调了居民的独立性和社区设施的易达性。

居民可根据自己的需要来选择购买或租赁公寓。公寓可能是因为地处城镇的中心位置，所以特别受欢迎。居民可以根据自身需求来要求照料和辅助服务，但绝不强制他们这样做。贝隆虽然是一个较新的项目，但已经出现了如果夫妇一方需要住进照料家庭，另一方也需要入住一处临近公寓的需求，并且这种需求日益增加。

图 17-5 朝向食屋巷的建筑立面，飘窗后是卧室，阳台后是休息区域。 致谢：达米安·尤顿

地理概况

本土化设计

此项目是如何与场地相互呼应的？

从一开始，贝隆公司就项目所处的优越地理位置特别感到兴奋。基地上原来是一个其经营的旧居家照料院，由姊妹公司区域照料服务机构（Borough Care Services）管理。原来的建筑风格孤立，拒绝以任何方式与周围环境对话。冰冷的又没有吸引力的灰砖建筑给人一种监狱般的感觉。项目位于一个充满活力的小镇中心的繁忙十字路口，在建筑风格和社会尺度上，城镇与社区结合的可能性是显而易见的。

运营方认为，建筑在街区环境中应当极具吸引力。小餐厅应该位于十字路口转角的突出位置，增加公众的吸引力。而公共区域应尽可能地感受到到城镇的活力并欣赏到小镇的活动。在更高的位置上应该设置可以俯瞰整个小镇的阳台。

项目的成功之处在于，以人行道路为基础，重建了维多利亚时代街区的街道格局。建筑师和开发商主张建筑应紧靠人行道路，但地方规划部门坚持应在建筑和人行道路之间留出数米的缓冲区。缓冲区包括靠近居住区的"软景观"（soft landscaping）和靠近中心"村庄"公共区域的"硬界面"（hard surfacing）。这些公共区域由小餐厅、美容美发沙龙等组成。

饰面材料主要选择与砖墙石板岩屋顶相符的地域材料。砖与对比色涂料粉刷浑然一体，局部为松木覆盖，带来柔和质感，给人以明确且丰富的感觉。比起周围小规模的家庭式店铺和零售店，整栋建筑体量还是很大的。因此，在建筑造型中利用突出的构架和阳台打破完整的建筑体量是重要的设计手法。石质窗户四周是现代语汇诠释下的坚固的石头横楣和维多利亚式、工人街区的窗台。屋顶覆盖着经济实惠的灰色混凝土砖，与随处可见的威尔士灰色石板相协调。

照料

照料理念

项目运营方的理念是什么？这种理念如何应用到建筑中？

贝隆公司开发新的项目时，有四条重要原则：

· 照料院应该满足当前的需求，同时设计要具有灵活性，以适应未来在观念和需求方面的变化；

· 设计应赋予居民自主选择权和独立性；

· 建筑环境应起到促进和加强照料服务的作用；

· 整个团队秉承这样的理念：建筑设计和布局仅仅是照料院人本型照料理念的一个方面。

最后一个原则完全符合贝隆项目的整体照料理念，这一点可以在家庭中明确地展现出来，员工致力于避免居民被社会隔离，并促进其人格上的自主性和独立性。为帮助实现这一理念，项目设计不仅基于最新的研究成果和对辅助老年人的思考，而且还将英国皇家国立盲人研究所和残障人士的设计指导原则进行实践。

有趣的是，每个家庭中员工与居民的比例通常是1:4，员工需要承担多项工作任务。员工作为家庭中的一分子，基于贝隆项目总体理念进行各项必要的具体工作。他们在提供基础的护理照料之外，还提供做饭、清洁服务，并在这个广义的"家庭"中，开展有活力的活动。如果有可能的话，居民可以通过提供帮助来参与到这些活动中去。

图 17-6 开放式的休息区和用餐区，通过家庭式厨房通往花园。 致谢：达米安·尤顿

这些工作可能会成为员工的负担，但因此建立更广泛服务网络的项目是可行的。例如，虽然每个家庭中的员工每天都会进行基本的清洁，整个家庭每周仍会由专业的保洁公司彻底清理一次。同样，日常膳食中主要菜品的烹饪工作可能在家庭中完成，但是为了减轻员工的负荷，甜点会由中央厨房配送。洗衣房服务也会帮助员工分担工作负担，但依旧保持一种家庭中的氛围。与开放式设计一样，这种理念会让居民放松下来。例如，当居民不再毫无目的地散步时，他们的焦虑程度明显降低。

这种熟悉、安全、舒适的家居生活也是介助型生活公寓的追求。当居民到社区来接受护理服务时，他们会发现物有所值。比如，建筑中鼓励居民饲养宠物。随着时间的流逝，居民会深刻意识到贝隆社区是一个让人有"归属感"的"村镇"。

图 17-7　社区活动室有可以举办讲座的座椅，远处是获得经营许可的酒吧。　致谢：达米安·尤顿

社区感和归属感

项目设计和实施如何实现这个目标？
建筑的整个设计理念就如何营造社区感和归属感展开。居民可以自主设计家庭的开放空间，而且可以从卧室直达这一空间。自己的卧室可以作为私密空间，而当居民需要时，互动交流也是十分方便的。对一些居民来说，尤其是当需要卧床养病的时候，他们希望在自己卧室内可以听到起居室或厨房区活动的声音。

在这种理念下，项目既是广义的村庄，又是广义的社区。居民独自或在家人、照料人员陪伴下，经常使用由社区提供的各种设施。

创新

项目运营方如何体现理念上的创新和卓越追求？
贝隆项目设计概念中一个重要的方面是消防工程策略。项目将多层开放式空间设计与灭火系统和运营管理规划相结合。消防工程解决方案是水雾系统和消防分区的组合，消防分区包括全面可靠的防火疏散和管理程序，这两个方面对于成功案例是缺一不可的。经过与消防规划部门认真和充分地协商，这种平面布局得到认可，而这种布局在此之前仅在具有多个消防逃生选择方式的单层住宅中才采用。

在英国，消防员对独立房间、防火门及特定的消防安全体制更为熟悉。本案中，各方详细审阅了潜在的火灾和烟气风险，并提出相关的解决策略。这样带来的好处之一是减少了沉重火灾闭合器的使用量，而以前所有卧室门都会使用这种闭合器，进而避免了门始终保持开放的状态。而对于体质较弱的居民来说，门的开启和关闭也是件很困难的事。这一项目的最终成果是营造出更好的家庭氛围。

消防策略无疑是项目的一大创新，贝隆社区的另一个创新是为成为社区蓬勃活力的一部分，消除社会对于照料院的负面看法，并强调老年人在社会中的贡献这些方面所付出的努力。虽然通过让公众接触服务设施来实现这个目标还尚待时日。

社区一体化

社区参与

项目和服务设计是否旨在成功融入当地社区？
社区"中心"设有一间小餐厅、美发沙龙、社区活动室、商店和网咖。这些设施是作为独立商业个体来设计和运营的。小餐厅位于突出拐角位置以吸引过路的行人，通过精心设计成为泛社区的一部分。显而易见地，贝隆项目将小餐厅的设计视为一系列社区景观中的王牌。

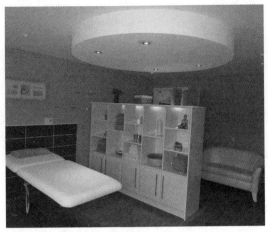

图 17-8 "保健套房"试图营造温泉浴场的氛围。 致谢: 达米安·尤顿

在其他的贝隆村庄里，小餐厅总是吸引着外来者进入村庄。而本案中由于餐厅位于城镇中心而格外成功。明显地，这种空间上的吸引力要归功于建筑本身、室内设计和员工共同的努力，它打破了人们对老年人照料机构的固有观念，吸引着各个年龄段的人们前来社区。美发沙龙同样具有吸引力，同样面向更大范围的社区。

尽管还处在新建阶段，社区活动室希望能为当地各种团体所使用。在贝隆的其他村庄，通过良好的运作已经引进了电影俱乐部、运动俱乐部，甚至偶尔会与布朗尼·斯科茨（Brownie Scouts）共享。

贝隆·阿瑟顿社区还向居民和员工提供"保健套房"，它可以提供芳香疗法或足底按摩等服务，当地独立经营的其他从业者也可以租用房间来服务他们自己的客户，促进社区间的融合。

员工与志愿者

人力资源

是否有适当的政策和设计来吸引优秀员工和志愿者？
随着招聘适合在老年护理院中工作的人员难度的不断增加，贝隆社区力图通过设计来缓解这个问题。

政策要求员工做多种类型的工作，这已经超出一般照料人员的工作标准，因此，需要雇用专门的员工。基地上原区域照料服务机构的员工并不是全部符合这个新的工作标准。洁净的、现代的、温馨的家庭化设计对于员工和居民都具有强烈的吸引力。开放化和自然化的布局使员工能轻松地监护居民行为与生活，因此员工也乐于和居民共度有意义的时光。

每个家庭的任务是自主管理、创造性思考和享受乐趣。他们可以进行不同的日常活动和饮食，可以说每个家庭的氛围大相径庭。虽然生活方式大体相同，但一旦进入家庭就可以感受到他们自己的个性，绝不是机构化的条条框框。在建筑设计的过程中，建设和运营成本与计划、预算基本相符。出于以上原因，为节省人力成本，员工可以在夜间同时服务于同层的两户家庭。

在传统照料机构中没为员工准备的休息室。贝隆团队已经从他们先前的项目中了解到员工更愿意留在他们各自服务的家庭中，与居民一起共享家庭生活。当然根据员工的意愿，他们可以居住在机构提供的静休室里，或者待在小餐厅里。而传统的照料机构中那种只提供一个平时锁起来的备用房间，毫无休息设施的模式已经一去不复返了。

社区还配备了高端的护士呼叫系统，覆盖村庄所有的卧室和公共区域。比如，每间卧室都安装了专业的痴呆症护理设施：

· 设有自动光引导系统的套房浴室与床位；
· 16 个行为档案；
· 跌倒通知；
· 床位出口和套房浴室活动传感器；
· 护士呼叫记录服务器。

每个房间都有呼叫设备，根据个人需求可以对话、致电或拉线应急呼叫。所有呼叫通过无线电话连接到员工。呼叫采用逐层上报的程序，当呼叫在一定的时间内没有应答时，呼叫会重复并连接到更高层次的员工。

图 17-9 社区公寓设有独立的入口，居民要经过庭院才能到达公共空间与设施。 致谢：达米安·尤顿

环境可持续性

替代能源
无

节约用水
无

节约能源
建筑结构采用砖石墙体承重，混凝土楼板保温，生成了动态热量模型，可以在建筑设计上进行深度能源评估。

安装玻璃以最大限度地减少太阳能热量的获得与热量损失，设计超出了基本的自然采光要求。大面积的玻璃使自然光线充满建筑，减少了人工照明，同时也可以帮助预防老年人的抑郁症和视力问题。

高级别的保温隔热、低耗能的灯具以及个人房间的采暖控制都是为了减少对能源的需求。

室外建筑材料的选择考虑到未来维护的经济性，如PVC窗户、工厂成型集成材、彩色粉刷材料。建筑承包商主要从本地材料商购买材料，以减少材料运输到施工现场的成本。建筑材料主要采用可再生材料。

图 17-10 通往家庭休息区的露台空间足够宽敞，可以容纳几个人舒适地就坐。 致谢：达米安·尤顿

户外生活

花园景观

花园景观的设计符合照料原则吗？

贝隆社区把对老年痴呆症患者的了解运用到室外空间的设计中。如果花园位于地面上或楼上的阳台中，居民便可以进入这些私密的、安全的并且可感知的花园。这些引人入胜的大阳台尽可能多地容纳家庭成员。但由于阳台所容纳人数更多地取决于其所能容纳的轮椅数量，所以在后来的项目中，阳台设计得更大，才能容纳全部家庭成员。阳台面南，可以看到主要道路——食屋巷（Mealhouse Lane），还能看到街上很多的活动。如贝隆的其他村庄一样，花园和阳台成为户外空间，每个家庭都赋予其独特的可识别性，可利用外部空间进行各种活动，如种植西红柿、盆栽花卉、养鸟或享受日光浴等。

项目数据

设计公司

Pozzoni LLP

Woodville House

2 Woodville Road

Altrincham

Cheshire

WA14 2FH

United Kingdom

www.pozzoni.co.uk

面积 / 规模

· 基地面积：6400 平方米
（68889.03 平方英尺；1.58 英亩）

· 建筑占地面积：2280 平方米
（24541.72 平方英尺）

· 总建筑面积：5830 平方米
（62753.60 平方英尺）

· 居民人均面积：59.48 平方米
（640.24 平方英尺）

停车场

停车场可停放 31 辆汽车，包括 5 个地上残疾人停车位。

造价（2011 年 4 月）

· 总建筑造价：6670896 英镑
（10810116.57 美元）

· 每平方米造价：114 英镑（185 美元）

· 每平方英尺造价：106 英镑（172 美元）

· 居民人均投资：92651.33 英镑（150141 美元）

居民年龄

平均年龄：80 岁

居民费用组成

由英国社会服务机构为居民照料提供经济支持。

Chapter 18
A Study of Heald Farm Court

第 18 章
关于霍德农庄项目的研究

选择此项目的原因

· 霍德农庄有着良好的建筑造型，其现代的风格与周围环境协调一致。

· 此项目规模较大，为了缩减建筑体量，被分解成为几个建筑。

· 此项目是几家机构合作建设的范例。

项目概况

项目名称：霍德农庄项目（Heald Farm Court）
项目所有人：海伦娜合作机构（Helena Partnerships，注册社会业主）拥有建筑的所有权，卫理公会老龄照料机构(MHA，Methodist Homes for the Aging Care Group)代表其管理霍德农庄。
地址：
Sturgess Street
Newton-le-Willows
Merseyside
WA12 9HP
United Kingdom
投入使用日期：2009年10月

图 18-1 临斯特吉斯街一侧的建筑细部，能看到由铜材覆盖的公寓山墙和阳台。 致谢：达米安·尤顿

图 18-2 项目位置。 致谢：波佐尼设计公司

霍德农庄项目：英国

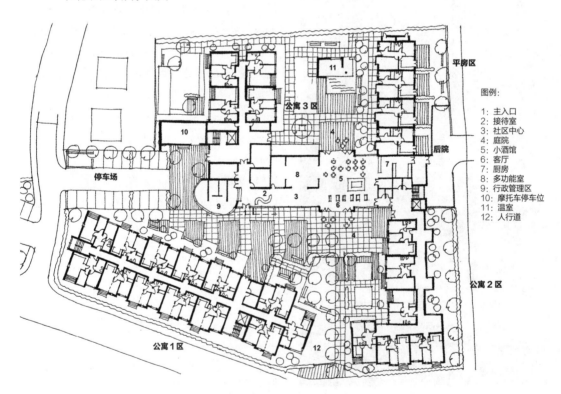

图例:
1: 主入口
2: 接待室
3: 社区中心
4: 庭院
5: 小酒馆
6: 客厅
7: 厨房
8: 多功能室
9: 行政管理区
10: 摩托车停车位
11: 温室
12: 人行道

图 18-3 总平面图。 致谢：波佐尼设计公司

社区类型和居民数量

霍德农庄是一个引人注目的开发项目，社区有86间额外型照料公寓和三幢单层花园洋房。项目位于英格兰西北部的牛顿-勒·威洛斯（Newton-le-Willows），在曼彻斯特和利物浦之间。工业革命时期，该地区经济繁荣增长，其主要产业是铁路运输和制造业。随着制造业迁出该地区至1953年铁路工场关闭，城镇开始逐渐衰落。现如今该地区的主要产业是一家食品生产厂和许多规模较小的企业。

早在20世纪60年代，项目所在地就被当地政府用于照料院的建设。地方政府圣海伦斯委员会（St Helens Council）拥有基地所有权，并将基地赠予给海伦娜合作机构，用来重新开发此项目，以增设更多的额外型照料公寓。项目设计由海伦娜合作机构、卫理公会老龄照料机构和DK建筑师事务所共同完成，部分资金来源于由圣海伦斯委员会监督的卫生部门基金。

项目包括三幢两层到三层高的独立建筑，建筑围绕着中央的公共设施和两个庭院空间。从外部看，建筑为暗红色的砖墙立面和包铜的灰色石板屋顶。花岗岩道路指向了设置硬木质长椅、种植着高大树木的庭院。

霍德农庄给人的第一印象相当深刻。显而易见，霍德农庄最引人注目的一点是设计上使用了昂贵的材料。步入中央庭院的过程中，三个造型各异的建筑环绕左右，人们会被霍德农庄深深地吸引。或许有人会觉得太过于宏伟，他们喜欢更加人性化的设计。但是无论人们的喜好如何，这是项目开发中必须考虑的问题。

霍德农庄的公寓可用于出租、购买或共享所有权。双卧室公寓和洋房都设有轮椅通道，适合单独居住或夫妇居住。86间公寓都有两间卧室，并有着不同的设计和10种不同的房型，比如附带阳台、露台或花园等。

公寓配置有开放式客厅和厨房区，可以营造出良好

图 18-4 雨篷下的主入口和公寓建筑融为一体，并将临街公寓与左侧公寓连接起来。远处是停车场。 致谢：达米安·尤顿

图 18-5 设有天窗的公共休息室／咖啡厅，通过玻璃门能看到并进入庭院。 致谢：达米安·尤顿

的场所感和两个区域之间的通达性，同时也能使更多的光线进入厨房区域。所有公寓都配备了内置的厨房设施，包括集成灶台（电磁炉）、烤箱、排风扇。公寓采暖采用具有低表面温度的散热器，而不是常用的地板采暖。

套间内的浴室设计是潮湿环境下适用的风格，人们可以从走廊或主卧室进入浴室。这意味着如果居民

图 18-6 　咖啡厅的内墙墙面采用胡桃木薄板镶嵌，关闭的推拉门后面是多功能室。 致谢：达米安·尤顿

员工提供每日 24 小时服务，并可以使用他们的电子智能钥匙进入所有的私人住宅领域。公寓针对访客设有门禁可视对讲系统。社区中的安全摄像机为居民营造了一个安全稳定的生活环境。

社区中不允许饲养宠物，这十分罕见，很多其他额外型照料项目经过管理者同意才允许居民饲养动物。

提倡趣味性和社会化的公共休闲设施构成了社区中心。这些设施包括咖啡厅、休息厅、健康和保健中心和景观花园。此外，还设有感官花园（sensory garden）、多功能活动室、美发沙龙、祈祷室、洗衣房、健身室、温室花园和客人套房等。

启动呼叫系统寻求帮助时，即使他已经靠着一扇门瘫倒在地，员工仍然可以随时通过另一扇门进入浴室来提供帮助。

这些作为村庄中心的公共设施还服务于周边地区的 166 处住宅，包括霍德农庄不远处同时开发的一些新花园洋房。

地理概况

本土化设计

此项目是如何与场地相互呼应的？
霍德农庄是 2010 年英国住宅设计"老龄人口住宅"组别的获奖者。

庭院区域及沿着庭院的建筑给人的第一印象像是大学校园。许多公寓被设计成有山墙临街的联排别墅式样。外立面中暗红色的砖墙，装点着暗色粉末涂层的古铜色覆层的窗口和宽敞的阳台，呈现出精致的细部构造和完美的比例。

然而，人们会有这样的疑问：针对大学校园的建筑语言是否适用于老年人建筑的设计？然而无论出于何种原因，整体项目设计还是受到了广泛好评，例如：宽敞的庭院虽然缺乏亲切感，但却往往可以被老年人开发用作其他用途。

在设计中使用铜覆层是少见的设计手法，这也成为设计的一个显著特点。铜的暗色调与砖墙颜色相辅相成。然而，过度使用铜覆层反而削弱了建筑的感染力。如助力车商店的包铜屋顶。虽然从楼梯间和

图 18-7 　前部庭院：共享设施位于砖墙后面铜覆层结构的公寓里。主入口在左侧的雨棚下。 致谢：达米安·尤顿

多间公寓可以看见这个屋顶，但高昂的建造材料成本应该受到造价方面的质疑。将这些资金用在那些居民平日里经常使用和接触到的地方是不是更为合理呢？

适合三种不同使用人群的空间布局：
· 访客需要感受到欢迎的氛围；
· 较多独立居住居民希望感受到家庭氛围；
· 需要高依赖性生活辅助照料的居民希望感受到安全感。

为了达成这些设计目标，设计围绕着中心公共设施，将公寓划分为 3 片区域。独立生活程度最高的居民住在斯特吉斯街（Sturgess Street）的临街地块，可以穿过带顶棚的通道到达社区中心。而需要高依赖性生活辅助照料的居民可以通过简短的室内通道，足不出户便可到达社区中心的公共设施。

建筑内部的公共走廊和楼梯都非常宽敞。建筑使用高品质的材料营造出豪华感，如内里是胡桃木，外为橡木贴面的扶手，搭配暖色调的墙壁、现代的家具和饰品。扶手的高度虽然已经调整过但仍有些高。

走廊的宽度足够宽，可以同时容纳两部轮椅在走廊里对向行驶，但这种比例会使走廊有些"空旷感"。与公共空间和交通场所宽敞的尺度不同，公寓面积和内部装饰均按照住房协会的标准设计。这也引发了人们的质疑，公寓的空间是否得到了更高效的利

图 18-8　公寓面中包含宽敞的走廊和通往上层的楼梯。
致谢：达米安·尤顿

用？如果将用于走廊和楼梯豪华装修的花费，用在公寓厨房和浴室的装修中，使其具备更高品质是否更好呢？

许多公寓都有非常宽敞的阳台，这是特别实用的空间。栏杆是由厚玻璃支撑起木质扶手组成。这种设计虽然对景色一览无余，但也有引发老年人常见的眩晕问题的可能。此外，暴露在外的双层玻璃的清洁费用也十分昂贵。

照料

照料理念

项目运营方的理念是什么？这种理念如何应用到建筑中？

霍德农庄是由海伦娜合作机构和卫理公会两个机构合作开发的例子，其中一个机构力图提供住所，另一个则专注于提供照料服务。海伦娜合作机构的理念是无忧享受最舒适、安全、独立的生活。作为注册社会业主，海伦娜合作机构为人们提供乐于居住的经济适用住房、邻里环境和社区。机构的目标是租户、员工与合作者一起，建设具有创新精神和深受大众喜爱的住房机构，并建造出拥有现代化设施和服务、具有蓬勃生命力的邻里社区。

卫理公会老年照料机构的理念是改善老年人的生活质量，这也是霍德农庄设计和运营的座右铭。卫理公会老年照料机构注重老年人的精神健康，这是他们服务的重要组成部分之一，同时也尊重个人信仰，尊重家庭或社区中老年人参与活动和事务的选择权。霍德农庄的照料哲学可阐释为：

· 在关爱、同情和尊重的基础上，提高居民的生活质量；
· 高品质、以人为本的照料；
· 强调兼顾精神与身体健康；
· 尊重个性、个人选择、尊严和潜力。

社区感和归属感

项目设计和实施如何实现这个目标？

霍德农庄有 89 间公寓，其中两间是预留的过渡性单元房间，为那些同时具有高依赖性照料需求和回

图 18-9 使用中的公共休息区。 致谢: 达米安·尤顿

归家庭生活需求的居民提供的。这些过渡性单元房间也可以预定给那些希望"买前试住"的人们,试住之后他们很可能会搬回到牛顿-勒·威洛斯。圣海伦斯社会服务机构承包了 46 间公寓,并直接让符合条件的居民入住其中。

公用设施位于中央地块,居民住所与这里的距离大致相等。面向斯特吉斯街的是独立地块,身体比较健康的居民可以通过带顶棚的人行通道穿过前部庭院到达核心区活动,而身体较虚弱的居民则可以通过内部走廊到达另外两个区域。

社区中心本身是一个多功能的场所,可以作为餐厅和休息区。窗户和门连接着两个庭院,通风良好。大型的门可以打开或关闭,打开大门后毗邻的空间则可以合并起来作为餐厅使用,空间的多功能性得以实现。其他的公用服务设施也位于同一个地块,它们的房间独立布置。

创新

项目运营方如何体现理念上的创新和卓越追求?
海伦娜合作机构和卫理公会老龄照料机构合作是不同机构为了共同目标而合作工作的创新范例,两个机构都凭借着自己的专业经验,共同推动了霍德农庄的设计和运营。

员工和居民保持实时联络,以确保他们身体状况良好。此外,员工还负责组织社会活动和安排事务。照料团队尽量使居民能够继续住在自己家中独立生活,并能有良好的生活质量。其他的生活辅助还包括个人护理、药物、膳食准备、清洗、洗衣等。

照料团队每天 24 小时提供服务,提供灵活的定制服务,以满足居民个性化需求及应对紧急状况。

社区一体化

社区参与

项目和服务设计是否旨在成功融入当地社区?
霍德农庄所在的城市环境是"工人阶层/蓝领"的居住区。项目运营方力图在多方面融入当地社区。

所有额外型照料公寓都限定为"经济适用房",这意味着租金要低于市场水平,居民的资产和储蓄必须满足一定的条件才能入住霍德农庄。圣海伦斯委员会的社会服务部门保留了用来自己推荐人选入住的 46 套公寓。出于经济原因,多数居民会在项目的周边社区中居住了大半辈子,他们的家人也住在附近。因此,为当地居民提供"经济适用房"促进了社区间的融合。社区融合也体现在为附近居民提供了许多就业的机会。

霍德农庄项目位于牛顿-勒·威洛斯的厄尔斯镇的郊区。镇中心距社区仅有五分钟的步行路程,有很多商店、银行、酒吧、咖啡厅和一个每周两次开放的露天市场,周围还有社区教堂、诊所和药房。通过穿梭公交车(项目旁设有一个公共汽车站),可以很方便地到达圣海伦斯和沃灵顿(Warrington)附近的城镇。镇中心提供了更多可供选择的公共设施,包括电影院、餐厅和购物设施等。

霍德农庄项目的城市环境是具有传统风格特点的两层联排别墅风格,其中大多数是 19 世纪晚期为附近工厂工人建造的房子。这种建筑风格在基地东侧仍占主导地位。65 栋单层的庇护型平房住宅和开放的公用场地位于斯特吉斯街对面。北面是新开发的二层双拼住宅。基地西面通向新的房屋、开放空间和住宅地产等。

项目鼓励更广泛的周边社区居民参与到霍德农庄的活动中，进而使其发展成为服务于大社区的公共设施，如：对当地社区居民开放的小餐厅。虽然设施的服务对象是老年人，但任何有兴趣的人都可以参与进来，而且卫理公会老龄照料机构报告表明这里已成为社区最有活力的中心。

斯特吉斯街对面是 65 栋庇护型平房住宅。霍德农庄的员工为平房住宅的居民提供协助服务，并鼓励其居民使用霍德农庄的设施。

社区一直保持着与当地小学的定期联系，目前，社区正在与教师讨论开展联合教育项目和活动。

建筑外檐采用了当地的红砖，斯特吉斯街的沿街立面是山墙风格的三层别墅。由于霍德农庄的建筑规模远远大于周围房屋，因此临街立面要减小建筑尺度，同时其他风格上要与长而统一的公寓街区浑然一体。人们可从后庭院进入三个位于地面层的洋房公寓，或通过室内中庭前往楼上的公寓，因此建筑看起来像两层的房子。

来访者有两条路线到达室内大厅：人行路线和车行路线，二者汇聚在通往室内中庭处的咨询台前。来访者可以在不穿越私人住宅区的前提下到达所有的公共设施。

图 18-10 多功能厅。 致谢：达米安·尤顿

员工与志愿者

人力资源

是否有适当的政策和设计来吸引优秀员工和志愿者？

卫理公会老龄照料机构为员工和志愿者提供咨询服务。员工和志愿者可以在超市和其他知名零售供应商那里获得折扣，并可以选择加入退休金计划。机构还提供有吸引力的薪酬和灵活的工作政策，此外卫理公会老龄照料机构还被视为理想雇主之一。

留住员工对项目长期健康和成功的发展至关重要。培训投资也是留住员工的关键，卫理公会老龄照料机构为员工的发展投资。通过对员工职业发展的投资，照料服务的质量和居民生活质量均得以提高。

机构对员工服务所做出的贡献定期予以认可和奖励。卫理公会老龄照料机构认为员工的忠诚度、幸福感及满意度都是可以培养的。

机构的年度考核是定期完成一对一员工评价。此外，机构会与即将离职的员工访谈以获得不断改进社区服务的宝贵信息。

·每位居民每天接受的直接照料时间：0.6 ～ 0.8 小时及以上。应当指出霍德农庄项目的居民相对照料需求较低。

环境可持续性

"可持续性"是指项目的整体可行性和环境影响力。基地再开发本身就具有重要的可持续特征。本项目中的建立和再利用"棕色地带"区域（brownfield，译注：指已开发但闲置土地），远比在未开发的"绿色地带"区域（greenfield）的建设对环境的影响要小。

项目为老年人建设经济适用和有吸引力的住房，居民原来生活的家庭住房可以转租，重新回到开放的市场中。居民家庭住房通常是独立式住宅（而非公寓），可供新的家庭使用。由于供需关系的存在，在广义上保持了房屋市场的流动性，也是可持续发展的。

英国政府的目标是到 2016 年所有新建住宅实现零排放。建筑法规正变得越来越严格，特别是要考虑到能源效率，可再生能源也正在成为必需的条件。

替代能源

由太阳能板集热系统提供热水。

节约用水

无

节约能源

项目采用地源热泵来供热和制冷，通过 10 个深钻孔供水。通风系统安装了热回收机组以提高能源效率。恒温控制的淋浴和水龙头也有利于能源效率和居民安全。种植了景天属植物的屋顶可帮助隔热，并提供了一定的生物多样性。

走廊照明由被动红外线探测器控制，只有当有人在走廊里时，指示灯才会开启，以达到节能的目标。然而走廊在远距离的视野里晦暗模糊，直到有人走过时灯光才会开启。

公寓里大面积的窗户可以最大限度地利用自然光，减少白天电力照明的需要。

所有建筑外部体量都符合现行的建筑法规。双层玻璃窗户、高标准的绝热墙壁、地板和屋顶都有助于节约能源。

图 18-11 位于地面首层的居住单元拥有从庭院进入的独立入口。位于二楼的公寓可以通过内部走廊进入，建筑外观看起来像一幢两层的房子。 致谢：达米安·尤顿

户外生活

花园景观

花园景观的设计符合照料原则吗？
景观空间位于社区中心和住宅区之间，在场地后面它被完全围合起来以保护场地内的居民。项目在很大程度上忽视了营造一种自然的监护环境。但面对大街一侧的景观空间是开放的，游人也可以在其中游览。

前部庭院在外观上是相当正式的，一般公众都可以游览其中。道路由花岗岩铺设而成，通过围合种植和行道种植，创造出通往地面层公寓的防御性空间。庭院里还设有长椅和落地式照明设施。

人们只能通过中庭或公寓区到达后庭院，因此只有居民或客人才能进入其中。庭院空间布局相当正式，有草地和花圃以及居民从事园艺活动的温室。此外还设有长椅和凉亭，前院四周环绕着绿植。

项目数据

设计公司

DK-Architects, Liverpool

26 Old Haymarket

Liverpool

Merseyside L 1 6ER

United Kingdom

www.dk-architects.com

面积 / 规模

·基地面积：10000 平方米（107639 平方英尺）

·总建筑面积：9762 平方米（105077 平方英尺）

·项目共有 10 种不同户型的双卧室公寓：61 平方米（656 平方英尺）到 75 平方米（807 平方英尺）

·公共设施面积：850 平方米 （9150 平方英尺）

停车场

停车场可停放 44 辆汽车，包括 4 个残疾人停车位。停车场也设计有封闭的"停车库"，用于电动助力车的停放和充电。基地外斯特吉斯街设有公交车站，员工和访客可乘公共交通方式抵达社区。

造价（2009 年）

·总建筑造价：12500000 英镑（20242193 美元）

·每平方米造价：1068 英镑（1729 美元）

·每平方英尺造价：1280 英镑（2009 美元）

·居民人均投资：无法统计，每间公寓中的居民数量不同

居民年龄

居民年龄范围从 55~94 岁

居民费用组成

46 间公寓用于出租，40 间公寓可以共享所有权或是直接购买。租金部分来源于财政补贴，并低于目前市场的租金水平，相关规章制度确保只有低收入者才有资格居住在这里。

Chapter 19
A Study of Sandford Station

第 19 章
关于桑福德车站项目的研究

选择此项目的原因

• 桑福德车站项目是在乡村环境中棕色地带的再开发项目。

• 此项目成功地建设了一个"村中村",以解决多样化的医疗和居住需求。

• 桑福德车站项目采用了源自澳大利亚的痴呆症照料模式及设计,并在英国得以成功实践。

项目概况

项目名称:桑福德车站项目(Sandford Station)

项目所有人:圣莫尼卡信托基金(St.Monica Trust)

地址:

Station Road

Sandford

North Somerset

BS25 5RF

United Kingdom

投入使用日期:阶段性交付:2009年10月,第一批居民迁入;2010年6月,最后一批居民迁入。

图 19-1 舍伍德住宅外围环绕着长廊以及进行草地滚球和槌球运动的草场。 致谢:www.zedphoto.com

图 19-2　项目位置。致谢：波佐尼设计公司

桑福德车站项目：英国

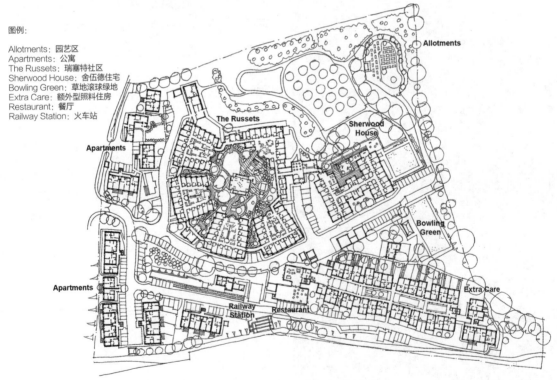

图例：

Allotments：园艺区
Apartments：公寓
The Russets：瑞塞特社区
Sherwood House：舍伍德住宅
Bowling Green：草地滚球绿地
Extra Care：额外型照料住房
Restaurant：餐厅
Railway Station：火车站

图 19-3　总平面图。致谢：波佐尼设计公司

社区类型和居民数量

桑福德车站项目的开发模式可被定义为"村中村"模式。桑福德位于英国南部萨默塞特地区（Somerset region），是一个历史悠久的村庄。基地位于连绵起伏的蒙迪普山（Mendip Hills）古老的道路交会点，著名的蒙迪普山自然风景区就坐落在这里。基地是温斯卡姆（Winscombe）和桑福德（Sandford）教区的一部分。基地内具备了提升乡村生活特征的所有元素，该地区居民约4500人。

桑福德车站项目是圣莫尼卡信托基金（St Monica Trust）为退休老年人开发的第四个项目，此公司是注册慈善机构，力图为老年人提供高品质的照料、辅助服务和居所。公司力图提供具有丰富性和独立性特点的社区环境，其发展目标是提供一系列高品质、多样化的公共设施以及基于精心照料和关怀产生的安心感。

桑福德车站项目是一个为退休老年人提供持续性照料的社区，拥有不同居住类型和不同照料水平的服务。桑福德车站项目唯一的规定是社区居民必须年满60岁。除此之外，任何人都可以入住。

桑福德车站提供的混合居住模式如下：
· 108个自理型生活公寓和需额外照料公寓；
· 舍伍德住宅（Sherwood House）：30名居民的介护型养老院；

· 瑞塞特区（The Russets）：73名老年痴呆症患者的养老院；
· 公共设施；
· 重新装修的铁路火车站博物馆。

独立型生活公寓和需额外照料公寓都属于自助式公寓，每个公寓都有独立前门，并配有一间到三间卧室。独立型生活公寓分布于几座两层建筑中，公寓前门设有安全闸口。需额外照料公寓位于中心两层楼下的室内街两侧，街道上还设有一些公共设施和活动空间。从建筑外观上看，两种类型的公寓像传统的铁路工人居住的小屋。

独立型生活公寓和需额外照料公寓的设计概念是为了提高老年人生活的独立性。在英国，独立型生活公寓有时被称为退休住所或庇护型住宅，专门面向那些身体上和精神上尚有活力，希望与志趣相投的同龄人共同在安全环境中生活的老年人，是一种典型的居住模式。"需额外照料"也被称为介助型生活照料或是"居家照料"。这种类型的住房本质上是独立式公寓，服务于那些仍然希望保持独立生活，但又确实有照料需求的人们。该公寓可以在居民有需求时提供照料服务，而当个人的照料需求发生变化时，建筑也可以做出相应改变。居民不必因为需求改变而搬迁。

图 19-4 花园庭院中的瑞塞特区俱乐部。致谢：www.zedphoto.com

舍伍德住宅包括照料院在内，是可以容纳 30 位居民的护理院。此项目于 2010 年 6 月完成。舍伍德住宅是一幢单层建筑，包括中心餐厅和厨房，还有分散在公寓中的小型休息区。住宅中的居民有一个安全的花园区和一个滚球草场。

瑞塞特区是为 73 位老年痴呆症患者提供护理服务的养老院。此项目被设计成五栋相连的洋房，其中四栋洋房每栋居住着 15 位居民，另外一栋洋房居住着 13 位居民。每栋洋房都是独立的，设计为开放式，包括起居室、餐厅及相连的厨房和独立前门。因此当家人和员工进入时，不会干扰到其他洋房。建筑整体沿着围合花园和会所的周边布局。花园和会所可用于多种功能的活动，花园自身的布局也别具一格，还设计了鸟舍。

社区的公共设施包括原来的火车站建筑，现已被改造为博物馆，由社区与当地的铁路遗产协会一起运营。此外，还包括餐厅、休息厅、杂货店、水疗池、健身房、多间活动室及行政办公大楼等。除这些封闭的公共设施外，还有一个很大的绿地滚球草场，与之毗邻的是有遮蔽的凉亭和供居民种植蔬菜的田地。还有一大片设有残障人士道路的区域，青草葱郁，桑福德车站项目的全体居民都可以在此漫步。

除房屋租金外，社区居民还需支付社区费用，包括以下服务：
· 24 小时应急应答服务；

图 19-5 瑞塞特区家庭式护理院休息厅局部场景。卧室门朝向休息厅空间，彩色门板有助于识别每间卧室。 致谢：达米安·尤顿

· 24 小时保安服务；
· 公寓和公共空间的清洁管理服务；
· 健康温泉和健身房的使用；
· 娱乐休闲活动；
· 交通；
· 电动轮椅（助力车）停车场和充电设施；
· 社会福利咨询服务；
· 闭路电视等安全设备；
· 公共电视网络；
· 房屋保险；
· 餐厅、图书馆、电脑房的使用权；
· 窗户清洁，报警电话、火灾报警及牵引装置维修服务。

以下服务需收取额外费用：
· 理发服务；
· 修脚服务；
· 个人洗衣服务；
· 家居援助（个人照料）；
· 足底按摩服务。

居民租赁房屋可采取三种不同方式：租赁、先租后买或共享产权。通过先租后买计划购买公寓的居民，如选择一次性付费，公寓价格可按市场价值的 90% 计算。当居民搬出公寓时，需向房屋业主按全价补足房款。圣莫妮卡信托公司拥有房产的所有权，并将其销售给下一位租赁业主。截至 2010 年 11 月，66 间自理型生活公寓和需额外照料公寓已经通过这种方式出售。少量公寓采用共享产权的方式，居民先支付较少的房款资金，剩余的房款通过每月的房屋租金支付。此外，也有少数的公寓，采用每月直接付房租的方式来支付费用。

这个老年人护理开发项目的基地以前曾是布里斯托南部一个小村庄的铁路火车站。当地的工业为苹果酒酿造业，基地南部是一大片苹果园，附近还有苹果酿酒厂。铁路主题在项目设计中得以延续，设计项目中采用了原来的大西部铁路（Great Western railway）的标志风格和贯穿设计的奶油色和棕色的专用色彩。项目设计延续了当地的地域特色和历史文化。许多居民还记得蒸汽时代的火车和作为交通运输行业工作场所的桑福德车站。

地理概况

本土化设计

此项目是如何与场地相互呼应的？

桑福德车站项目位于一个小村庄边上，是典型的乡村环境，该区域是著名的自然风景区之一。当地城镇规划要求小尺度的建筑体量、外形住宅化，并在外观设计上尽量使用当地建筑材料。根据城镇规划师的要求，建筑运用"传统"的建筑语汇，而非"现代"的风格。

建筑均为单层或两层楼，建筑之间设有开放空间，给人一种随着时间推移自然形成的村落印象。从外部看，独立型生活公寓和需额外照料公寓就像是乡村中常见的二层楼房。

建筑的墙面材料为当地的石材、地砖和灰泥。阶梯式墙壁结合凹槽和突起的设计，有助于将较大的建筑规模削弱成住宅建筑的体量。屋顶瓦片舍弃了石板，采用公认的当地建筑材料。在不同的高度上使用不同颜色和组合的方式也有助于打散整体规模，形成立面的多样性。

汽车停车场在整个社区均有分布，避免了大面积的硬质铺地，并在接近居民住宅前门的地方设置停车位。停车区用地砖材料界定，道路则采用黑色柏油路。这种混合饰面减小了单一建筑材料的面积。相应地，公众的步行道路采用黑色柏油路，而庭院及类似区域的道路采用更为自然亲近的石材铺装。

照料

照料理念

项目运营方的理念是什么？这种理念如何应用到建筑中？

正如印刷材料上所说，圣莫尼卡信托公司提高了750余位居民的独立性、尊严和满足感。圣莫尼卡信托公司的工作基于基督教教义，包括同情他人、为他人服务以及在尊严和尊重的基础上对待他人。无论老年人的信仰如何，机构对所有的老年人提供开放式服务。信托机构定期设定最佳照料实践与扶

图 19-6 需额外照料公寓外观设计得看起来像铁路小屋。
致谢：达米安·尤顿

图 19-7 带顶棚的室内"街"，两侧是需额外型照料公寓。室内街成为活动和休息的社交场所。 致谢：www.zedphoto.com

助老年人工作的标准，并始终为当地机构和有需要的个人提供经济上的支持。

独立型生活公寓和需额外照料公寓的布局，特别是带顶棚的室内街道和易达性高的社区公共设施，均体现了圣莫尼卡信托公司的经营理念。当然，居民经营个人生活，提升自身独立性、尊严和满足感，远超出简单地对砖瓦和砂浆的建造。照料服务既包括家务琐事，又包括协助洗澡穿衣等。每位居民都享有这些服务，一旦他们需要，无论何时都可以为他们提供服务。独立型生活公寓的居民可以把自己的家具搬入公寓，还可以选择他们的房间装饰。此外，居民也可以带上自己的宠物到桑福德车站项目中生活，以增加他们退休生活的"满足感"。

舍伍德住宅为那些需要高品质介助型护理和陪伴的居民提供服务。在开放通风的环境中，提供 24 小时的护理服务。舍伍德住宅区 30 间公寓的每一间都能欣赏到附近山上美妙的景色，让居民至少在视觉上最大限度地享受周围环境。卧室安装有天花板悬吊装置，配套的淋浴浴室设施齐全，可以完全满足介助型护理的要求。每间卧室都配有直通室外的庭院门。

舍伍德住宅的公用厨房和餐厅，为所有居民提供了聚在一起的机会。几个规模较小的休息区和凹形座椅提供了更加亲密的社交空间，从而为居民提供了多种社交模式的选择。

带顶棚的走廊可直接通到草地滚球场，游走其中，可以欣赏毗邻的果园和山丘。居民可以在下雨天坐在外面的走廊里，在得到遮护不被雨淋的同时还可以呼吸新鲜空气并享受优美的景观。

与瑞塞特区一样，舍伍德住宅区也鼓励活动和聚会，包括积极坚持个人护理及定期参与小组讨论、治疗、活动和娱乐等。社区还关注居民的整体健康，解决居民生理上、社会交往上、心理上、情绪上和精神上的问题。

瑞塞特区设计背后的核心驱动力是建立一个在乡村环境中成功运营的针对老年痴呆症的照料机构，它的理念源于澳大利亚西部布莱特沃特照料中心

图 19-8 瑞塞特区家庭内景。两部分空间都可以看到位于远处的厨房区。 致谢：格林·怀特（Green Hat）

（Brightwater Care）的先进护理模式。圣莫尼卡信托公司从澳大利亚聘请了瑞塞特区的第一位经理，经理负责协助在项目中推行其设计与照料理念，并监管项目的全程建设。

瑞塞特区五个家庭中的四个各有 15 位居民，而第五个容纳了 13 位居民。每个家庭都有自己的起居厅、餐厅和厨房区。创新的照料服务与特定的生活环境相结合，目的在于满足老年痴呆症患者，包括那些仍然相当有活力的居民的个人生活需求。每个家庭都用不同品种的苹果来命名：安可（Encore）、迪斯卡沃瑞（Discovery,）、克里斯潘（Crispin）、布拉姆利（Bramley）和阿什迈德（Ashmead），这进一步强化了项目与地域之间的文脉联系。

瑞塞特区的居民可以在不同家庭间自由活动，通过视觉标记、装饰、装置和配饰赋予每家每户独特的标志，以帮助居民辨别他们在哪里以及要去什么地方。

图 19-9　瑞塞特区的厨房是人们熟悉的家庭化式样。橱柜门安装着玻璃，可以让居民看到里面储纳的东西，弥补衰退的记忆力。致谢：达米安·尤顿

瑞塞特区住宅设计的重点是营造轻松的家庭氛围，鼓励居民独立生活。五栋洋房的每一栋都一分为二，分隔出适合七、八人居住的小单元。两个小单元共用一个公共厨房，所有居民都可以帮助准备食物，此外还包括两个餐厅和两个带有壁炉的休息区。开放式厨房区域也可为老年痴呆症患者提供线索提示，而准备食物过程中的声音和气味可以刺激食欲。厨房的易达性也增强了居民的独立性。例如，居民可以自己拿一杯水或一杯茶，而不必向可能在别处忙碌其他事情的员工求助。这为居民提供了一种独立感和实现自我价值的感觉。

家庭中简单明了的视觉提示是室内设计的有机组成部分，帮助居民认知周围的环境并鼓励他们探索其他地方，如邻近的家庭、会所或庭院花园。这些视觉提示帮助记忆衰退的居民识别周围环境，并鼓励他们去探索。颜色、布局、家具、配饰、标志的设计都具有明确的目的性和功能性，帮助居民理解和导向。

在瑞塞特区的卧室内，衣柜有透明的门，便于居民每日选择所穿衣物。每间卧室的传感器控制着浴室的灯，当有人离开床时，灯会打开，而重新回到床上时灯会关闭。在其中一个家庭中还设有额外的设备，以满足非常虚弱或行动不便居民的需求。

项目灵活地安排居民的日常生活，并鼓励居民自主选择和变化日程，使居民有自己的时间安排，自己去决定做什么以及什么时间做。员工鼓励居民进行有目的的活动，如清理、帮助准备晚餐或做园艺等。充分提供了与员工、其他居民、家庭成员和来访者定期交流和参与的机会，这也是家庭设计中一个重要的考虑因素。定期组织适合居民参与的活动，使他们不被分散或孤立。

瑞塞特区的中央俱乐部有一个用于团体聚会或活动的大厅、一个厨房和美发沙龙，它们不仅对瑞塞特区，还对整个桑福德车站项目的居民开放。居民在这里可以进行社交上的、身体上的或精神上的活动。

全日制照料重点关注瑞塞特区每位居民的需求，有几种方式可供其灵活选择。居民可以尽可能独立和充实地自由选择生活方式，如同他们在自己的家中生活一样。朋友和家庭成员还可以随时来拜访，没有严格的访问时间限制。每户家庭都拥有自己的外部前门和前庭，进一步强调了项目的个性化和家庭化特性。

项目为居民提供了安全与自由的环境，提供了无限制的行动机会，使他们可以在各种环境和日常活动中收获满足感。

图 19-10　瑞塞特区家庭之间的空间用于设置图书室。致谢：达米安·尤顿

社区感和归属感

项目设计和实施如何实现这个目标？

桑福德车站本身就是一个社区，圣莫尼卡信托公司力图使所有居民、员工和居民家庭感觉到自己是社区的一部分。位于达利塞特住宅（Darlisette House）的社区公共设施，包括餐厅、休息室、商店、水疗池、健身房、草地滚球绿地、槌球草坪区和园艺区等，对所有居民都开放且可达。

村庄生活的中心设施位于中心位置，火车站是特别重要的地标。从设计的角度来看，有方便轮椅和助力车通行的坡道和地板面层，门很宽大，而推拉起来并不费力。内部空间明亮，通风而不空旷。导向标识清晰易读。

村庄拥有自己的小型公交车，并已投入运行。在无论有没有员工和家庭成员的陪同下，公交车可以运送居民到周边的村庄城镇游玩、购物或进行其他社交活动。

舍伍德住宅和瑞塞特区的居民可能会因为他们身体或认知上的障碍，无法到达中心设施区。但在舍伍德住宅和瑞塞特区的内部和外部都设计了社交和集体活动的公共空间，而且其设计和运营尊重了居民隐私的需求。

居民们有机会参与社交及娱乐活动。项目针对每个居民的技能和愿望设定了个性化的计划，并以此作为促进个人创造力的工具。

瑞塞特区为了帮助居民在活动中发挥作用，维持其正常生活能力并表达其个人特质，每天会在五个家庭中的一家安排一些活动。这里还提供治疗项目，提供激发启发性和创造性的机会。这些活动可以一对一或分组进行。

瑞塞特区也常在会所定期举办社交和娱乐活动，包括唱歌和音乐等。居民的亲戚朋友常会受邀来参加这些活动。

因为许多居民在之前的社区中可能常活跃在教会或宗教活动中，桑福德车站项目中也设立了一支教会关怀团队，用于满足居民对精神、宗教和传教的需求。这对于提升居民的归属感非常重要。

创新

项目运营方如何体现理念上的创新和卓越追求？

项目设计的灵感来源于以澳大利亚西部的布莱特沃特照料项目为代表的创新型老年痴呆症患者计划。为此，圣莫尼卡信托公司的高级职员曾前往澳大利亚考察项目的设计和运作情况，正如前面提到的，公司还从澳大利亚招聘了经理来监管瑞塞特区的建设。

持续性护理退休社区模式（CCRC model, Continuing Care Retirement Community Model）在美国、澳大利亚、新西兰是很常见的，在英国则不太普遍。昂贵的土地价值和严格的规划法规往往使项目的运营受限。在经济方面，独立型生活公寓和需额外照料公寓用于出售或是租契和购买，所得资金可以补贴"低利润"的高依赖性照料公寓和社区中心设施的支出。

建设舍伍德住宅区或是瑞塞特区这种单层房屋更耗费土地，如果作为独立开发项目，其建设与运作都很不经济，但这种交叉补贴可以实现单层房屋的建设。正是基于这些原因，为最大限度地提高土地价值，大多数英国养老院高度采用两层或三层。

如前所述，瑞塞特区设计中最优秀的、最创新的痴呆症照料设计是从其他地方借鉴和发展而来的。

将历史悠久的火车站和博物馆以及更大范围的社区活动引入村庄，改变了将居民限制在社区之内的千篇一律的门禁概念，还可以将居民带出社区，这一措施受到居民的欢迎。

社区一体化

社区参与

项目服务设计是否旨在成功融入当地社区？

桑福德车站项目位于一个小的乡村社区，在乡村社区中这样大规模的项目必须从几个层面上与当地社区融合。

一些需额外照料公寓被指定用作"经济适用房"，租金始终低于房屋租赁市场水平。公寓的具体租户由地方政府的住房或社会服务部门指定人选。英国的城市规划法规规定对于所有超过一定规模的住宅项目，经济适用房的数量必须占有一定的比例。住宅开发类型采用分散布局，经济适用房和市场商品房在面积大小和住宅品质上没有区别。在桑福德车站项目中，这种社会阶层的混居，可以保证社区一体化。

桑福德车站项目对于生活在乡村或半乡村环境下的居民和员工都极具吸引力，因此是当地村民重要的雇主。许多桑福德村庄的员工居住在当地村庄，这也有益于将这个退休村融入更广泛的社区范畴里。

村庄的外观是当地周边农村的乡土风格。外部装饰、高低起伏的屋面坡度、变化的墙线、窗户尺寸和样式都致力于缩减建筑体量，建立更人性化的、人们更为熟悉的乡村环境。

园区内保留了铁路火车站的站台、售票处和候车室，并由当地的铁路遗产保护机构进行了维护和翻新，现已成为博物馆。部分铁轨、车厢、车站设施与建筑本身一起保留下来。退休乡村的居民也参与了这一正在进行的项目。来博物馆参观的游客也有机会体验退休乡村，与这里的居民会面。与历史建筑的结合和园区结构上的设计使游客对该退休乡村的负面设想很快烟消云散。

员工与志愿者

人力资源

是否有适当的政策和设计来吸引优秀员工和志愿者？
圣莫尼卡信托公司在他们的四个村庄和总部共雇用了数目超过 700 名的员工。该公司是国家认可的卓越雇主，为全体员工提供额外的优秀培训和职业发展机会。2007 年，公司凭借着 250 多名员工的优异表现获得了最佳雇主"照料技能荣誉"（Skills for Care Accolades）。

"员工间的平等性和多样性是我们每日工作生活的重要特征。"信托公司以积极的态度竭诚为残障人士服务，尽可能地雇用并保证他们可以在这里工作。

我们从以下几个方面鼓励员工充分发挥潜力：
1. 给新员工提供关于圣莫尼卡信托公司和他们在组织内所担任职务的完整全面的介绍。
2. 员工定期接受监督、协助和年度考核，公司鼓励他们认识到自己需培训和发展的方向，并定期提供课程和学习机会。
3. 学习技能和发展部门，包括经批准的国家职业资格（NVQ，National Vocational Qualification）评估中心，提供全面的内部培训计划。
4. 鼓励通过员工咨询组群、员工通讯及小规模的团队和其他机构，参与机构决策和沟通交流。

信托公司内的实践开发部负责制定培训课程，课程内容涵盖了照料服务的不同方面。多年来，这些课程不断优化。所有员工都必须通过强制培训以符合英国照料标准的要求，同时也鼓励员工自主进行后续的职业发展。

圣莫尼卡信托公司员工的福利包括：
· 颇具吸引力的薪酬和福利；
· 充足的假期；
· 获得培训和资格认证的机会；
· 雇主提供的灵活养老金缴纳计划；
· 免费制服（如需要）；
· 膳食津贴。

环境可持续性

"可持续性"是指项目的整体可行性及环境影响力。现存铁路火车站地区的复兴本身就具有可持续发展的主要特征，因为避免了把这些建筑物夷为平地后再运送建筑垃圾到附近填埋场的过程。本项目中建立和再利用的"棕色地带"区域，远比在未开发的"绿色地带"区域的建设对环境的影响要小。

住在桑福德车站项目的几对夫妇，一方居住在需要痴呆症照料或介护护理的瑞塞特区或舍伍德住宅区，不需要这样护理的另一方则住在需额外照料公寓或独立型生活公寓，项目允许他们仍然生活在一

图 19-11 使用中的草地滚球绿地。
背景是舍伍德住宅和开放的草坪。
致谢：格林·怀特

起，根据他们的需求提供服务。通过这种运作方式，这些夫妇原来生活的住宅将被释放到房屋市场。这种家庭住宅往往面积较大，现在可以为新的家庭提供住房。由于供需关系的存在，在广义上保持了房屋市场的流动性，也是可持续发展的。

到 2016 年，英国政府要求所有新建设住宅项目实现零能耗。建设法规，特别是对能源效率的要求，日趋严格。虽然现在英国还没有制定全国性政策，但可再生能源逐渐成为城镇规划的要求之一。

园区内有一个生物质锅炉厂提供热电混合能源。燃料来自可持续发展能源的木屑颗粒。然而有关设备的日常维护方面还存在一些问题。

所有建筑外部体量的设计都符合甚至超出了现行的建筑法规规定。双层玻璃窗户、高标准的绝热墙壁、地板和屋顶都有助于节约能源。

园区内沿着需额外照料公寓设置的室内街，虽无取暖设施，但可依赖被动采暖和通风系统来加热和冷却空间。玻璃屋顶带来了自然光和太阳能，开启可控通风装置可以使过剩的热量排出并释放。需额外照料公寓内外两侧外墙有不同的热量损耗，其中一面外墙朝向室内街一侧，以期减少热量损耗。

建筑材料应尽可能来源于当地资源，以减少长距离的材料运送成本。开放的绿地系统维持了植物与动物生物种群的多样性。

户外生活

花园景观

花园景观的设计符合照料原则吗？
桑福德车站提供了一些开放和休闲的空间，包括草地滚球草场、可用于种植蔬菜的小块园地以及有步行小路的开放草地。对居民来说外部空间与内部空间同等重要，并使外部空间得到很好的利用。

公共空间和私人庭院都拥有精致的景观和绿化。舍伍德住宅和瑞塞特区的花园在外部空间的设计和维护中均体现出精心的照料及其自豪感。

舍伍德住宅的几个重要节点贯穿主要的景观区，植物和花朵的选择以及日常维护显然是经过深思熟虑的。木尖桩栅栏提供了不突兀但很安全的边界。从花园里可以看到带有步行小路径的草地及更远处的果园和山丘。舍伍德住宅的每间卧室都可以直接通往外部庭院空间，周围景观都经过精心设计，不仅可供观赏，还提供了每户所需的隐私感和安全感。

瑞塞特区的中心位置是具有连接着 7 个不同景观区的环形步道的感官花园，为居民的园艺活动提供场所，还另设有鸟舍。周围的居住建筑将花园围合起来形成中央庭院，俱乐部作为独立建筑位于花园中心。居民能够安全地行走于花园或其他家庭，因为不会直接走到社区以外的空间领域。座椅、花园凉棚、装饰有稻草人的菜地、有顶棚的露台为居民提供了各种活动和选择。精心选择的植物和花卉带来多样性、刺激感和趣味。除了热闹的中央庭院，住宅之间还有包括休息区和种植区在内的更为亲切的花园区域，给居民一个更加私人化的外部空间选择。

项目数据

设计公司

KWL Architects, Newport, Wales

Poplar House

Hazell Drive

Newport South Wales

United Kingdom

面积 / 规模

· 基地面积：50051 平方米（12.37 英亩）
· 总建筑面积：17760 平方米（191160 平方英尺）
· 一室公寓：49.7 平方米（536 平方英尺）
· 两室公寓：56.4~84.5 平方米
　　　　　　（607~910 平方英尺）
· 三室公寓：92.6~122.8 平方米
　　　　　　（997~1322 平方英尺）

停车场

为所有居民提供充足的停车位，分散在社区地上各处。

造价

· 总建筑造价：23800000 英镑（38380804 美元）
· 每平方米造价：1562 英镑（2520 美元）
· 每平方英尺造价：122 英镑（201 美元）
· 居民人均投资：无法统计

居民年龄

最小年龄：60 岁

居民费用组成

桑福德车站项目的房产通过租赁合同购买；要求一次性支付所有权本金，若居民离开或去世可全额退款。项目无须政府支付资金，而是由私人支付。

Chapter 20
A Study of the Brook Coleraine

第 20 章
关于布鲁克·科尔雷恩项目的研究

选择此项目的原因

· 布鲁克项目向社会最弱势的群体提供照料服务。
· 无论一个人的年龄或财务状况如何，此项目都尽最大可能提供照料服务，使人们有被关怀的感觉。
· 布鲁克项目利用基地现存的洋房公寓用于照料服务，并实现了与现有城市肌理的无缝衔接。

项目概况

项目名称：布鲁克·科尔雷恩（The Brook Coleraine）
项目所有人：福德住房协会、护理机构（Care Provider）、北方医疗保健信托基金
地址：
Brookgreen
Brook Street
Coleraine
Co. Londonderry
BT52 1QG
Northern Ireland
United Kingdom
投入使用日期：2005年（第一阶段）；2007年（第二阶段）

图 20-1 布鲁克·科尔雷恩项目的入口。 致谢：波佐尼设计公司

图 20-2 项目位置。 致谢：波佐尼设计公司

布鲁克项目：英国

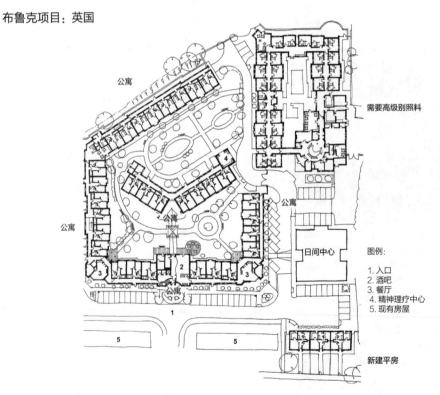

图 20-3 总平面图。 致谢：波佐尼设计公司

社区类型和居民数量

布鲁克项目是一个创新的开发项目，为老年痴呆症患者提供住房，而且没有任何年龄限制。 通过北方医疗保健信托基金 (Northern Health Care Trust)、福德住房协会 (Fold Housing Association) 和北爱尔兰住房执行委员会 (Northern Ireland Housing Executive) 之间的合作，项目建设成为可能。布鲁克项目为 61 位居民提供了一个安全的、有居家氛围而且具有专业护理服务的居住环境。项目设置了 25 间设施完备的卧室，其中有 6 间供需要高依赖性生活照料的居民使用。主楼设有 31 套一居室公寓和 5 套两居室洋房。洋房是为夫妇共同居住设置的，以满足老年痴呆症患者的伴侣既作为护理者，又作为 " 同居者 " 双重身份的需求。面向当地社区开放的成人日间护理中心也坐落于基地内，以期为那些患有老年痴呆症的居民提供日间照料。

项目主要是单层建筑，所有的生活空间都位于一层。公寓和洋房建造精细，力图符合私人住宅的美学逻辑。园区内的公共设施包括咖啡厅、美容 / 美发沙龙和精神理疗中心以及无障碍可达的景观花园和内部景观庭院。

洋房的居民可以自由往来于周边社区，主体建筑内的居民活动则受到更多限制，但更便于利用园区直接提供的公共设施参与各种活动。

通过分配协议，居民与开发商共同支付项目开发费用。分配项目将不会考虑宗教、年龄、文化以及种族的差异，做到一视同仁。

地理概况

本土化设计

此项目是如何与场地相互呼应的？
项目临近科尔雷恩城市中心，但坐落在住宅区内。项目保留了基地以前的几栋洋房公寓，公寓面朝布鲁克街（Brook Street）。行人和车辆都从洋房之间的布鲁克街进入基地。入口处一座两层建筑迎接来访的客人，这里是咖啡馆和主要公共设施所在地。主要建筑的两侧为单层建筑。由于这个设计特点，而且基地内又有落差，因此从街道上来看，项目的大部分体量都不易被发现。

对于这个区域而言，建筑规模是很适合的，尽管建筑体量相当大，但在建筑中营造出了居家的风格和感觉。石头、灰泥及砌砖材料的搭配使用，打破了单调的立面，形成了良好的视觉效果。而且，布鲁克项目采用了现代设计手法对地域性建筑材料加以运用。

照料

照料理念

项目运营方的理念是什么？这种理念如何应用到建筑中？
福德住房协会和北方医疗保健信托基金的核心理念是关心每一位居民的需求和愿望，确保居民拥有对

图 20-4　公寓的典型立面体现了材料的变化。　致谢：波佐尼设计公司

图 20-5 公寓典型的凸窗细部。 致谢：波佐尼设计公司

图 20-6 "记忆之墙"展示着居民的手工艺品。 致谢：波佐尼设计公司

日常生活方式的选择权，保护他们的隐私、尊严与独立。布鲁克项目已经证明实施这些措施后，那些可能患有老年痴呆症，而且在经济社会中处于弱势地位居民的生活会发生非常显著的变化。通过服务传递模式和布鲁克的设计，租户得以保持独立感、对生活方式的选择与控制权。2001 年时，只有45％的老年痴呆症患者知道北方医疗保健信托基金老年痴呆症服务团队。但在北方医疗保健信托基金将办公室搬入布鲁克这座将照料理念融入设计的建筑中后，知道北方医疗保健信托基金这个公司的老年痴呆症患者人数显著增加。

布鲁克项目提供的医疗服务力图满足居民的不同需求，包括他们的好恶。这可以通过为每位居民建立个性化的关怀和协助计划来实现，常常有家庭成员参与其中，并通过一个重要的员工体系进行持续评价。项目采用互动关怀和协助模式，回应各种社区需要，包括提供不同类型的住宿，在综合日间护理中心为照料人员提供日间照料帮助和暂时托管的服务。设计纳入了最新的创新辅助技术，可以让居民拥有隐私和尊严。布鲁克项目为每位居民提供一个属于他们自己的家，并将家具、个人物品和装饰的个性化作为设计重点，积极鼓励居民对自己的家进行装饰和个性创造。此外，居民设计制作的艺术和工艺作品被当作休息室和走廊的装饰品。"记忆之墙"（memory wall）设在入口大堂处，展示着由居民的生活用品和居民及其家人提供的手工艺品组成的纪念品。对于那些有行动能力的居民来说，这里是很好的住所，在这里他们可以和往事进行一场精彩的对话，以唤醒对生活的记忆。

布鲁克项目设有各种生活配套设施，包括咖啡厅、精神理疗中心、居民休息室和活动室，这里允许居民有选择地参与社会化活动或是保持自己的隐私空间。综合体的安保系统使居民能够自由地行走在整个公共区域和家庭之间。

图 20-7　公共咖啡区的背光屏幕。　致谢：波佐尼设计公司

图 20-8　居民装饰的私人用餐空间之一。　致谢：波佐尼设计公司

社区感和归属感

项目设计和实施如何实现这个目标？
布鲁克项目设计有层级化的空间。平面的核心是最为公共的场所，包括可以通往室外空间的咖啡厅、设有台球桌的公共休息室、美容／美发沙龙和洗衣房。咖啡区得到了居民很好的利用，既可以供人们去那里和朋友聊天聚会，又可以供来来往往的人们取回早晨的报纸。这些地方被用作所有居民的会面

地点，其会面形式既可以是约定好的见面，亦可以是简单的偶遇。第二个区域是精神理疗中心，仅次于核心空间，所有居民都可以畅通无阻地到达。想要到达精神理疗中心位置的居民需要步行穿过景观花园，在恶劣天气时也可选择从室内道路通过。精神理疗中心为居民社团或个人提供了更为正式和安静地聚会及做礼拜的区域。

项目提供规模更小、更私密的休息室和用餐区，在每个地点大约可服务 8 位居民。这些休息室供附近居住的居民使用，并允许安排与公共区域不同的个性化活动。居民可以自行装饰其所使用的空间与环境，这使居民们成为一个紧密联系在一起的团体。

连接公寓的走廊设有带休息座椅的"变化"空间，为居民社交活动创造偶遇机会，使他们能够建立新的友谊，或是结识新的邻居。

居民对他们生活的环境，特别是自己的私人空间，感到非常自豪。每位居民都可以自带家具和个人物品到布鲁克社区来，这自然而然地给居民创造了强烈的身份认同感和领域感。多层次的空间使居民与邻居之间形成更亲密的关系，同时居民也可以自主选择同更广泛的社区建立联系。

创新

项目运营方如何体现理念上的创新和卓越追求？
福德住房协会和北方医疗保健信托基金利用它们的合作伙伴关系，为老年痴呆症患者提供全方位的服务。无论老年人是否有支付服务的能力，他们都努力想办法使老年人获得应有的照顾。这种理念的实现是通过在项目中整合服务，提供系列化护理服务，包括设立北方医疗保健信托基金办事处和日托中心，并尽可能地让当地社区也能享受到护理服务。

布鲁克项目最新的发明是一个名为"大脑公交车"（brain bus）的创意，它是一种可移动的医疗设施，为社区中的老年痴呆症患者带来了最新的技术帮助。该项技术通过轻度锻炼和脑力挑战来刺激身体和心理，鼓励他们进行自我管理。提供的技术包括：
·拼图、知识问答和游戏；
·往日的音乐、照片和视频；
·骑自行车、驾驶和飞行模拟；

· 通过网络视频进行人际互动。

社区一体化

社区参与

项目和服务设计是否旨在成功融入当地社区？
通过日间护理中心提供的服务和现场活动的互动协作，布鲁克项目与更广泛的社区保持联络。互动协作项目包括布鲁克项目的居民参与当地社区的活动，如下午茶舞会。还有，邀请当地的学校和音乐团体来布鲁克社区为居民举办娱乐活动。员工和老年痴呆症患者家属定期举行会议，阿尔茨海默症知识宣传工作者向居民和家庭成员提供建议和帮助。

员工与志愿者

人力资源

是否有适当的政策和设计来吸引优秀员工和志愿者？

在北方医疗保健信托基金出版的刊物上发布了员工招聘的广告。员工较低的离职率归结于恰当的培训项目和绩效评估。员工都有自己的卫生间和可以过夜的休息空间。北方医疗保健信托基金的项目采用辅助技术使员工能够更为灵活地提供护理服务，并在需要立即采取行动的情况下保持警觉。项目通过增强员工控制与预测突发情况的能力，降低了员工的工作压力。

· 每位居民每天接受的直接护理时间：未知。

环境可持续性

替代能源

无

节约用水

为了减少水的消耗，安装了废水再利用水箱，并通过雨水收集系统来储水。

图20-9　较大的灯笼式天窗将光线引入内部空间。　致谢：波佐尼设计公司

节约能源

为了降低运营成本并满足生态家园标准，项目采用钻孔地热为交通空间采暖。而这个系统当前在维护上出现了一些问题。围绕走廊大面积使用自然采光非常成功，可以减少白天对电力照明的需求。设计中采用的自然光池提升了走廊环境的品质，成为了走廊这个偶遇空间的焦点。

户外生活

花园景观

花园景观的设计符合照料原则吗？
花园区域是布鲁克项目最成功的设计之一。沿着倾斜坡地设计的建筑立面，创造出颇有趣味的背景。建筑物的布局形成各式各样的外部空间。沿着通往花园的路径两边设计了休息区。环路设计使居民可以围着花园散步，或是去往精神理疗中心或咖啡厅。周围建筑强烈的视觉线索强调了导示系统。建筑凸窗及立面材料如涂料、砖和石头的变化为居民提供了景观上的额外导向线索。老式路灯、溪流、软硬景观都增加了居民宜人的花园体验。

建筑物的朝向充分利用了光线和日照，但有些区域也被设计成遮阴和带顶棚的形式，以适应不同居民的喜好。种植区增加了居民与附近花园接触的机会。设计沿袭了私家花园开放式草坪和花坛的形式。所有的卧室无一例外地被设计成朝向景观花园。需要高依赖性照料服务的居民家庭可以通往景观庭院，庭院为他们提供了一个放松的、可替代室内空间的环境。

图 20-10　步行路线上的空间节点。　致谢：波佐尼设计公司

图 20-11　咖啡馆的户外座椅区域。　致谢：波佐尼设计公司

项目数据

设计公司

ASI Architects, Ltd.

2–4 Shipquay Place

Londonderry

BT48 7ER

United Kingdom

http://www.asi-architects.com/

面积 / 规模

· 基地面积：56800 平方米（611390 平方英尺）

· 建筑占地面积：17308 平方米
　　　　　　　（186301 平方英尺）

· 总建筑面积：16176 平方米（174117 平方英尺）

· 公寓面积：44.8 平方米（482 平方英尺）

· 洋房面积：64 平方米（689 平方英尺）

· 卧室面积：18.8 平方米（202 平方英尺）

停车场

为居民、员工和来访者提供 20 个地面停车位。

造价

· 总建筑造价（第一阶段）：2300000 英镑
　　　　　　　　　　　　　（3712868.7 美元）

· 总建筑造价（第二阶段）：3501481.24 英镑
　　　　　　　　　　　　　（5727916 美元）

· 总建筑造价：5801481 英镑（9440785 美元）

· 每平方米造价：358.65 英镑（579.445 美元）

· 每平方英尺造价：32.95 英镑（54 美元）

居民年龄

年龄范围在 50~90 岁

居民费用组成

资金来源包括住房福利和赞助人提供的启动成本及资金。这使得那些不符合社区照护补助金条件的社会弱势人群仍可以参与这个项目。

第七部分
Part VII

美国项目
United States Schemes

Chapter 21
A Study of Leonard Florence
Center for Living

第21章
关于伦纳德·佛洛伦斯中心的研究

选择此项目的原因

· 此项目是一个在城市背景下的多重家庭式护理项目。

· 此项目是第一个将绿屋概念®（The Green House®）应用于城市环境中的项目。

· 此项目在家庭式护理院中采用了当代设计配色。

· 此项目在整个园区内将社区空间整合到一个小型持续照料园区中。

· 此项目采用一个家庭式照料建筑满足了多种居民的照料需求。

项目概况

项目名称：伦纳德·佛洛伦斯中心（Leonard Florence Center for Living）

项目所有人：切尔西犹太人护理院（Chelsea Jewish Nursing Home）

地址：

165 Captain's Row

Chelsea, Massachusetts

United States

投入使用日期：2010年

图 21-1 伦纳德·佛洛伦斯中心将绿屋概念®应用于城市环境中。 图片摄影：罗伯特·本森（Robert Benson）

图 21-2 项目位置。 致谢：波佐尼设计公司

伦纳德·佛洛伦斯中心项目：美国

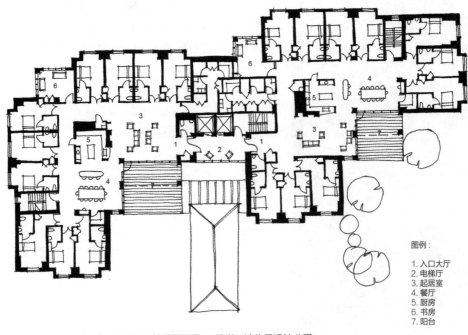

图例：

1. 入口大厅
2. 电梯厅
3. 起居室
4. 餐厅
5. 厨房
6. 书房
7. 阳台

图 21-3 楼层平面图。 致谢：波佐尼设计公司

社区类型和居民数量

马萨诸塞州的切尔西市（Chelsea）是位于波士顿北部的一个经济不景气的城市区域。作为一个保障型社区，以城市公寓为原型建造的伦纳德·佛洛伦斯中心应运而生。佛洛伦斯中心致力于为100位居民提供专业的介护型护理，它所处的环境与传统的护理院及周边社区有诸多不同。其他绿屋主要建造在人口较少的地区。由于此项目是美国第一个建造城市环境中的"绿屋"社区，因而采用了区别于普通绿屋的独特设计。

绿屋®概念起源于21世纪初期，是把护理院设计与照料项目的制定融为一体的设计理念。这个项目起初的设计构想是把小型的独立护理家庭以单层"家庭"的形式集合成美国化的邻里社区，人们已经利用这种形式复制了许多美国家庭农场。这种建造模式已经扩展到全美，同时它也加强了人们对小型家庭专人介护护理模式的关注。这种设计概念要求将每个家庭的居民数量限制在10人以下，为配置员工和员工培训提供指导方针，同时还有一些其他方面的要求，只有满足以上的要求才能获得"绿屋®"这个称号。佛洛伦斯中心将这一概念融入城市邻里社区中，并运用了与地域环境相符的多层建筑结构形式。

佛洛伦斯中心设计中的绿屋®概念遵循直观的家庭类型概念，在限定的家庭中，实现了从公共空间到私密空间的过渡。每个家庭设置有独特的入口、社交和公共空间以及带有壁炉的生活起居空间，同时拥有独特的私人空间和卧室。佛洛伦斯中心在五层楼的每一层分别设置两个家庭，在建筑首层设置社区社交空间和行政管理空间。每层的两个家庭被护理院中必要的功能用房分割开来。

相较于其他采用绿屋®概念的典型建筑，佛洛伦斯中心对这一概念进行了更加现代的表达。考虑到这个建筑的体量，针对这种商标化概念的诠释不仅重现了单一家庭的美国式住宅，同时也更像一个融于城市的公寓建筑。这可能会引起人们的质疑，因为这个建筑并不是绿屋®概念本来鼓吹的独立家庭，打破了这一理念原本的信条。然而，当我们跳出这些有关护理和建成环境的限制原则来审视它的时候，作为一个纯粹的护理院建筑，设计是成功的。

由切尔西犹太人护理院基金会（Chelsea Jewish Nursing Home Foundation）修建的伦纳德·佛洛伦斯中心是位于爱德迈尔山（Admirals Hill）上的老年人护理园区中的最后一项护理设施。这一护理设施除了为100位居民提供服务外，还提供69套价格适中的辅助性生活公寓和符合专业老年护理要求的36套单室小公寓。这个中心旨在服务那些主要来自当地犹太人社区、具有不同经济背景的体弱多病的老年人。除此之外，佛洛伦斯中心还为30~40岁之间的肌萎缩性脊髓侧索硬化症（ALS, amyotrophic lateral sclerosis）的年轻患者、40~60岁的多发性硬化症患者以及老年帕金森症患者提供短期的康复服务。

地理概况

本土化设计

此项目是如何与场地相互呼应的？
佛洛伦斯中心是这个园区中的第三个建筑，无论对于整个园区，还是社区周围的建筑来说，它的尺度都是一个很好的补充。比起周围的建筑，它在建筑设计和建筑材料的选择上都更具现代感，但在审美认同上，它仍保持着异于商业建筑的居住建筑特征。通过衔接和材料的使用，建筑体量被划分为更小的、更易于接受的部分。周边社区主要由体量相似的公寓楼组成，所以这个项目即便位于社区地形的最高点上，也没有过度地突出自己。

照料

照料理念

项目运营方的理念是什么？这种理念如何应用到建筑中？

绿屋®概念是一种提供特定环境并在这个环境中为人们提供照料服务的理念。它的目的就是尽最大可能为人们提供一个"家庭式"的环境和照料服务项目。因此，从事照料工作的员工必须是"通用"员工（"universal" staff），他们可以完成家庭运作的所有事务。这些工作包括准备和提供餐饮及提供介护型护理。药物由注册护士来分配，负责卫生的家政人员完成必要的清理工作。每个家庭白天配备两个，夜间配备一个通用型护理人员。注册护士根据倒班需要，服务两个或两个以上的家庭。一些专业人士，例如理疗师、社会服务人员或医生仅在需要的时候过来。

这种人员安排模式有时会受到挑战。由于护理中心鼓励居民在日常生活中遵循个性化的日常起居时间，因此，为满足居民的需求，员工经常要同时完成多项服务。但无论怎样，每个员工都只需照顾10位居民，他们会把事情安排得井井有条，而且会很快地被居民接受为家庭成员。

精心的家居设计不仅迎合了这种护理模式，而且也遵循绿屋®的概念。为数不多的居民与为数不多的员工相结合，使居民可以选择是否参与、何时参与到这个包括居民和员工的"家庭"活动中，同时他们还可以保有在家庭中的隐私，以避免噪声干扰和员工进入。

当居民的家人或者朋友来访时，他们可以离开自己的家庭来到一层会见访客。这里有一个烘焙咖啡馆、一个熟食店和一个礼拜空间。另外，一层还有一个设施齐全的温泉，在那里居民们可以享受按摩理疗、漩涡水浴，也可以单单理个发。

社区感和归属感

项目设计和实施如何实现这个目标？

伦纳德·佛洛伦斯中心是切尔西园区中建成的第三个建筑，也是最后一个建筑。这个建筑不仅完善了土地利用，而且实现了持续护理的简明集约化。每个建筑之间彼此相邻，位于佛洛伦斯中心一层的公

图 21-4　居民的每个房间都配备有独立卫浴。　图片摄影：罗伯特·本森

共服务设施面向园区全体居民开放，也对周边社区中有兴趣前往这个园区的任何人开放。

佛洛伦斯中心在建筑布局和审美上都是独一无二的，其建材在选择上协调并补充了园区内的其他建筑。此外，建筑布局创造出的户外空间不仅成为了社区的一部分，更为居民的社交活动提供了场所。佛洛伦斯中心一层的礼拜空间意图使全体园区居民提高犹太教修养，同时，无论居民的宗教信仰如何，都鼓励他们在机构中进行宗教活动。

图 21-5　一层供居民和访客使用的烘焙咖啡馆。　图片摄影：罗伯特·本森

图 21-6　一层的社交空间中有一个供居民和访客使用的图书馆。　图片摄影：罗伯特·本森

创新

项目运营方如何体现理念上的创新和卓越追求？

切尔西犹太护理院不仅是佛洛伦斯中心的业主，还是波士顿切尔西地区一家传统介护服务的提供商，切尔西犹太护理院摒弃了传统的长期照料方式，并提供遵循绿屋®概念的照料模式。虽然这种设计方法并非首次采用，但是他们是第一次将这种设计方法运用在服务大量居民的城市环境中。他们确信，这种照料模式将会提高居民的私密感和尊严感，也会提高居民的独立性和照料质量。佛洛伦斯中心进行了一次大规模投资，以此来显示他们对客户的承诺，而不考虑居民捐助照料费用的能力。

但是运用绿屋®照料项目并与建筑环境联系在一起的，不一定是创新，因为这种设计方法以前已经有过成功的先例。但是在特定的家庭环境中使用这种照料模式，而且可以满足如此多居民的特殊需求，却是独一无二的。可能有人会说，设计者这样去做很有勇气。将这些不同人群混合在一个社区中，并且分享共同的社交空间，乍看有点不符合常理但却又源自常理。不符合常理是因为针对不同需求居民需要的照料方法没有固定的标准，这往往会导致财政危机。源自常理是因为我们所有人居住的社区都是像这里一样由不同社会群体组成，所以佛洛伦斯中心的社区感就显得更加自然。

社区一体化

社区参与

项目和服务设计是否旨在成功融入当地社区？

人们可能会认为波士顿的切尔西地区是一个由既有的经济适用房、少量商业和轻工业开发区混合而成的"蓝领"区域。佛洛伦斯中心园区坐落于一片小的土地上，东侧有明确的边界，北侧是单层的工业建筑，西和南两侧是新兴的多层住宅区。这些住宅项目的开发，包括佛洛伦斯中心园区，都是土地开发的实例，同时也可能是人们关注这一区域经济发展而推动切尔西城市结构中产化的表现。

图 21-7 每个家庭的厨房均允许居民参与餐饮的准备和服务。 图片摄影：罗伯特·本森

在周围的开发区域有很多居民，邻近社区又混合了各种收入和年龄的人群，看起来，这增加了社区内部之间相互联系的机会。但这些地区还有待进一步发展，因此这个机会还大有潜力可挖。无论如何，在这个改进后的持续照料园区，同时也是由居民的家人和朋友组成的拓展社区内，佛洛伦斯中心的加入为社区一体化提供了内部与外部的空间。通过适当的方式使行政管理人员、员工或居民去接触周围的建筑，这些空间能够使建筑的潜力得到开发。

员工与志愿者

人力资源

是否有适当的政策和设计来吸引优秀员工和志愿者？员工根据居民的选择和意向，有权制定一个民主的框架来经营家庭。他们制定菜谱，在必要的时候提供药物治疗，并且承担家庭的卫生清洁任务。他们也负责居民之间的协调工作，并持有让居民适当参与活动的决定权。

佛洛伦斯中心一共拥有 70 名"通用"员工、20 名护士、10 名临床支持团队成员，如身体和语言治疗师。全部服务设施中还包括被称作"哲人"（sage）的员工，他会为居民和家庭成员提供满足高生活质量需求的建议。这意味着，每天要为居民提供大概 8 小时的照料时间，这在一个家庭里，是相当高的数字，也体现出他们对居民给予很大的关注。除了直接的护理员工以外，还有 13 名行政管理人员、5 个额外的家政人员和 2 个维修人员。没有员工直接参与餐饮服务，因为这些任务由家庭管理师来承担。

· 每位居民每天接受的直接照料时间：4 小时。

图 21-8　普通职员在临近每个家庭餐厅的地方有一个不引人注目的小型办公空间。图片摄影：罗伯特·本森

图 21-9　家庭的壁炉房间为居民提供了家庭聚会和社交空间。
图片摄影：罗伯特·本森

环境可持续性

替代能源

在这个项目中没有使用替代能源。

节约用水

由于政府法规的强制规定，在项目施工过程中采用了节水装置。

节约能源

佛洛伦斯中心位于一个城市公共汽车站对面，从而能够使居民在需要的时候更方便地使用公共交通，但更为重要的是，它使员工能够更方便地到达工作地点。高效的机械系统，包括热回收装置和节能照明在建筑设计中都有采用。建筑还使用了具有良好绝缘性能的外部立面和高性能的外窗系统。大面积的窗户使家庭的社交空间和居民房间可以享受到充足的日照而且没有眩光之扰，这大大降低了居民对日间人工照明的需求。

户外生活

花园景观

花园景观的设计符合照料原则吗？

绿屋®的概念促进了家庭与自然和外部空间的联系，可以使充足的自然光进入家庭社交空间。这对于一个坐落在城郊的独立单层建筑可能轻而易举就能做到，但对于一个坐落于城市环境中的建筑就要更困难。但是，佛洛伦斯中心为每个家庭设计了与客厅相连的尺度适宜的私密阳台。居民在客厅或者餐厅就可以轻而易举地通过巨大的窗户看到阳台，这也加强了室内与室外空间的视觉联系。尽管建筑坐落在一个用地非常紧张的地段，而且同园区内的另外两座建筑共享这一区域，但是设计者还是在毗邻首层烘焙咖啡厅的地方设置了一个通过社交空间就可以到达的"宁静的花园露台"。这个室外"客厅"在佛洛伦斯中心和周围的园区建筑间有明显的分隔。园区内的居民和周边社区的人们都可以使用这一"客厅"，它有着构思精巧的高度变化，同时也是一个额外的社交空间。

图 21-10　每个家庭都拥有自己的室外阳台，居民在那里可以欣赏户外景观。　图片摄影：罗伯特·本森

项目数据

设计公司

DiMella Shaffer
281 Congress Street
Boston, MA 02210
United States
www.dimellashaffer.com

面积 / 规模

· 基地面积：7689 平方米
　　　　（82764 平方英尺，1.9 英亩）
· 建筑占地面积：1356.38 平方米
　　　　（14600 平方英尺）
· 总建筑面积：8732.89 平方米（94000 平方英尺）
· 居民人均面积：87.33 平方米（940 平方英尺）

停车场

在该建筑周围有四个地上停车位，但在园区的其他

建筑周围还有许多机动车停车位。

造价（2010 年）

· 总建筑造价：23000000 美元
· 每平方米造价：2634 美元
· 每平方英尺造价：244 美元
· 居民人均投资：230000 美元

居民年龄

老年居民的平均年龄：86 岁

居民费用组成

马萨诸塞州健康和医疗补助计划（Massachusetts Health and Medicaid）、短期医疗保险、私人护理、长期照料保险、年轻人群的私人保险。

Chapter 22
A Study of the Skilled Nursing Component at Foulkeways at Gwynedd

第22章
关于格温内思县福克威兹项目专业照料部分的研究

选择此项目的原因

• 福克威兹项目将一种独特的方法运用于护理项目设施的设计与照料规划。

• 对于家庭式护理设计来说，该建筑的内部布局是一种创新的方法。

• 此项目完全模糊了持续照料退休园区中不同照料级别之间的界限。

• 此项目中对细节的关注强化了分散式的照护模式。

项目概况

项目名称：格温内思县福克威兹项目（Foulkeways at Gwynedd）

项目所有人：格温内思县福克威兹项目，以信仰为基础的非营利性机构

地址：

120 Meetinghouse Road

Gwynedd, PA 19436

United States

投入使用日期：2001年

图22-1 每个家庭都有一个开放的起居室，护士在后台工作。
致谢：RLPS建筑事务所（RLPS Architects）/图片摄影：拉里·勒菲弗（Larry Lefever）

图 22-2　项目位置。　致谢：波佐尼设计公司

格温内思县福克威兹项目：美国

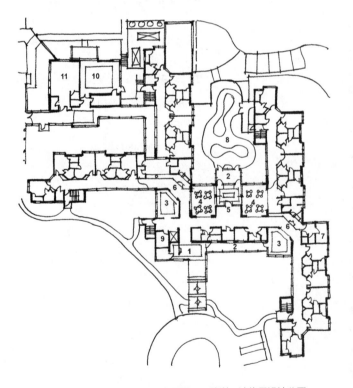

图例：
1. 门厅
2. 走廊
3. 起居室
4. 餐厅
5. 厨房
6. 护理站
7. 浴室
8. 安全庭院
9. 行政用房
10. 活动室
11. 物理治疗室

图 22-3　一层平面图。　致谢：波佐尼设计公司

社区类型和居民数量

福克威兹项目是格温内思县内的一个持续照料退休社区，该社区成立于1967年，坐落于宾夕法尼亚州南部的费城郊区，这里树木茂盛。原来的社区中只有依照传统的医疗模式设计的护理房间，多年来为了给客户提供卓越的服务，最终决定添加介助型生活公寓并新建40个介护型生活公寓。这种设计模式使介护型生活公寓与自理型生活公寓、介助式生活公寓无缝对接，以此唤起居民关于贵格教传统的社区生活回忆。

20世纪90年代后期，福克威兹项目开始考虑在持续照料退休社区的护理模式中运用一种创新的方

格温内思县福克威兹项目：美国

典型专业型照料私人房间

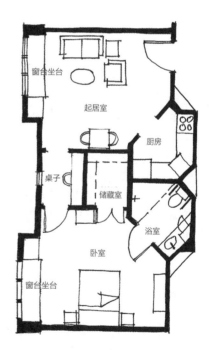

专业型到介助型的转换

公寓单元平面

图22-4 居民房间可以存储所有必备的医疗用品，同时也可以转换为套间。　致谢：波佐尼设计公司

法，他们还为此成立了由来自非营利性机构的管委会、社区内的员工和居民组成的"未来照料委员会"（future care committee）。他们就很多问题开展了长达五年的讨论，这些问题包括探究理想的护理环境以及相应的在建筑建成后如何开展照料的问题，讨论最终决定对现有的照料模式进行重组并对园区内的护理结构展开重新设计。最终，设计于 2001 年完成，包括一个两层的建筑，每一层含有两个家庭，可以容纳 10 位居民。同时，每个家庭被进一步划分为 5 个位于走廊一侧的私人房间。走廊的另一侧面对着一片广阔的草坪，具有良好的室外景观。

每个家庭都拥有自己的起居室，但是每一对家庭共享一个餐厅和厨房，从餐厅和厨房便可进入各自的起居室。建筑平面布局力图减少居民在各个家庭内部及家庭之间活动时的障碍。无论从建筑的平面设计，还是内部装修的选择来看，这座建筑都是十分宜居的。每个家庭中没有明显的服务台和员工，只是在靠近餐厅和起居室的地方设置一张桌子，这种桌子就像我们家中随处可见的桌子那样，是所有家具中的一部分。

私人的居室面积相当大，每一个居室都带有卫生间和一个大大的外窗。由于采用分散储藏护理用品和药物的方法，每个居室都设有一个大的衣帽间供居民存储特殊物品，浴室中设有一个药物橱柜来储藏居民日常必需的药物。运用这种方法，利用沿走廊设置的五个储藏间，医护人员完全摆脱了在其他护理院中用手推车服务的常规做法。

地理概况

本土化设计

此项目是如何与场地相互呼应的？
福克威兹项目的设计遵循了贵格教的传统，即简单的形式与装饰材料。尽管园区中那些建于 20 世纪 60 年代中后期的原有建筑有些过时，但新的建筑和与其连接的介助型生活公寓，并没有使用压倒一切的强势建筑语汇，而是补充并加强了园区的整体性。事实上，建筑以朴实简单的风格取胜，并以此表达出居住建筑的特性。

这个两层建筑规模不大，在外观上也不像一个机构，与其说它像一个专业护理设施，不如说它更像一个大型的家。尽管建筑规模十分大，但设计师通过运用一些住宅中常见的元素，例如：门廊、不同形式的屋顶、石烟囱、护墙板和简单的木制室外细部构造等，将建筑体量降低为住宅的尺度。

在未来的几年，该园区将重新定位，因此建筑设计的主题确定为"园区的未来"。这个主题很好地呼应了贵格教的教义基础以及住宅尺度建筑的性格。它还提供了一个设计样板，这一样板模糊了介护、介助和独立型生活之间的界限。这也是"未来照料委员会"的设计目标，即通过持续照料来提供更多的一致性服务。

这个设计理念贯穿于建筑内部空间。建筑布局以及在单面走廊中面向室外的大窗户设计，与带有双面走廊的传统现代医护型护理院建筑有所不同。这种布局让人更多地联想到公寓甚至酒店的空间结构。而且，设计中进一步运用了私人住宅元素，例如：居民房间入口的门、木制墙体镶板和木质装饰的对比、假窗户，还有在私人住宅建筑中使用的颜色。

图 22-5 建筑外部通过材料选用和外观形式反映着贵格教的特点。 致谢：杰弗瑞·安德松（Jeffrey Anderzhon）

图 22-6 通过单侧走廊为居民住房提供服务。 致谢：杰弗瑞·安德松

照料

照料理念

项目运营方的理念是什么？这种理念如何应用到建筑中？

随着护理院和邻近社区中心的建设，福克威兹项目使"居民生活优先于员工工作便利"的照料理念完美地呈现出来。这在很多设计细节上可以看出来：

大到非机构性质的建筑体块设计、材料的选择，小到护士站和家庭气氛完美结合的询问台。而且这种设计理念可以在未来发展中运用到其他方面。

照料运用了完全彻底的分散方法。居民药物供给不是通过药物推车来送达。每一个家庭在卫生间都设置了一个内橱来储藏日常必备的药物。另外，家庭中还设置一个衣帽间，用于存储一定时期内使用的药物并且方便进行补充。这样，每位居民在自己的私人领域内，保留了个人尊严以及使用这些材料和药物的隐私。而且，宽敞的浴室可以充分满足居民个人的卫生需求。这个设计在增加居民的自我价值和尊严感方面迈出了很大的一步。

在福克威兹项目设计中，设计者采取了诸多手段来减少家庭生活区中任何形式的手推式护理方式。货物主要由中心商店配送至每个家庭的后部区域，这些货物的运送是通过只供员工内部使用的一系列地下室运送走道来完成的。然后由服务电梯运送到

图22-7　居住家庭中储备着大量医疗用品的浴室空间。　致谢：杰弗瑞·安德松

图22-8　所有的货物都存放在一层的走廊中以减少居民的焦虑。　致谢：杰弗瑞·安德松

居住层，这样的输送方式就变成了隐蔽式的，而且也不会影响到家庭的日常生活。

福克威兹项目的员工认识到了这种私密性的价值，

并且努力去维持它。他们也意识到每个员工都有自己的优势，每个人都有特定的任务，这样会打乱居民的日常生活。员工们已经能够充分接受修改后的通用员工概念，并把其视作照料理念的一部分。而且管理者也会支持他们将这一理念付诸于日常工作当中，有益于居民。

社区感和归属感

项目设计和实施如何实现这个目标？

福克威兹项目的护理设施是被当作一个大型社区中心的扩建工程来设计的，它将护理建筑与已有的园区建筑连接起来。这个社区中心包括：为所有园区居民准备的活动空间、临时艺术展示场所、一定数量的休闲餐厅、理疗室，还有最重要的为来自不同居住家庭的居民提供的园区社交空间。设计师特意把这个社区中心设计并定位为一个在照料级别和走动能力上没有歧视的场所。这个设计全面遵循了园区的设计理念：使居民无论在生理上还是心理上都能打破障碍，从而实现从独立型生活到介护型照料服务之间的持续照料。

从福克威兹项目护理楼到社区中心只有一小段步行距离，而且当这个建筑建成之后，漫步其中，会让人觉得好像在同一座楼内走动。但是身处这座建筑之中的时候，仍会有一种身处社区的感觉，并能感受到社区内的亲密关系。居住家庭的独特类型在布局中十分明显。不论怎样，这个平面显得十分具有开放感和容纳感，特别是在对周边的建筑外观的多重视角上。这些设计手段为那些老年痴呆症患者提供了微妙但是有效的方向和方法去寻找区域暗示，他们可以通过这些设计感受到与室外的持续视觉联系和这个地区戏剧性的季节变化。另外，社区中心建筑也是从护理楼向室外眺望时的视觉背景，它通过提示观察者这里是额外的社交活动场所，从而使观察者加强了社区感。

创新

项目运营方如何体现理念上的创新和卓越追求？

从设计和施工伊始，福克威兹项目就秉承着创新的护理理念。"未来照料委员会"的形成过程是一个独特的创新方法，它是自下而上的，而不是由上级行政人员决定的。这种方法将居民的需求放在第一

图22-9 克威兹社区中心与护理家庭毗邻，以方便居民访问。
致谢：杰弗瑞·安德松

位，人事和财务方面的考虑必须置于居民的需求之后。它还从提供完整的持续护理服务和审美两个角度上实现了整个园区的一致性。由于采用了这种理念并在建造中成功地实施，福克威兹项目的居民虽然地处园区的边缘位置，但仍能保持对园区的归属感。更值得称赞的是，这种创新的方法最终得以全面实施，而且并没有被那些企图通过降低建设成本来降低造价或增加每个护理家庭服务人数的思想所左右。

社区一体化

社区参与

项目和服务设计是否旨在成功融入当地社区？
格温内思县福克威兹项目是一个大规模完整的高级持续照料退休园区，这个园区拥有大量的居民，这些居民居住在自理型生活公寓中。健康照料中心为居民及其配偶在健康状况恶化时提供全面的便利和健康保障。因此，它是一个健全的社区，它的设施符合甚至超过任何其他的退休老年人关怀社区。另外，福克威兹项目坐落在靠近大都市费城的低密度郊区。因此，有很多不同档次的社区可供居民选择，同时这些社区对居民来说都是能很方便到达的。

社区中心旁边护理楼的设计秉承着使其居民不与园区分离的理念，事实上，这个建设地点优化了全部园区的社区体验，尤其对这里的居民来说非常方便。这个社区中心为园区的社交互动提供了很多机会，而且也十分欢迎周边社区的成员来参加社区中心的活动。例如当人们对展览的内容产生浓厚兴趣时，人们就会打破园区的界限欢迎周边社区的人员来参观。福克威兹项目是社区中一个建设完善的组成部分，由于它超越了只为园区居民服务的简单理念，从而在社区中一直保持着特有的地位。

员工与志愿者

人力资源

是否有适当的政策和设计来吸引优秀员工和志愿者？
福克威兹项目的管理者一直致力于雇用最佳的员工。基于其员工结构和独特的护理方法，该机构的员工始终是行业内的优秀代表。该机构鼓励护理人员并给予他们权利去解决居民中出现的问题，而不是将这些问题经由上级管理层解决。机构赋予他们权利去向居民提供高质量的护理服务，同时尽量减少对居民生活的打扰。这项建筑设计提供了一个实践照料方法的工作场所，这是此项目构思过程的直接结果。

·每位居民每天接受的直接照料时间：5.2小时。

环境可持续性

替代能源

福克威兹项目的设计中没有使用替代能源。

节约用水

该机构遵守既定的地方和国家法规，在施工过程中节约用水，大楼设计采用了节水装置。

节约能源

福克威兹项目采用了节能设计。节能措施中包括采用适合当地气候特征的隔热保温材料以及高能效的机械和厨房用具。

户外生活

花园景观

花园景观的设计符合照料原则吗？

无论从视觉可达性还是社交互动的角度，福克威兹社区的花园景观都能营造出居民的家庭和社区感。项目虽然是两层建筑，但处在两个楼层的家庭公共空间、走廊和居民家庭有着完整的视觉联系。在平面布局中，家庭的两翼围合出一个花园空间，而且可以从建筑一层家庭的门廊、公用厨房和用餐区轻松地到达花园区域。这个安全的花园区域内采用硬质铺装小路，景观优美。建筑两翼其余的家庭也有温馨的花园区，虽然居民不能直接到达，但是在视觉上完全可见，而且这些袖珍花园（"pocket"garden）为居民从房间、客厅、开放区以及建筑每层的单面走廊向外眺望时，提供了多种不同的精彩视角。

图 22-10　外部花园为散步的居民提供了安全的休息区域。
致谢：杰弗瑞·安德松

244

项目数据

设计公司

Reese, Lower, Patrick & Scott, Ltd.

1910 Harrington Dr.

Lancaster, PA 17601

United States

www.rlps.com

面积 / 规模

·基地面积：12140.57 平方米（130680 平方英尺；3 英亩；是一个 105 英亩的持续照料社区的一部分）

·建筑占地面积：2425.79 平方米
（26111 平方英尺）

·总建筑面积：4851.68 平方米（52223 平方英尺）

·居民人均面积：121.33 平方米（1306 平方英尺）

停车场

园区内地上停车位总共有 62 个，其中 38 个员工停车位，24 个来宾停车位。

造价（2008 年）

·总建筑造价：10730072 美元

·每平方米造价：2212 美元

·每平方英尺造价：206 美元

·居民人均投资：268252 美元

居民年龄

平均年龄：88 岁

居民费用组成

福克威兹护理机构致力于为持续照料退休社区中需要介护型护理的居民提供服务。因此，主要的资金来源于个体私营基金或由个人所有的长期照料保险支付的款项。

Chapter 23
A Study of Deupree Cottages

第 23 章
关于杜普利别墅项目的研究

选择此项目的原因

- 此项目是一所家庭式护理院，被设计为多个重复的独立住宅家庭。
- 此项目所采用的照料方法是由该机构先前那种以员工为中心的照料方法转化而来的。
- 此项目开拓了有限的基地但未完全利用，这为机构的扩展留有余地。

项目概况

项目名称：杜普利别墅（Deupree Cottages）
项目所有人：艾匹斯科珀养老院（Episcopal Retirement Homes），非营利性机构
地址：

3999 Erie Avenue

Cincinnati, OH 45208

United States

投入使用日期：2009年

图 23-1 杜普利别墅，设计为连体式的独栋别墅。 致谢：汤姆·尤伯曼（Tom Uhlman）/www.tomuphoto.com

图23-2 项目位置。 致谢：波佐尼设计公司

杜普利别墅项目：美国

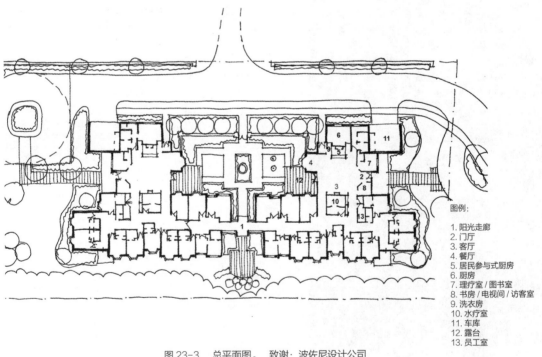

图例：

1. 阳光走廊
2. 门厅
3. 客厅
4. 餐厅
5. 居民参与式厨房
6. 厨房
7. 理疗室 / 图书室
8. 书房 / 电视间 / 访客室
9. 洗衣房
10. 水疗室
11. 车库
12. 露台
13. 员工室

图23-3 总平面图。 致谢：波佐尼设计公司

社区类型和居民数量

杜普利别墅是两个分离的单层建筑，是一个更大的持续照料退休社区的一部分，该社区正力图重新进行自我调整。他们为居民提出了以人为本的新型护理方法以及承载这种方法的独特建筑设计。尽管这两个别墅服务的居民数量很少，但照料提供者在解决途径和照料方向的改变上做出了重要贡献。

在杜普利别墅中，两个家庭各有 12 名居民住在私人卧室中。卧室包括设施齐全的淋浴浴室，并有两种不同的卧室布局设计。两种布局中较小的卧室面积约为 260 平方英尺（24.15 平方米），其中包括套房浴室，较大的卧室面积约为 325 平方英尺

（30.19 平方米），也包括浴室。这两种布局的区别在于较大卧室的生活区域与睡眠区域被一面实体墙明确地划分开来，而较小的卧室则布置成一个简单的工作室。每个家庭的卧室均由两个较大的卧室和 10 个较小的卧室组成。

别墅被设计成"家"的类型，分隔出相对私密的卧室空间被置于相对公共的起居室、餐厅和厨房空间的背后。这些更加公共的空间可经由覆盖有屋顶的门廊和每个小屋的前门直接到达。从主入口大门望去，人们可以透过起居室和餐厅直接看到花木整齐的、也更加正式的花园区。这个公共区域的开放平

图 23-4 家庭被设计为"家"的类型，包括生活和公共空间。 致谢：汤姆·尤伯曼/www.tomuphoto.com

面允许居民迅速且清晰地看到所有社交空间中有可能正在进行的活动，包括在居民厨房中烹饪或小型的保健区和图书馆中的低强度运动。一些会打扰到别人的活动，例如看电视，则可以在一个远离正门的独立小房间中进行。此外，在壁炉中央上方还有一台壁挂式平板电视。

配有内部封闭车库是这两栋别墅设计的独特特点。封闭车库使园区车辆能够将材料和食品从主园区发货点运送到别墅，如此一来在大楼前面便没有难看的卡车停靠。即便在恶劣天气下，送货车辆也可以停进车库顺利卸载货物。此外，居民也可以使用交通工具外出而完全不受天气影响。将车库门这个典型的美国住宅标志融入设计组合，这种做法使建筑的外立面有种"家"一样的感觉。

车库里面设有一个类似于住宅的"后门"或家人专用的入口。这里就是杜普利别墅中的清洁房间以及设备齐全的厨房所在地。虽然从逻辑上来看，这些功能房间位于此处的原因是为了方便员工以及材料、食品的交付，但将换洗衣物运送到脏乱的杂物间需要通过公共区域并从别墅主入口前经过还是会让人感到不太舒服。

地理概况

本土化设计

此项目是如何与场地相互呼应的？
两个别墅都具有自己的建筑风格，一个是新工匠风格（neo-Craftsman style），另一个则趋近于传统的美国郊区殖民风格（American suburban colonial）。两栋别墅有着完全不同的建筑表现和细节，被一个像凉亭一样的结构连接着，这个结构对两边的别墅建筑保持中立，并且乍看上去和两栋别墅没有什么关系。两个别墅都与周边的美国当代单层住宅和谐共存，尽管它们比典型的郊区家庭尺度略大一些。

不幸的是，别墅选址在一块与持续照料退休社区的剩余区域相对分离的地块上，与主园区之间被一条水道隔开，但有一座桥连接两岸。持续照料退休社区内有很多约六层高的大型建筑，这为别墅提供了一个更有城市气息的背景，但没有与别墅的郊区特性相协调。此外，别墅的正对面有一个轻工业区，其中包含三、四个有点工业味道的建筑。因此，虽然两栋别墅建筑让人赏心悦目，但似乎更像是把住宅建筑放置在了非居住环境之中一般。

作为一个建筑家庭，别墅的布局尽最大可能地利用了场地，在由两栋建筑的形体自然形成的空间之中，营造出引人入胜的景观园林。在别墅后面邻接水道的地方，场地被丛林覆盖，这些树林在别墅和园区中为其他更为公共事业性的高大建筑之间建立了视觉屏障并在视觉上为建筑设施提供了优美的背景。

照料

照料理念

项目运营方的理念是什么？这种理念如何应用到建筑中？
艾匹斯科珀养老院的意图是在住宅设施中为居民提供介护型护理，来模拟或至少接近像家庭一样的环境。此外，为了给建筑环境中的护理服务提供背景舞台，杜普利别墅的开发策略是尽可能地采用住宅式的设计方法去建造这些别墅。

别墅内的员工已经不再是传统的护理人员，而被杜普利重新定义并被称为"全能员工"（versatile workers）。为了给居民提供全面照料，每位员工的

图 23-5　每个家庭都配备有独立的餐厅，居民和全能员工共同使用该餐厅。　致谢：汤姆·尤伯曼 /www.tomuphoto.com

责任被交叉划定。因此，一名负责提供照护协助的员工在必要时也会参加日常家务或协助居民的膳食服务。这个动态方法使员工在各个护理层面上都能够与居民进行互动，以此来创建家庭氛围，让职工保持持续的存在感。管理层和员工都致力于以居民为中心的照料服务，谨慎而又煞费苦心地彻底摆脱了传统的照护方法。

社区感和归属感

项目的设计和实施如何实现这个目标？

别墅的所在地由于与主园区分离，并且在其对面是一片非居住区域，因而显得比较孤立，因此居民和员工在他们所处的区域环境中会与社区产生脱节，并缺乏固有的归属感。虽然这对于社区意识和归属感有一定损害，但这的确在一定程度上为建立一个仅由别墅组成的小规模社区发挥了作用。通过在每个别墅设置多个公共空间，并在室外设置风景优美

而且安全的社交区域，使两个别墅之间建立有效的联系，并通过这一联系促进形成小规模社区。

创新

项目运营方如何体现理念上的创新和卓越追求？

杜普利别墅项目中的革新体现于两个层面。首先，至少对于周边社区或更大的护理园区来说，此项目所提供的家庭式护理环境是十分独特的，这一环境提供了两种截然不同的家庭式养老建筑设计方式。第二，此项目提出以居民为中心的照料重构计划，这一计划与既有建筑环境相结合并对原有的环境进行了补充，提供了既符合当代需求又考虑周到的照料方法，并使居民始终处于护理服务的首位。

将提供最高等级健康照料服务的片区设置于社区偏远位置，是针对持续照料退休社区的一种传统设计方法，然而不论出于何种原因，别墅的选址至少在

图 23-6 家庭餐厅的设计引入了充足的自然光。 致谢：汤姆·尤伯曼 / www.tomuphoto.com

某种程度上，受限于这种传统设计方法。尽管我们可以理解，这块地产用于开发建设这些别墅是可行的，但是它看起来仍然离园区的其他部分有点远。虽然园区剩余区域较高的建筑密度似乎为杜普利别墅另选他址提供了唯一的逻辑缘由，但它与园区的其他部分还是有着视觉上和社交上的分离。

社区一体化

社区参与

项目和服务设计是否旨在成功融入当地社区？在艾匹斯科珀养老院开发的一个老牌高级社区中，社区和居民有着广泛参与活动的优良历史。社区鼓

励居民在各类委员会担任职务以发挥各自的职业才能。而一旦居民产生照护需求或在社交上和生理上被孤立起来，这一传统的居民服务和社区参与会更难以实现，这种情况在杜普利别墅时有发生。

尽管别墅的位置一定程度上独立于园区的其他部分并且处在园区的非居住区中，但杜普利别墅仍然是持续照料社区中不可分割的一部分，也是周围社区中公认的一员。这种一体化是通过居民、员工和家庭成员的共同努力以及至少在某种程度上克服实际地理位置的障碍来实现的。同时，相对于别处的别墅，这些别墅的社区参与需要更积极而且更具"目的性"的居民来发挥作用。

图 23-7 家庭的社交空间包括一个居民和访客都可以使用的
图书馆。 致谢：汤姆·尤伯曼 /www.tomuphoto.com

图 23-8 两个家庭单元之间是一个植物繁多且方便进入的花
园。 致谢：汤姆·尤伯曼 /www.tomuphoto.com

员工与志愿者

人力资源

是否有适当的政策和设计来吸引优秀员工和志愿
者？

杜普利别墅将照料员工定义为"全能员工"。所有
传统的照料人员在家务活动和食品服务方面接受附
加培训，并在这些领域内照顾居民的日常生活。杜
普利别墅借助独特的新型方法来提供照料服务，这
吸引了有能力的忠诚员工。这种照料方法使得员工
能够发挥自己的潜力并在别墅中成长为合格的照料
员工。这座别墅为了实现理想的护理理念，营造了
一种非公共事业型的员工友好型环境。

· 每位居民每天接受的直接照料时间：6.4 小时。

环境可持续性

杜普利别墅建造场地的前身是一块再利用的轻工业
场地，较小的建筑覆盖率以及别墅后面毗邻水道的
自然绿化带提升了场地的质量。这个绿化带屏蔽
软化了别墅内的视线，还提升了先前场地的雨水收
集质量。

替代能源

除了政策法规规定使用的高效电器，别墅设计不包
含其他替代能源。

节约用水

整套别墅按照政策法规安装了节水水管。

节约能源

建筑中的节能体现在许多方面，但最重要的是，起
居室和厨房大量采用自然光，减少了人工照明和能
源消耗。平面布局和大面积的玻璃将自然光引入建
筑来解决白天的采光问题。

户外生活

花园景观

花园景观的设计符合照料原则吗？

杜普利别墅设计的一个最显著特点就是创造了外部
空间以及进入这些外部空间的通路，无论在视觉上
还是实际上，房屋的形状都是"L"形的，同时在
两座小屋之间创造了"L"形空地。这为一个植物
繁茂的花园提供了宽敞的场地，居民可以通过每个
别墅的客厅或连接两座小屋的凉亭结构到达这个花
园。这些带有花坛的花园专门为行动不便者设计，

图 23-9　每个私人房间都有足够大的空间来摆放居民的家具。　致谢：汤姆·尤伯曼 /www.tomuphoto.com

无论是坐在轮椅上还是站立着都可以欣赏花园景观。这些花园中有软、硬两种铺装以及乔木和灌木两种绿化，它们可以在不同的季节提供优美的景观。硬质铺装为每个小屋均提供了一个露台，居民可以在这里坐下来进行户外活动或分享咖啡和清淡的饭菜。此外，居民可以在别墅照料人员的视线监护下，在这些硬质铺装上进行身体锻炼、户外餐饮或烧烤活动。

凉亭结构的另一边还有一个露台。在这里，居民可以在员工的监护下坐下来欣赏树林和岸边的自然景观。

项目数据

设计公司

SFCS, Inc.
305 South Jefferson Street
Roanoke, VA 24011
United States
www.sfcs.com

面积 / 规模

· 基地面积: 2.4 英亩, 9712.45 平方米
　　　　　（104544 平方英尺）
· 建筑占地面积: 每栋别墅 1029.37 平方米
　　　　　　　（11080 平方英尺）
· 总建筑面积: 2058.82 平方米（22161 平方英尺）
· 居民人均面积: 85.78 平方米（923 平方英尺）

停车场

地面有五个别墅专用车位。此外, 每栋别墅还有一个封闭车库, 园区内还有其他的地上停车位。

造价（2008 年）

· 总建筑造价: 5000000 美元
· 每平方米造价: 2429 美元
· 每平方英尺造价: 226 美元
· 居民人均投资: 208333 美元

居民年龄

平均年龄: 88 岁

居民费用组成

杜普利别墅为个人付费居民以及享有医疗保险（Medicare）和医疗补助（Medicaid, 美国政府补贴）的居民提供服务。

Chapter 24
A Study of Montgomery Place

第 24 章
关于蒙哥马利广场照料中心的研究

选择此项目的原因

• 此项目是一个针对城市内高层建筑持续照料退休社区的改建工程。

• 此项目将照料、社区建立以及家庭创建的重点重新定位在居民身上，而不是员工身上。

• 此项目在原有建筑中天衣无缝地加建了介助型持续护理的功能部分。

项目概况

项目名称：蒙哥马利广场(Montgomery Place)

项目所有人：蒙哥马利广场

地址：

Montgomery Place

5550 South Shore Drive

Chicago, IL 60637

United States

投入使用日期：2009年

图 24-1　蒙哥马利广场项目坐落在芝加哥海德公园附近的一个显著位置。 图片摄影：巴里·拉斯金（Barry Ruskin）

图 24-2　项目位置。 致谢：波佐尼设计公司

蒙哥马利广场项目：美国

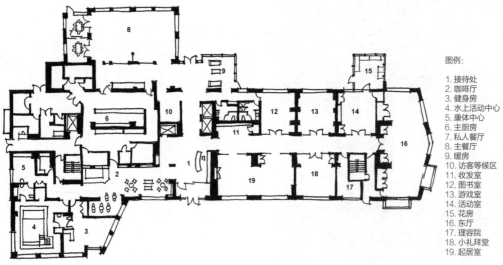

图例：

1. 接待处
2. 咖啡厅
3. 健身房
4. 水上活动中心
5. 康体中心
6. 主厨房
7. 私人餐厅
8. 主餐厅
9. 暖房
10. 访客等候区
11. 收发室
12. 图书室
13. 游戏室
14. 活动室
15. 花房
16. 东厅
17. 理容院
18. 小礼拜堂
19. 起居室

图 24-3　一层平面。 致谢：波佐尼设计公司

社区类型和居民数量

蒙哥马利广场照料中心位于沿密歇根湖（Lake Michigan）湖岸线的优质地块，距离芝加哥市中心只有很短的距离，它主导着这个中西部城市的壮丽景色和包括密歇根湖在内的周围自然环境。由于自身所处的绝佳位置及其良好的声誉，该广场作为受欢迎的退休社区，时常受到外界的关注。同时它也清楚地了解如何进行自我改造，以保持自身的地位。

蒙哥马利广场护理中心是一个完整的持续照料退休社区，包括 174 个自理型生活公寓、12 个加建的介助型生活公寓、8 个老年痴呆症照料公寓和 26 个介护型生活公寓。此地建成多年以来，这个垂直式持续照料退休社区已经经历了对其照料内容的全新修订，其中包括增加介助型服务，还有对自理型生活公寓和公共空间的现代化改造，项目于 2009 年完工。改建工程的照料理念与新的照料方法相互融合，对已建成的环境形成了有益的补充。

这座 14 层的建筑坐落于非常拥挤的闹市区，位于芝加哥附近的海德公园（Hyde Park）中心，对面是芝加哥科学与工业博物馆（Chicago Museum of Science and Industry），这里是非常受欢迎的旅游胜地。为了保留开放空间，同时最大限度地提高设

图 24-4　功能重新定位使得一层成为社区的活动空间。　图片摄影：巴里·拉斯金

施舒适度，新设计在主入口附近增加了两层的建筑，在视觉上重新调整了建筑与周围城市环境的关系。此外，如宣传声明中所说，居民和照料项目位于蒙哥马利广场的中心，行政办公室搬到现有地下停车场的改造部分，并通过一个大的天窗进行采光，这样腾出有价值的地上建筑部分，全部用于居民照料和居民社交空间。这些都向行政人员和照料员工传达了这样的信息：重新定位的工作和新的照料方法就是"居民优先"。

在改建项目中，大部分的设计工作集中于建筑物本身。此设计工作不仅要在外观上更新公共及私人场所，还要使美学效果和内部装修符合当代特征。此外，内部装修依据方便居民的原则进行整改，通过

功能的改善重组，再次强调了"居民优先"的理念。

改建项目最显著的特征是在原有建筑的包围下创造了新的介助型持续照料服务。设计通过在地上三层创建一种专用的家庭介助型照料来实现这一目标，在这些楼层中原本采用传统的介护型护理方式。介助型护理楼层中包含患有老年痴呆症的居民。

在二层，改建工程包含在针对 14 个短期居民的家庭照护模式中整合了介护型护理，因为这些短期居民在从医院回到自己公寓之前需要一段适应期。另外，在新的家庭概念设计中包含了 26 个享受专业护理服务居民的床位。

图 24-5 护理家庭包含一间卧室和备餐厨房。 致谢：哈蒙德照料机构

自理型生活公寓设置在余下的 10 层中，厨房、浴室已重新改造，并新建了洗衣房。改造已经全部完成，并着眼于适应高于目前平均年龄的租户和独立居民的需求。

地理概况

本土化设计

此项目是如何与场地相互呼应的？

由于这个项目大部分是改建工作，建筑外观仅做了细微调整，因此无法探讨其与场地间的呼应关系。该建筑是高层建筑区块的其中一座，在视觉上既不突出，也没有特殊的设计。不了解其功能的人会以为这只是嵌在周围城市垂直空间形态中的一座普通的高层建筑公寓。无论如何，建筑主入口处的加建还是形成了对现有建筑风格的补充，在一定程度上加强了入口空间，并且使人感受到项目"居民优先"的新型设计理念。

照料

照料理念

项目运营方的理念是什么？这种理念如何应用到建筑中？

在改建过程中，通过增加介助照料服务和减少介护床位数量，并将其纳入家庭的设计方法，使蒙哥马利广场照料中心的照料理念从传统的分级护理方法转变为以"居民优先"为导向的护理方法。这种变化不仅是管理所需，本质上更是居民的要求。当居民的健康状况开始下滑时，介助型护理模式便可以成为居民的选择：这意味着，如果他们希望留在蒙哥马利广场照料中心，就不用再被迫从独立型生活直接进入介护型护理。这其中还包括加建的老年痴呆症护理家庭，特别是对于一方需要这个级别的护理而另一方完全能够生活自理的夫妻，这种持续照料模式显得更合理，也更受居民欢迎。

图 24-6　一层新的健身中心拉近了路人与居民之间的视觉联系。 致谢: 西尔维亚·古提瑞斯（Sylvia Gutierrez）

社区感和归属感

项目设计和实施如何实现这个目标？

蒙哥马利广场是一个很好的例子，改建项目已经为适应新的照料方法进行了有针对性的构想。这种方法以居民优先为原则，改建后的护理计划和设施不仅能吸引居民来到蒙哥马利广场，也能够使他们长期居住在这里。这个概念大量增加了适合居民的社交空间，并将这些空间作为城市周边社区的补充。一个非正式的新咖啡馆直接与主入口相连，直接将到访者与居民联系在一起，并提升了入口序列的舒适度，营造出稍显随意同时又更加温馨的氛围。

新的居民健身中心设置在建筑前部的首层。这个区域包括一个小型游泳池，它并不奢华，但物尽其用，为居民提供了一个舒适的运动场所。健身中心配备了齐全的健身器材，并位于建筑的显要位置，这充分表明了蒙哥马利广场以居民生理与社会幸福感为重的经营理念。

蒙哥马利广场靠近芝加哥大学，吸引着大学的退休员工及相关机构。这种影响体现在一层"画廊"的重建上，那里可供艺术陈列，也可用于小型及大型团体交流兴趣爱好并进行社交活动。这种影响在大型图书馆建设上也很明显，居民在捐款和赞助等方面给予了极大支持。所有这些区域都对居民和游客全面开放。

创新

项目运营方如何体现理念上的创新和卓越追求？

对于一个持续照料退休社区来说，很少有像蒙哥马利广场照料中心的经营者这样如此尊重居民的。对于这种改建工程，常规的设计思路会把大量的设计精力和资金花费在建筑入口上，以给人留下良好的第一印象。而且，设计者通常还会把居民的使用设施都放在建筑背面，不让访客看到社区里的老年人锻炼身体等情景，甚至像喝咖啡放松这样的场景访客也无法看到。而蒙哥马利广场照料中心项目的宣

图 24-7 社区空间包括一个与一层咖啡厅相邻的图书馆。 致谢：西尔维亚·古提瑞斯

言就是: 让所有人可以看到——社区居民的舒适、幸福和愉悦——这至关重要。这已经充分体现在改建工程建设中,项目将这一理念注入设施建设中,确保任何访问者甚至路人都可以从中体会到这一理念。

社区一体化

社区参与

项目和服务设计是否旨在成功融入当地社区?

蒙哥马利广场项目多年来已成为芝加哥海德公园的一部分,并与周边社区融为一体。改建项目有助于增强蒙哥马利广场社区与周围的联系,事实上,通过其设计,将居民设施设置在建筑的前端以方便周边社区居民的使用,从而同时在表面和本质上,将自身面对外部社区开放。这使得周边社区居民对这些设施产生新的兴趣,同时增强了蒙哥马利广场照料中心社区居民及员工的自豪感。

员工与志愿者

人力资源

是否有适当的政策和设计来吸引优秀员工和志愿者?

随着介助型生活公寓的加建以及介护型生活公寓的改建,蒙哥马利广场项目引入了一种居民至上的新型照料理念。对此,老员工易于接受这种变化,而新员工则需要精心挑选以确保他们能够适应这一转型。总体来说,不论员工是否处于实习期,培训都强调"居民优先"的原则。这也与"居民优先"的建筑设计方法很好地结合起来。

· 每位居民每天接受的直接照料时间: 3.7 小时。

环境可持续性

替代能源

在这个项目中没有直接使用替代能源。

节约用水

这个项目的设计中采用了包括低水量卫生洁具在内的节水措施,这些措施由联邦和国家规定强制推行。

节约能源

改建工程遵循绿色建筑评价系统(LEED,Leadership in Energy and Environmental Design)的原则和指导方针。然而,项目所有者并没有选择去获得该项认证。但只要有可能,设计均采用了可行的可持续性措施,包括选用高效电器。此外,芝加哥市政府要求75%的新建平屋顶和低角度坡屋顶应设计为"绿色"屋顶形式。设计包含两个可上人的绿色屋面,一个是北侧的经过翻新的原有餐厅的屋顶,被设计为理疗花园;另外一个是新建保健中心的屋顶,被设计为老年痴呆患者的休息花园。

图 24-8　改建工程包含通向北部花园的凉亭空间。　图片摄影: 巴里·拉斯金

户外生活

花园景观

花园景观的设计符合照料原则吗？

尽管基地所在的城市地域用地紧张，改建工程仍努力确保居民能够获得尽可能多的室外空间。除了保留和翻新现有的花园，还设计了两个屋顶花园用于提供专门的户外活动空间。基地上还新建了一个温室，它与现有花园之间的连接十分自然。

一层翻新的社交空间与建筑北侧主入口对面的大型花园空间很好地联系在一起。二者之间不仅视线不受阻挡，人们也可自由行走，同时两个空间都十分开放。这个花园空间，尽管被相邻的高层建筑所环绕，但在一定程度上使居民有远离城市环境、身处自然环境之中的感觉，人们可以在其中进行冥想。

图 24-9 停车库上方的北部花园区域为人们提供了远离城市噪声的冥想空间。 图片摄影：巴里·拉金斯

项目数据

设计公司

Dorsky Hodgson ＋ Partners, Inc.
23240 Chagrin Blvd., Suite 300
Cleveland, OH 44122
United States
www.dorskyhodgson.com

蒙哥马利广场项目：美国

造价（2009 年）

· 总建筑造价：12300000 美元（注：这个项目是一个改建工程；因此，总造价是改建部分的建设成本，并不包括原始建筑造价。）
· 每平方米造价：585 美元
· 每平方英尺造价： 54 美元

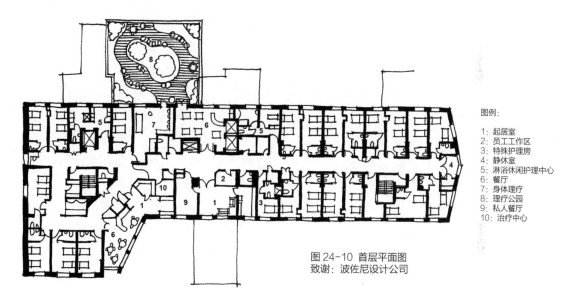

图例：

1：起居室
2：员工工作区
3：特殊护理房
4：静休室
5：淋浴休闲护理中心
6：餐厅
7：身体理疗
8：理疗公园
9：私人餐厅
10：治疗中心

图 24-10 首层平面图
致谢：波佐尼设计公司

面积 / 规模

· 基地面积：6070.284 平方米
　　　　　（65340 平方英尺 ;1.5 英亩）
· 建筑占地面积：1860.66 平方米
　　　　　（20028 平方英尺）
· 总建筑面积：21033.25 平方米
　　　　　（226400 平方英尺）
· 居民人均面积：每人 / 每间 1029 平方英尺

停车场

虽然具体的停车位信息无法获知，但为自理型生活公寓设有充足的地下停车空间。

· 居民人均投资：55909 美元（注：居民人均投资数据涵盖了 220 位居民中的 174 位独立公寓的居民、12 位辅助生活的居民、8 位特别照顾的痴呆症居民以及 26 位护理居民。）

居民年龄

平均年龄：83 岁

居民费用组成

自理型生活公寓的居民可以选择支付住宿费或者直接按月缴纳租金。介助型生活公寓居民和介护型生活公寓居民可以通过私人支付或个人的长期保险支付。

Chapter 25
A Study of Park Homes
at Parkside

第 25 章
关于帕克赛德公园之家的研究

选择此项目的原因

- 此项目采取的是独立护理家庭聚集在一个社交服务中心建筑周围的组织模式。
- 此项目的设计灵感来源于一个针对环境而设立的护理流程。
- 尤其对于美国的一些保守地区，此项目在介护型护理方法上发生了一个根本性的转变。
- 此项目非常适合建在独立式住宅社区环境之中。

项目概况

项目名称：帕克赛德公园之家（Park Homes at Parkside）

项目所有人：帕克赛德退休门诺派教徒社团（Parkside Mennonite Retirement Community），基于信仰的非营利性机构

地址：

Parkside Homes, Inc.

200 Willow Road

Hillsboro, KS 67063

United States

投入使用日期：2007年

图 25-1　项目的外观设计与周围的独栋房屋环境融为一体。
致谢：路·詹森（Lu Janzen）

图 25-2　项目位置。致谢：波佐尼设计公司

帕克赛德公园之家项目：美国

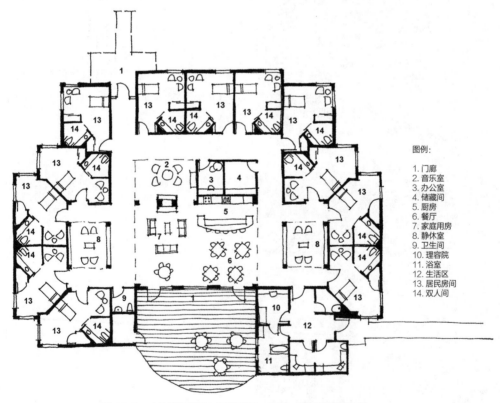

图例：

1. 门廊
2. 音乐室
3. 办公室
4. 储藏间
5. 厨房
6. 餐厅
7. 家庭用房
8. 静休室
9. 卫生间
10. 理容院
11. 浴室
12. 生活区
13. 居民房间
14. 双人间

图 25-3　家庭照料单元一层平面图。致谢：波佐尼设计公司

社区类型和居民数量

帕克赛德公园之家是美国中部平原乡村小镇中的一个退休社区，它建立于 20 世纪中叶。项目采用相互独立的建筑形式，除了介护型护理公寓外，还提供介助型生活公寓和自理型生活公寓。

项目的第一期工程可容纳 24 位居民，分为两户独立的家庭，每户 12 人。它们是规划的五个独立式家庭中最先建设的两个。这意味着项目将以生活型护理床位替换那些建于 20 世纪 60—80 年代医学模式下的医用型护理床位。

项目开发需要将旧医疗模式下的护理用房转化为容纳商用厨房、洗衣房、会议室、图书馆和咖啡馆等多功能空间的社区中心。

家庭的概念，在项目中也被称为"公园之家"，被特意设计为大型房屋的样式，这样做有很多原因。在典型的美国郊区布局中，周围的建筑主要由独栋单层住宅组成。此外，照料服务提供商希望提升护理环境的视觉审美，进而打破传统护理院陈旧的医疗环境形态。最后，帕克赛德项目希望建立循证设计知识库，将其在养老公寓学到的照料模式和医养环境经验，应用到其他项目中去。

地理概况

本土化设计

此项目是如何与场地相互呼应的？

此项目位于一个小型社区内，被独栋住宅包围，它是对周围建筑环境的重要补充。在建筑层面上，公园之家毋庸置疑是周围建筑的好邻居，同时也是社区的重要组成部分。家庭的外观设计特意复制了独户住宅房屋，不仅使居民感受到这是他们的"家"，也使外部居民来访时，会有一种进入邻家大房子的感觉。

照料

照料理念

项目运营方的理念是什么？这种理念如何应用到建筑中？

公园之家的照料理念与住宅的建成环境关系很大。事实上，它的理念是将为居民提供近似于自己家庭环境下的照料作为设计纲领。当然，要重新创建每个居民的家居环境是不可能的，而是将家庭作为一种类型，至少是在美国生活经验中的那种类型，并明确定义家庭的"公共"空间、共享的"公共—私人"空间以及清晰的"私人"空间。

项目的公共空间包括主入口和客厅，为市民和访客提供交流互动的场所。居民可以邀请熟识的访客或家人在公共—私人空间进行更加随意的交流。私人空间主要包括居民的卧室，这是居民自己的专属领域，因此很少邀请访客。

整个设计和照料程序的基本原则是为居民提供家庭化的空间类型和审美意象，这将使居民、照料职员和访客体会到家庭般的感觉。同时，让居民能够轻松看到家庭中更公共的区域也是很重要的，这样能够使那些患有不同程度老年痴呆症的老人参与到这些区域内的活动中去。这是通过设置公共区域和私人区域之间的过渡空间来实现的，这种空间可以让居民不用开门就能直接观察其中的情况。当居民的房间临近这些过渡空间时，这些空间也被当作个人

图 25-4 居民私人与公共社交之间的过渡空间，该空间紧临卧室入口。
致谢：©darussellphotography.com

的客厅来使用。人们可以在这里与周边的居民聊天，也可以进行其他活动，如看电视，但这可能会干扰其他居民。

除了家庭领域的划分，在设计过程中，设计师还努力为居民提供充足的私人空间，这不仅能满足他们搬入大量个人物品和家具来装饰自己个性化房间的需要，而且还提高了夫妇俩人共同居住的舒适度。充足的私人空间还在一定程度上保障了业主的经济利益，这些尺寸充足的房间很容易将介助生活空间转换成介护生活空间。增加房间尺寸的额外好处是增加了员工的工作空间，这使他们能够轻易完成物品搬运等类似的任务。

每个房间均设有整体浴室，内部包含大储藏柜以及用于放置居民个人物品和洗浴用品的盥洗台。壁柜用于存储药品，按时服用和需要冷藏的药物除外。对于需要辅助移动工具的居民，卫生间配有全套辅助设施，包括邻近马桶上面的永久扶手及马桶对面的折叠式安全扶手，便于淋浴或上厕所时使用。盥洗台两面都设有可兼作毛巾杆的扶手，便于在盥洗过程中需要轻微平衡辅助的居民使用。当盥洗台不

图 25-5 居民的卧室面积充裕，可容纳多种家具。 致谢：©darussellphotography.com

需要设置轮椅空间时，盥洗台水槽下方可以设置储藏柜。当需要轮椅空间时，员工也可以轻易地搬走储藏柜。

对照料细节的关注可以通过家具和装饰空间的细部处理反映出来。大部分房间在不同方向的墙上设有多个窗户，居民可以看到不同的室外风景；大部分房间有一个可当座位使用的飘窗，不仅可以作为额外的休息区，座位下面也可作为存储空间；每个房间都有易于互换的电气接线盒，方便员工挪动床头监护灯，使居民可以自由摆放居室里的家具。

通过精心挑选家具和装饰，并加入满屋的温暖木式家具以及作为视觉中心的壁炉，设计师将传统美式家庭的意象元素融入设计中。此外，厨房采用开放式设计，居民可自由进入，在准备餐点时烹饪的香味满屋飘荡。更重要的是，这种设计使女性为主的居民能够直接或间接地参与到准备餐点的活动中，同时与她们之前的家庭生活记忆联系起来。

图 25-6　整体浴室提供充足的存储区，并维护居民的尊严和隐私。　致谢：©darussellphotography.com

社区感和归属感

项目设计和实施如何实现这个目标？

堪萨斯州希尔斯堡罗社区（Hillsboro Community）是一个建筑密度较高的农村小镇，约有 5000 名居民。这些居民大半生都在社区内生活与工作，同他们周围的堪萨斯州人也很熟悉。因此，作为周边大社区的成员，公园之家的目标是延续居民间多年的社区联系，建立起一个有凝聚力的社区。

图 25-7　家庭厨房鼓励居民参与食品的准备与制作。致谢：©darussellphotography.com

这项任务通过多种方法展开，它对于以独立护理家庭为模式的设计和规划的新型护理园区理念产生了深远影响。即便美国中部有时气候条件十分恶劣，运营方经过与设计团队的长期讨论，仍决定采用独立式家庭，这也是设计中非常重要的元素。从设计理念上讲，这些独立的建筑事实上就是居民的家，居民也希望像往常散步一样离开家去往各个社交场所，最终，基于居民、员工和访客的使用意愿，决定采用将不同的家庭相互分离的形式。此外，在改建的原有建筑周围设置这些家庭，创造出两个明确且安全的外部空间——一个是安静的氛围，另一个用于活动，居民可以自主来到这些室外空间，这又从另一方面使居民体会到家的舒适感。

公园之家位于一个社区的住宅区，至少有三面被城郊尺度的建筑用地上的独栋住宅包围。在 20 世纪中叶，最初设计中的公园之家在建筑外观上非常公共机构化，同时也与周围建筑风格格格不入。虽然新建的公园之家在外观设计上并不现代和前卫，但它的建筑尺度和细部设计都颇具居住建筑的特征，并延续了邻里社区和美国中西部建筑的文脉。

在这些已建成的家庭中，人们能够体会到在园区其他地方可能体会不到的家的感觉。而且我们还要知道，将自身重新定位为以居民为中心的照料机构是园区的一个长期规划，而这些家庭仅仅代表园区这个长期规划中的第一阶段，当访客进入建筑时，无论从建筑的空间组织还是设计中精心传达出的建筑审美，都能使人直观感受到家的温馨。员工居家式的照料程序也提升并增进了这种家庭氛围。这也使员工和居民之间易于建立友情，并提供了居民日常活动中的显然的选择自由。

创新

项目运营方如何体现理念上的创新和卓越追求？
公园之家长期介护型护理项目的创新目标中包含了空间设计和照料程序计划。在设计与照料上共同为居民营造家庭氛围，这一理念也被管理层、董事会成员及周边社区所拥护。引导员工放弃从前那种垂直整合式的工作方式，转而接受通用式工作方式，则颇费周折。

在项目短暂的建设过程中，一直难以说服员工改变

图 25-8　家庭内的客厅为居民提供安静并且能够亲密接触的社会互动空间。　致谢：
©darussellphotography.com

272

他们既有的照料模式，这种既有的照料方法（根据职称来划分工作任务）根本无法提供管理层所设想的并体现在建筑环境中的那种长期照料模式。虽然这些问题正在解决当中，但在美国中西部地区的郊区，很难长期雇用到有能力的员工，这让事情变得更加复杂。当完成员工雇用工作后，公园之家很难体现出设计理念中的那种卓越的潜力。当然，即便执行起来比较困难，但设计中仍含有创新之处，同时在项目合同中也约定了在环境和照料两方面追求卓越品质来实现更为人性化的介护型护理服务。

社区一体化

社区参与

项目和服务设计是否旨在成功融入当地社区？
设计项目和项目概念的设想旨在实现完全的一体化社区，同时让居民得以保持社区生活间的联系和那份强烈的家庭归属感。我们可以设想，还未开始建设的三个家庭一旦完工，他们将与现有的护理建筑共同被整合成一个护理社区，那时，建成环境就会大大促进居民以及员工的参与度。项目应该让居民在各个方面都能体验到家庭的氛围，同时还能在专业护理环境中接受介护型护理服务。我们非常想知道，项目在未来是否可以达到管理层的管理预期。

通过提供各种舒适而且完全开放的环境，项目鼓励访客和周边社区居民的到访，并以此促进居民之间的交流互动。由于周边社区的居民在社会和职业上是紧密相连的，这似乎更利于此类活动的推进。因此，社区和公园之家二者之间似乎互为补充。如果员工接受了更先进的护理方法，公园之家与社区的联系就势必会更强。

员工与志愿者

人力资源

是否有适当的政策和设计来吸引优秀员工和志愿者？
项目设计的目的是吸引优秀员工。因为这不仅是舒适的新型工作环境，而且还是员工友好型的工作环境——旨在为居民提供更高质量的照料服务，同时实现以少量员工来完成更佳的服务目标。同时，公园之家中的员工也是这一乡村地区中的最优人选。但是，现有的员工无法像城市中那样充足，这导致管理层在雇用员工上受阻。管理层正致力于解决这一问题，但由于员工数量有限，还没有取得实质性的成功。人们认为，随着公园之家内员工的更替，一些更加"开明"的员工将来到这里，通过对这些员工进行适用性培训，这个问题将得到解决。

毫无疑问，公园之家吸引了更广泛、也更高质量的志愿者。对于志愿者来说，项目并没有对他们有过高的要求，他们可以在一定程度上制定自己的时间表和任务，于是园区人口有了蓬勃发展，而且当项目的剩余部分完成时，无疑将继续保持这种发展。

· 每位居民每天接受的直接照料时间：3.4 小时。

环境可持续性

替代能源

虽然由于初始预算问题，设计没有采用尖端环保创新或替代能源，但设计更加重视被动式节能的可持续发展。自然采光和人工照明的结合是首要的节能措施。护理工作在不同的地点对光照条件有着不同的规定，包括在厨房的工作台面和居民的床，因为这些地方都是员工的工作地点。照明设计方法使公共空间和私人领域的照明问题得到很好的解决，同时使人们能够按照时间和活动的性质来控制人工光照。

节约用水

堪萨斯州中部海拔较高并且气候干旱，水土保持是一个重要的公共社会问题。大多数饮用水是通过市政或私人打井从土壤深处含水层提取。为了尊重固有的社会态度以及强制的保护法规，公园之家配备了低水量的卫生洁具和器具。

图 25-9 自然采光和人工照明的结合，为人们提供了多样的光照环境。 致谢：©darussellphotography.com

节约能源

公园之家的设计细节中包括最大化采用隔热保温建筑材料和建造方法，如高效节能门窗。设计采用高效节能空调设备并辅以系统分区，让不同家庭的居民房间中可以设置不同的温度，达到最佳舒适度。

当居民去社区照料楼进行"郊游"时，他们会穿过庭园，这是最便捷的路线，也是最安全的。这增加了居民对室外空间的亲近感，也促进了居民对花园内设施的利用。

户外生活

花园景观

花园景观的设计符合照料原则吗？

建筑布局和建筑物本身，皆可令居民不受限制地到达室外空间。建筑间的庭院供居民静思和活动使用。室内布局使居民可以通过家庭活动室或餐厅进入带顶棚的露台灰空间，然后到达室外庭院。带有顶棚结构的露台空间既使居民可以在下雨时仍可使用室外空间，同时在炎热的夏季还为居民提供了阴凉。

目前，静思花园已经完工，另外一个用于活动的庭院也将随之建设。第一个庭园的建设也带来了额外的好处，作为一个与厨房相邻的花园，它不仅能供居民进行活动，同时也能供员工在准备饭菜时使用。园内植物不仅外形美观，而且能够引来小鸟和蝴蝶，这为居民带来了优雅的享受。

图 25-10 带顶棚的露台灰空间能够为人们提供阴凉，也能在雨天时为人们提供庇护。 致谢：路·詹森

项目数据

设计公司

Crepidoma Consulting, LLC（design architect）

4123 Trowbridge Street

Fairfax, VA 22030

United States

www.crepidoma.com

Invision Architecture（architect of record）

面积/规模

· 基地面积：29350.0 平方米
　　　　　　（315920.77 平方英尺；7.25 英亩）
· 建筑占地面积：793.2 平方米（8538 平方英尺）
· 总建筑面积：1586.4 平方米（17076 平方英尺；
两个家庭单元，每个 8538 平方英尺）
· 居民人均面积：66.10 平方米（712 平方英尺）

停车场

这个项目的第一期（两个家庭）设有 22 个停车位，其中包括 2 个残疾人专用车位。这些特别为访客准备的车位靠近家庭前门，交通便利。项目前期在园内其他地方预留了员工停车场。

造价（2006 年 3 月）

· 总建筑造价：2600000 美元
· 每平方米造价：1639 美元
· 每平方英尺造价：152 美元
· 居民人均投资：108333 美元

居民年龄

平均年龄：85 岁

居民费用组成

居民费用由私人支付和医疗报销组成。私人支付与医疗报销费用之间的比率定期变化。公园之家并不关注支付这些服务费用的来源。

Chapter 26
A Study of Childers Place

第 26 章
关于奇尔德斯养老院项目的研究

选择此项目的原因

· 通用员工的理念在此项目的建筑形式中得以体现。

· 依据居民的利益，此项目的设计包含丰富的自然采光。

· 通过设计和服务，此项目特别鼓励居民利用室外空间。

· 纳入商业空间来创建社区是一种创新的方法。

· 使用当地材料和现代化的色调设计，在审美上令人舒服而不做作。

项目概况

项目名称：奇尔德斯养老院（Childers Place）

项目所有人：玛丽·伊丽莎白·毕文斯基金会（Mary Elizabeth Bivins Foundation），一家基于信仰的非营利性机构

地址：

6600 Killgore Drive

Amarillo, TX 79106

United States

投入使用日期：2007年

图26-1 建筑外观的设计现代而平和。图片摄影: 克里斯·库伯（©Chris Cooper）；致谢: 帕金斯·伊斯特曼（Perkins Eastman）

277

图 26-2 项目位置。 致谢：波佐尼设计公司

奇尔德斯养老院项目：美国

图例：

1. 居室
2. 套房浴室
3. 客厅 / 活动室
4. 餐厅
5. 会议室
6. 医务室 / 休息室
7. 水疗室
8. 储藏室
9. 医疗准备室
10. 安全庭院
11. 静休室

图 26-3　家庭护理单元和室外庭院平面图。 致谢：波佐尼设计公司

社区类型和居民数量

毕文斯基金会在得州一个常常被人遗忘的狭长地带建设了奇尔德斯养老院。即使在气候恶劣的美国广袤高原上，这座设施也曾经一度广受欢迎。该基金会为阿马里洛地区（Amarillo area）的居民，在各种场地提供了多种老年人照料和住房服务。此次增加的基金会照料项目为 60 位居民提供介护型护理服务，每位居民都拥有一个相当大的房间，里面有全套的整体浴室并摆放各种家具的充足空间。这 60 个人居住在六个家庭，每个家庭内有 10 名居民。每两个家庭虽然有各自的生活空间，但具有共同的社交和用餐空间，这两个空间靠近两个家庭的共同入口并连接着其他设施。每个家庭直接连接到大楼的其他设施，阿马里洛更大范围社区的成员和居民均可访问其社交和景观空间。

奇尔德斯养老院在照料程序和审美特征上与相邻的传统护理院不同，也与毕文斯基金会园区稍有不同。通过住宅形式和材料的和谐使用，同时清晰地保持其住宅建筑的特点，使其当代的建筑形式和布局与当地建筑建立了视觉上的和谐联系。

奇尔德斯养老院不是一个简单的护理院。它强调增进居民的社区感，吸引较大的阿马里洛社区使用该建筑，并与居民互动。建筑利用基地地形，南面和西面建设为两层建筑，同时保持了北面和东面的单层结构。这种方式在采用较低层高的前提下做到更小、更可持续的建筑占地面积，同时使穿透建筑空间的自然光线最大化。

此外，在建筑设计中包括约 8000 平方米英尺（743.22 平方米）的可出租空间，供老年照料机构或老年人照料资源提供商使用。这不仅提升了社区的访问量，增加了项目收入，更重要的是为那些最需要服务的居民和他们的家庭成员提供了一个非常方便的地点。这种设计还为奇尔德斯养老院提供了一个微妙的营销工具。由于此项目相对较新，这个空间又尚未出租，其经济收入和项目的成功还未得到证实。

地理概况

本土化设计

此项目是如何与场地相互呼应的？
材料使用及当地人熟悉的颜色搭配打破了建筑程式化的第一印象。由于设计有其自身的特点，它既不是纯粹的住宅，也不是社会机构，因此激起人们探索建筑的好奇心。在这个地方，建筑有时候会给人平和感，而有时候又会使观察者觉得耳目一新。

建设项目的目标之一是创造一个安静的治疗环境。

这一目标体现在场地和建筑设计中。主楼入口提供适当而低调的保护，需要访问者在进入建筑的进程中直观地参与并体验建筑物的形式和装饰。一旦进入，充足的日光不仅倾洒在公共空间，而且吸引目光上望球形天花板和天窗，通过居民家庭的设施向外延伸的院子也洒满阳光。

奇尔德斯养老院选址于城郊结合部，由于政府分区域开发的限制，周边开发于近期才完成。一个大型水景位于建筑西南面，横穿主要路段，为周围六个家庭中的四个带来优质景观。建筑以及相邻的毕文

图 26-4 洒满阳光的室内公共空间。 图片摄影：克里斯·库伯；致谢：帕金斯·伊斯特曼

斯护理院（Bivins Nursing Home）被周围修剪整齐的草坪环绕，然而大厦附近的垂直景观元素很少。虽然这些植物由于栽种时间短而稍显稚嫩，但奇尔德斯养老院的院子依然风景如画，引人入胜，每一个庭园都有花架、草坪设施，都带有园林的特征。

照料

照料理念

项目运营方的理念是什么？这种理念如何应用到建筑中？

图 26-5　家庭单元的起居室按照适合居民的尺度进行设计。图片摄影：克里斯·库伯；致谢：帕金斯·伊斯特曼

奇尔德斯养老院的照料理念和与其相邻的、更传统的毕文斯护理院有着显著差异，这一理念影响并指导了建筑设计。设计师们要求建立一个为老年人提供护理与精神照料的"卓越中心"（center of excellence）。设计师和业主合作，力图重新优化更为亲切的照料方法，长期保障老年居民的安全和社区参与性。

奇尔德斯养老院的员工转型为通用员工，为居民提供跨越各种职业性质的服务。家庭的设计旨在促进居民和员工之间那种家庭般的感觉。这种方法不仅针对员工，更包括居民的家庭成员，每位居民都是整体照料计划中重要的组成部分。此外，加入用于进行培训的特别区域并将员工的工作区域安置在高档房地产地块，这些都证明该机构已经意识到"通用员工能做什么"的重要性。

建筑设计清晰地跟随照料计划的改变而改变，并在不牺牲居民需求的前提下，最大限度地提高员工效率。当针对照料计划对设计进行研究时，我们会发现每一项设计的决策都是以居民为先，照料计划次之。这不仅体现在设计布局上，更体现在技术引入上，这些技术可使员工更有效地提供优质的服务。该技术令员工在熟悉居民个人日常生活节奏的同时，减轻他们的任务。员工在这种节奏下应该了解并配合居民的生活规律，而不是只图自己方便。

社区感和归属感

项目设计和实施如何实现这个目标？

随着毕文斯基金会颁布照料服务的提供方法，居民以及员工的归属感日益增加。尽管从传统员工模式转变到通用员工模式并通过基金会录取证明，对于员工有些困难。但最终，这些员工还是完全接受了这样的照料方法并贯彻实施，协助建立奇尔德斯社区。

多年来，在阿马里洛地区赢得声誉后，基金会创立了属于自己的社区。奇尔德斯养老院是一个社区的延伸，当居民进入这些设施时，会不由自主地产生社区归属感。大楼设计通过家庭和社区空间布局，同时选择居民熟悉的饰面和材料，增强并巩固了这种感觉。社区归属感通过轻盈巧妙的设计而实现。设计不采用常见的程式化方式，而是通过引进大量的自然光线，并采用开放式的平面设计，令设计不带有压迫性。因此，在居民或游客的感受中没有"程式化"的概念，这使得这些想法转变为社交活动——将大部分时间花费在建筑之中和社区生活中。

创新

项目运营方如何体现理念上的创新和卓越追求？随着奇尔德斯养老院开启使用，毕文斯基金会已经

图 26-6 社区为居民和游客提供的会客空间。 图片摄影：克里斯·库伯；致谢：帕金斯·伊斯特曼

图 26-7 居民自用的家庭水疗室 图片摄影：克里斯·库伯；致谢：帕金斯·伊斯特曼

在以居民优先方面有所创新并做出了自己的贡献。在设计开始前，设计师和照料提供商针对纲领性目标的充分合作和全面了解，正是这一贡献的体现。创新体现在引进先进技术用于提供高效辅助照料，而不是仅仅为了降低员工的工作强度，也体现在自然光的引入和对室外空间无障碍易达性的提高上。总之，作为长期介护型护理项目，良好的协调性、深思熟虑的整体性和综合性的设计方法，均体现了奇尔德斯养老院追求卓越的理念。

社区一体化

社区参与

项目和服务设计是否旨在成功融入当地社区？
奇尔德斯养老院位于城郊开发区，需要访客乘坐汽车进入。因此，融入周边社区存在些许问题。然而，建筑设计已经考虑到周边更大社区居民对社区参与的需求，并包含一个大型区域，出租给相关机构，来迎合老年社区的需求。这不仅是奇尔德斯养老院对所服务的老年人客户承诺的创新，对于周围更广泛的老年社区和阿马里洛地区也是一种创新。虽然租赁缓慢，但终将完成。当全部租出时，这些区域将不仅仅为访问奇尔德斯养老院的人提供必要服务，同时也为居民或者需要帮助的外来人员提供简单的帮助。

员工与志愿者

人力资源

是否有适当的政策和设计来吸引优秀员工和志愿者？
当基金会设计奇尔德斯养老院时，它特意开发了一种新的养老模式，并采用这种模式，建立了一种新的人员配置方式。这种方法是从具有特定职责的传统人员角度转变为提供通用服务的人员角度，员工执行跨越传统界限的各种任务。

过渡到这种照料方法的开发商，最初会遭遇一些阻力，同时也会进行奇尔德斯养老院中针对员工的意义非凡的培训。然而，系统已经成功启动，居民、

图 26-8 安全的户外庭院允许居民自由进入　图片摄影：克里斯·库伯；致谢：帕金斯·伊斯特曼

员工和政府都支持这种通用职工模式配置方法，并相信它能营造一种更加和谐的家庭感。

·每位居民每天接受的直接护理时间：4.8 小时。

环境可持续性

替代能源

奇尔德斯养老院的设计中没有采用替代能源。

节约用水

在设计中已采用强制性的节水管道装置。

节约能源

奇尔德斯养老院的场地设计严格控制场地干扰，尽量平衡土方挖填。通过定位地上的隔热空间建设所需的服务和存储区域范围，降低了能源消耗。自然采光最大化地结合大悬挑屋顶控制阳光直射，旨在尽量减少人工照明及能耗，是设计的显著特征。通过采用地下停车场提高了自然景观植被覆盖率，这些区域中包括那些当下覆盖景观绿化并在将来需要增加停车位时可以改造为停车区域的土地。同时，新的停车区将采用渗透性路面。

图26-9 每个居民房间都充满自然光，许多房间通往室外。 图片摄影：克里斯·库伯；致谢：帕金斯·伊斯特曼

户外生活

花园景观

花园景观的设计符合照料原则吗？

建筑内的任何角落离室外都只有几步之遥。毫不夸张地说，家庭围合下的室外空间像那些家庭自身的设计一样经过精心设计。炽热的得克萨斯阳光通过宽大的顶棚在大片的玻璃窗后小心翼翼地留下阴影，吸引着人们望向院子、花园以及室外的社交空间。这些空间不仅在视线上一览无余，门似乎也在邀请人们走出室内去参与室外活动。

对居民来说，奇尔德斯养老院的优势是无障碍设计，至少对于一些居民来说，可以直接从他们的卧室走到户外。当然，这些室外空间利用建筑自身和保护性的装饰围栏确保居民不会私自外出，但同时使居民感到自由，没有局限性。在一些位置较好的房间中，房间本身似乎不受围墙的阻隔，与外部融为一体。没有员工的监督，居民可以在院子里参与任何活动，或者只是安静地坐在自家的庭院里，享受周围的美景。这种设计特点使居民和家庭成员更确信正在过着自己选择的生活，而不是在过照料提供商认可的合适生活。

图26-10 家庭厨房鼓励居民参与膳食准备。 图片摄影：克里斯·库伯；致谢：帕金斯·伊斯特曼

项目数据

设计公司

Perkins Eastman
1100 Liberty Avenue
Pittsburgh, PA 15222
United States
www.perkinseastman.com

面积／规模

・基地面积：56205.69 平方米
　　　　　（604993 平方英尺；13.89 英亩）
・建筑占地面积：6317.41 平方米
　　　　　（68000 平方英尺）
・总建筑面积：9754.82 平方米
　　　　　（105000 平方英尺）
・居民人均面积：162.58 平方米（1750 平方英尺）

停车场

77 个地上停车位。

造价（2007 年）

・总建筑造价：18607000 美元
・每平方米造价：1907 美元
・每平方英尺造价：177.21 美元
・居民人均投资：310117 美元

居民年龄

平均年龄：80 岁

居民费用组成

奇尔德斯养老院参与得克萨斯州管理的医疗补助和医疗保险计划。此外，它还接受私人付费和长期护理保险支付方式。

兰德威克的蒙蒂菲奥里爵士之家是一个大型居家式老年人照料设施，它体现出对文化遗产的尊重和犹太社区对该类设施的期望。 图片摄影：布雷特·博德曼；致谢：克兰德·福劳尔建筑事务所

索斯伍德护理院为老年痴呆症患者提供服务，包括六栋别墅，这些别墅在外观与设计上与澳大利亚郊区的普通住宅十分相像。 致谢：哈蒙德照料中心机构

墨尔本港温特林厄姆老年公寓接纳那些无家可归或有无家可归风险的老年人。 图片摄影：马丁·桑德斯

缇皮·潘帕库·古拉老年公寓位于非常偏远的南澳大利亚原住民社区，提供暂托护理服务，允许老年人尽可能长地生活在自己祖祖辈辈繁衍生息过的环境中。 致谢：柯斯蒂·班尼特

位于布莱特沃特·昂斯洛花园的提格伍德村舍小屋可以满足十五人的复杂照料需求，它拥有一个大花园，以期给居民营造一种快乐的氛围。 致谢：布莱特沃特

位于大船渡的向日葵集合家庭是日本最早投入使用的集合家庭之一。 致谢：史蒂芬·贾德

赤崎日间护理中心是一个修复后的百年日式住宅，坐落在岩手县大船渡市。用作老年痴呆症患者的日间活动中心。在2011年3月，该中心被海啸彻底摧毁，只有石头门柱得以幸存。 致谢：史蒂芬·贾德

NPO 富士集团项目位于东京郊区，建筑规模和周边公寓楼类似。 致谢：NPO 富士集团

五十雀村是一个具备传统日本建筑特征的有机照料社区。 致谢：清田江美

从附近的河边看天神之森护理院。 致谢：天神之森

从海堤一侧看海王星项目时的效果，可以看到远处卡拉特拉瓦设计的"扭转大厦"。图片摄影：大卫·休斯

塞勒姆护理院冬季的花园和阳台。 图片摄影：大卫·休斯

从公共花园和儿童游乐场对面的街道看维克斯拉格·克阿彼劳恩项目。 致谢：詹妮·德·扎瓦特

从交叉路口看维克斯拉格·波尔社区项目。 致谢：詹妮·德·扎瓦特

在德·哈德威克护理院中，街道与内部庭院被建筑环绕。 致谢：摩勒纳＋波＋范利兰建筑事务所

在维德沃格霍夫项目中的庇护型住宅公寓都有独立的阳台和花园。建筑内包含儿童日间照料中心和三个痴呆症照护家庭。 致谢：詹妮·德·扎瓦特

贝隆·阿瑟顿项目的主入口。 致谢：达米安·尤顿

彩色玻璃窗为布鲁克·科尔雷恩项目的精神理疗中心带来了活力。
致谢：波佐尼设计公司

霍德农庄面对斯特吉斯街的主立面。　致谢：达米安·尤顿

桑福德车站项目是在旧火车站的场地上建立的持续照料退休社区，并针对居民的需求对许多建筑进行了翻新。
致谢：www.zedphoto.com

伦纳德·佛洛伦斯中心主入口。 图片摄影：罗伯特·本森

格温内思县福克威兹项目为在其中生活的居民创造了关系紧密的花园空间。 致谢：杰弗瑞·安德松

杜普利别墅在各个家庭之间布置了一个精心设计的花园。 致谢：汤姆·尤伯曼 / www.tomuphoto.com

蒙哥马利广场照料中心的屋顶花园纳入了密歇根湖的风景。 图片摄影：巴里·拉斯金

帕克赛德公园之家的厨房准备间与餐厅。 致谢：© darussellphotography.com

奇尔德斯养老院的入口庭院。 致谢：© 克里斯·库伯，帕金斯·伊斯曼

结语 | Conclusions

本书收录了位于 7 个不同国家的 26 家养老院案例，其中大部分是介护型设计案例。作者的目的在于学习不同国家的独特养老建筑设计方法。在各个章节中，不论是个人还是团队，他们的设计方法都展示出令人欣喜的一致性。每个案例都折射出设计师所追求的卓越激情。这种激情使设计避免沦为平庸。

在本书中，一些案例是全新的，一些则相对较老。但它们如同一首首动人的乐曲，回味悠长，为我们谱写"新曲"提供了重要的背景资料。

需要指出，尽管一些建筑诠释了优秀的设计理念，其中有的现代，有的不拘一格，但仍有一些案例略显平庸。这也源于我们在挑选案例时的特殊考量。例如，日本的一些案例在建筑设计理念上并无过人之处。收录它们更多的是因为日本在人口老龄化趋势上始终处于世界的前端。当下，世界人口日益老龄化，针对这一趋势的建筑设计方法仍显匮乏。针对有特殊居住需求的老年人，除了少数相对富裕的国家，其他地区只能提供解决泛老年人化问题的居所。由于各个地区的不同情况，各国在养老设施最低要求的设定上必然存在差异。目前世界经济形势走低，人们不得不将焦点更多地放在社会养老开支上。针对这一问题，各个国家给出了各自的解决方法，但这些方法往往非常相似。同时我们也会发现，在过去的 15 年间，人们在寻求解决策略过程中得出的答案正日益多样化。专注老年痴呆症的案例、专注集体生活的案例、专注孤独生活的案例，都收录在书中。

这些案例的共同主题有哪些？

首先，这些案例都优先考虑为老年人提供良好的设计，而非注重资金投入。通过这些案例研究，我们可以明显感知，摆在首位的是"人"，而不是营利模式。不过，这并不代表这些案例不考虑资金问题，这些问题也是客观存在的。我们常常看到其他老年人照料项目从"经济"运作模式或是固定资金成本出发，之后运营方和建筑师便力图在项目中加入他们的设计理念。

本书中的案例从一个完全不同的角度进行尝试。尽管这些项目的资金成本变化范围很大，但在所有案例中照料理念的初衷都是以人为本。设计师带着这样的理念完成设计，之后他们才着力应对开发商不得不面对的资金问题。通过这种方法，设计师获得了实现并推行照料理念的机会。我们的结论是：他们成功实现了自己的理念。

第二，与第一点密切相关，即在这些项目中，养老服务机构的业主和服务提供商都对照料服务怀有极大的热情，并极力推动项目的完成。日本的五十雀村、荷兰的德·哈德威克村、英国的贝隆·阿瑟顿项目、澳大利亚的墨尔本港温特林厄姆老年公寓、美国的帕克赛德公园之家，这些项目背后的推动力和理念以及将理念付诸实践的决心都来自于养老服务机构的业主，它也是这些案例中的共同主题。这并不是说建筑师不重要。相反，这些建筑师乐于与甲方合作，因为甲方对于他们的项目有着清晰的理念及其在付诸实践时毫不妥协的决心。

第三，法规和规划限制不是任何一个国家独有的约束手段和难题。法规和规划的障碍在本书中谈及的七个国家中都很常见。然而，在这些案例中，设计师和开发商克服即将面对困难的决心令人印象深刻。这些困难可能是消防法规，可能是规划限制，也可能是资金问题。不仅仅是克服困难的决心，更重要的是他们如何利用聪明才智解决这些困难，这才是这些案例的独特之处。我们认为，他们的成功是因为整个项目是以"以人为本"的理念为基础的。法规和规划障碍是必须克服的难题，而不是改变或者歪曲设计理念的借口。

第四，基地环境非常重要。虽然存在共同的设计原则，但养老设计不能千篇一律。模板和标签不能凌驾于特定的背景环境和特定的设计对象之上。这些案例所具有的共同特征是专注于特定的人群以及建筑所处的环境。这意味着，虽然有着共同的设计原则，但在荷兰韦斯普为老年痴呆症患者提供出色服务的案例，完全不适用于居住在澳大利亚沙漠的土著人。这也意味着，芝加哥的成功案例完全不适用于日本乡村。所有案例中，通用的设计原则被灵活地应用于环境。在荒原中，主要的景观是周围起伏的山脉；而在城市环境中就变为厨房或者通向房屋背面花园的小径。

第五，"社区"的构想不能千篇一律，而是可以有很多不同的表达方式。在一个案例中设有七种不同的"生活方式"单元，在各个单元中，拥有共同兴趣爱好的居民可以进行相互交流。许多案例特别关注特定的族群，这决定着为这些组群提供服务的日常节奏以及这些服务与周围更广泛社区之间的联系。许多项目都鼓励发展居民和邻里之间的联系。但是，为郊区中产阶级居民设计的项目，与为无家可归或者即将无家可归的人设计的项目相比，社区概念和社区联系的理念表达则是完全不同的。

19 世纪 30 年代，铁路时代伊始，标准轨距为 4 英尺 8.5 英寸。一些国家，如爱尔兰选择忽略这一标准而采用更宽的轨距。在其他领域，例如采矿业，人们广泛采用更窄的轨距。在本书中，我们在许多方面强调了老年人住房中类似于"标准轨距"概念的优势和弊端。在许多国家，用户和服务提供商之间的矛盾十分激烈。我们希望本书能为建筑师、设计师、业主、开发商打开新的思考途径及探索方向，为老年人提供可以治疗疾病和修养身心的环境，创造出真正属于老年人的场所，营造出老年人可以真正地说"这是我家"的居住家园。

定义 | Definitions

适应性住房 | Adapted Housing

人们一般需要各种形式的适应性住房（例如配有基本的淋浴室）来满足其特殊需求。

资料来源：英国2009年适老化住宅发展报告（U.K. HAPPI Report 2009）

（HAPPI, Housing our Ageing Population: Panel for Innovation）

成人日间照料 | Adult Day Care

社区日间照料项目是为那些身体或心理上有保护需求的老年人所设置的，它可以提供保健、康复服务以及社区活动场所。这种设施只在白天提供照料服务，老年人晚上回家居住。

资料来源：美国高级住宅与照料术语表（U.S. Senior Housing and Care Glossary of Terms）

经济适用房 | Affordable Housing

经济适用房指的是通过公众和个人的努力帮助中低收入人群解决住房问题的建筑。住房花费中一部分会通过政府补贴直接支付给开发商或租户，租户需要支付的款项可以通过税收抵免、提高贷款条件或由政府部门直接支付给开发商。

资料来源：克莱珀多玛咨询有限责任公司（Crepidoma Consulting, LLC）

原居安老 | Aging in Place

原居安老是指允许居民选择在他原来的生活环境继续生活，尽管老年人在这样的条件下生活可能会加速生理和智力的衰退，加剧老化的过程。

资料来源：美国高级住宅与照料术语表

综合医疗保健团队 | Allied Health

一个由临床医疗护理专业人士，如职业治疗师、语言病理学家、理疗医生等组成的合作群体。

资料来源：哈蒙德照料机构（HammondCare）

行动能力 | Ambulatory

行动能力指的是居民在治疗过程中不需卧床，可以走动的能力。

资料来源：美国高级住宅与照料术语表

介助型生活 | Assisted Living

1. 介助型生活：一般意义上，是指注册照料机构为居民生活提供必需的服务，包括餐饮、洗衣、家政、医疗提醒，还有日常活动方面的帮助。介助型生活通常被认为低于专业护理一到两级。也可以称为"个人照料"（Personal Care）"寄宿与照料"（Board and Care）"居家照料"（Residential Care）"寄宿家庭照料"（Boarding Home），等等。

资料来源：美国高级住宅与照料术语表

2. 介助型生活住所或介助型生活设施（ALFs, assisted living facilities）：通过这些设施，照料人员可以辅助自身工作；提供日常生活的管理或协助；管理并帮助居民生活，以确保他们的健康、安全和幸福。协助工作包括医疗方面的管理，还有由训练有素的员工所提供的个人照料。介助型生活设施出现在20世纪90年代，当老年人到了不能够独立生活的年龄，同时又不需要护理院提供24小时医疗服务时，介助型生活可以是为老年人提供持续照料的一种选择。介助型照料是为提升老年人的生活独立性和尊严感的照料和服务理念。

资料来源：http://en.wikipedia.org/wiki/Assisted_living

3. 这在哈蒙德照料机构也被称为"暂居型照料"（hostel）或"低级别照料"（low care）。为那些能够独立生活、无需高等级医疗护理的居民提供长期或短期照顾。居民可以获得日常生活上各个方面的照料，包括用药管理和临床护理。

资料来源：哈蒙德照料机构

4. 这在英国也被称为"需额外照料"（extra care）或"特定照料住房"（very sheltered housing），见"需

额外照料"定义。

资料来源：波佐尼建筑事务所

护理助理 | Assistant in Nursing

护理助理是指那些没有用药资格，但可以承担一定程度护理工作的人员。护理助理可提供个人照料、协助日常生活活动以及临床护理。这在美国通常被称为注册护理助理（CNA，Certified Nursing Assistant）。

资料来源：哈蒙德照料机构

痴呆行为心理学症状 | BPSD（behavioral and psychological symptoms of dementia）

痴呆的行为和心理症状。

资料来源：哈蒙德照料机构

照料院 | Care Home

一个通用术语，包含住宿服务，可为居民提供卧室、餐饮、辅助个人护理（如穿衣、药物监控等）、陪伴以及夜晚的紧急呼叫。照料院在一般的短期疾病期间提供个人照料，但不提供长期的医疗护理。

资料来源：英国老年人食宿咨询机构 (U.K. Elderly Accommodation Counsel)

暂住型照料机构 | Care Hotel

提供临时住宿及 24 小时的照料和服务，暂住型照料机构将照料设施与暂时居住很好地结合起来。

资料来源：www.kcwz.nl

密切照料 | Close Care

为老年人提供的与照料院相邻的住房。它为居民提供个人照料服务或者在必要时帮助居民过渡到照料院。这种形式的住房，因为具有日常居所、退休休养及提供额外型照料的特点，因此是有不同的照料需求夫妇的首选，也适用于健康退化的老年人。

资料来源：英国老年人食宿咨询机构

共居 | Cohousing

1. 共居：共居是一种集体住宿，居民可以积极参与设计并经营他们自己的邻里关系。共居的居民自觉致力于社区生活的营建。社区空间形态既鼓励社会交往，又保留个人空间。在这种社区中，私人住宅具有传统住宅的所有特征。但同时居民可以享用广泛的公共设施，例如开放空间、庭院、操场和公共房屋。

资料来源：www.cohousing.org/what_is_cohousing

2. 共居（一般定义）：共居社区是一种经过细致策划的社区，它由配备设施完善的厨房和丰富公共设施的私人住宅构成。一个共居社区通常由居民策划并管理，这些居民通常非常愿意与他们的邻居互动。每个住宅的设施各不相同，但通常包括一个大的厨房和餐厅，居民可以轮流为社区居民做饭。其他设施包括洗衣房、游泳池、儿童保育设施、办公室、互联网、客房、游戏厅、电视厅、工具厅或体育馆。通过空间设计、共同组织社会生活和与社区管理，共居社区促进了邻里之间的代际互动。同时，共享资源、空间和设施也会带来经济和环境方面的效益。

在共居社区中特别强调群体的创建。大家每周会有不止两天在公共房屋里一起做饭，共同进餐。同时，居民们还会共同照顾孩子、共享户外花园、共同管理社区工作，这些都会给人一种社区感觉。在这种社区中，决策需经过全体居民共同协商制定。这也是为了让社区中的每位居民都有发出自己声音的权利，只有在得到全体居民同意的前提下才能做出重要决策。

资料来源：http://en.wikipedia.org/wiki/Cohousing

社区服务中心 / 多功能中心 | Community Service Center / Multifunctional Center

社区服务中心提供住房、保健设施，通常也可以提供额外的设施（如医疗保健中心、儿童保健中心和咖啡馆）。

资料来源：www.kcwz.nl

集合住宅 | Congregate Housing

见"独立型生活"（Independent Living）（也可参考词条"生活辅助型住房"（supportive housing））。

资料来源：美国高级住宅与照料术语表

持续照料退休社区 | Continuing Care Retirement Community (CCRC)

1. 住房的规划与运作主要针对老年人和照料人员，服务措施包括独立型生活、集合住宅、介助型生活和专业的介护型照料，但并不限于这些内容。参见"生活照料社区"。

资料来源：美国高级住宅与照料术语表

2. 持续照料退休社区是为了老年人而设计的，其中包括独立生活、介助型和介护型生活设施，这些设施通常布置在社区内同一区域的若干建筑中。居住在持续照料退休社区的居民可以享受到社区中照料设施带来的全方位照料服务和好处。居民可能最初在独立生活公寓中生活，一旦需要，就可以搬到更高级别的介护居住单元中生活。同时，一些运营方更希望居民都能够长期居住在自己本来的家中，让照料模式和照料设施来迎合老年人的需求。

资料来源：波佐尼建筑事务所

持续照料 | Continuum of Care

在持续照料退休社区中的全方位照料，包括独立生活、介助型生活、介护型生活、居家保健、居家照料、居家和社区服务。

资料来源：美国高级住宅与照料术语表

疗养院 | Convalescent Home

见护理院（Nursing Home）。

资料来源：美国高级住宅与照料术语表

日间照料 | Day Care

见成人日间照料（Adult Day Care）。

老年痴呆症 | Dementia

具有进行性神经系统认知或医学上的障碍，从而影响记忆、判断和认知能力。

资料来源：美国高级住宅与照料术语表

这个术语用来描述一种痴呆综合征，这一症状可由多种疾病以及多方面的功能逐渐下降而引起，包括记忆力衰退，逻辑、交流等技能以及日常活动能力的衰退。伴随这些变化，病人会表现出一些行为和心理方面的症状，如心理抑郁、精神错乱、攻击性和神志恍惚等。这些症状会出现在疾病的不同阶段，不仅给病人带来诸多痛苦，也加重了照料的难度。

资料来源：英国卫生部：国家应对痴呆症举措（U.K. Department of Health: National Dementia Strategy）

老年痴呆症是大脑受某些疾病和条件影响而出现某种症状的一种概括性描述。老年痴呆症有许多不同的类型，其中一些要比其他类型常见得多。通常人们根据引起老年痴呆症的原因来命名这些类型，例如，阿尔茨海默氏病、血管性痴呆、路易体痴呆、额颞痴呆、科尔萨科夫氏综合征（又称"健忘综合征"）、克雅氏病。

资料来源：英国的老年痴呆症协会（U.K.Alzheimer's Society）

痴呆症照料 | Dementia Care

通过特殊设计并提供照料服务和房屋设施，用于减轻阿尔茨海默症和其他痴呆性疾病症状。

资料来源：克莱珀多玛咨询有限责任公司

痴呆症针对性照料 | Dementia Specific

完全为老年痴呆症患者提供的服务。

资料来源：哈蒙德照料机构

需额外照料 | Extra Care

通常也称为"介助型生活"（assisted living）"特

定照料住房"（very sheltered housing）或"体弱老年人照料"（frail elderly care）。在建筑中，可以通过公共走廊到达独立公寓单元。这里有公共客厅、其他公用设施和提供 24 小时服务的员工。在居民需要时社区可以提供照料服务，当居民需求发生变化时，建筑布局也会做出相应的调整。一些私人开发商往往会避免使用需额外照料的概念，因为这经常会与社会住房发生联系。

资料来源：波佐尼建筑事务所

需额外照料住房（Extra care housing）是用来租赁和出售的，它是以年迈老年人的心理需求和不同程度的现场照料需求为基础进行设计的。居住在这一类机构的老年人都有自己的自助住房、独立的入户门及合法的房屋使用权。公共服务（设施）包括餐厅 / 食堂、家政服务、个人照料、客厅和 24 小时紧急救援。房屋可以租用、购买、半租半买。

资料来源：英国老年人食宿咨询机构

额外服务 | Extra Service

有一小部分的额外老年人照料服务的收费允许超过居住标准费用。这些服务必须提供高标准的住宿、餐饮服务和生活活动。在哈蒙德照料机构中，享受额外老年人照料服务的居民占到总数的 5%，并且这一数量是受到严格控制的。在本书中，只有蒙蒂菲奥里机构（Montefiore facility）为其护理院和老年痴呆症护理单元设置了额外老年人照料服务，并按日收取额外的费用。

资料来源：哈蒙德照料机构

针对性住房 | Fokus Housing

为身体严重残障人士提供的一种配备日常生活（ADL，activities in daily life）辅助照顾的独立生活公寓。在一个日常生活辅助照顾单元及其 350 米（1148 英尺）的范围内可以设 12~18 个独立生活公寓。在日常生活辅助照顾护理单元中，客户通过技术基础设施发出日常生活辅助照顾需求通知。这种护理支持是按需而来的（不是预先计划）。日常生活照顾护理单元有一个中央洗浴设施，可在预约后使用。员工一天 24 个小时在岗，一周工作 7 天。他们能够协助日常生活辅助照顾活动，例如换药、转移、饮食、清洗，并给予居民简易的医疗护理。这种住房是通过与独立的住房机构合作生产建造的。

体弱老年人住房 | Frail Elderly Housing

也称为"需额外照料（extra care）住房"。

高依赖性照料 | High-Dependency Care

一个通用术语，包括介护型照料、老年痴呆症照料以及居民所需的其他各等级的日常生活照料。

资料来源：波佐尼建筑事务所

居家型照料 | Home Health Care

由一个授权供应商在老年人家中提供的医疗和护理服务。

资料来源：美国高级住宅与照料术语表

临终关怀照料 | Hospice Care

为那些患临终疾病的老年人及其家人提供的保守治疗和缓解措施，它包括医疗、咨询和社会服务。

资料来源：美国高级住宅与照料术语表

暂住型照料公寓 | Hostel

又可以称为"介助型生活"。

资料来源：哈蒙德照料机构

家庭模式 | Households

1. 这种模式适用于那些需要在群组家庭中生活，同时享用特殊照料的小部分人，以使他们能够尽可能地享受到正常的家庭生活。

资料来源：www.kcwz.nl

2. 这是一个广义的术语，在美国用来形容为需要生活介助或介护护理的人提供有照料计划的物质环境，其中包含卧室和起居室、餐厅等社交空间。这种服务为居民提供了一个像家一样的非医用模式下的照料环境。

资料来源：克莱珀多玛咨询有限责任公司

3. 家庭式护理模式在日本通常被称作"单元式照料"（unit care）。这种模式力图在集合家庭，甚至在大型护理机构中实现对居民的家庭式照料。这些照料单元估计由 6~15 个私人房间组成，它们的规模取决于居民的条件、照料质量以及建筑的空间布局。在单元照料模式中，居民可以像在自家起居室里吃饭那样进行日常活动。餐食制作也是在各自的照料单元中完成，通过让老年人参与做饭、洗碗来鼓励他们参与到日常活动中。

资料来源：日本卫生经济与政策研究所，2007（Institute for Health Economics and Policy in Japan，2007）

4. 有时也被称为"单元"（units）、"容器"（pods）或"集群"（clusters）。在英国，人们用来形容在一个自给自足的"家庭"中生活的小型团体，家庭中包含公共客厅、餐厅、厨房、活动室、助理洗浴和外围设施。一个大型的项目可以划分为多个家庭照料单元。

资料来源：波佐尼建筑事务所

提供照料服务的住房 | Housing with Care

这是一个通用术语，内容包括需额外照料、介助型生活、特定照料住房或体弱老年人照料、密切照料、退休乡村以及持续照料退休社区。居民有独立的住处，当需要时可为居民提供照料服务。

资料来源：波佐尼建筑事务所

独立型生活 | Independent Living

单元式老龄公寓，提供如就餐、家政、社会活动、交通（参见集合住宅、生活辅助型住房、退休社区）等援助服务。独立式生活模式通常强调居民之间的

社交活动，他们在一个集中的餐饮区就餐和组织定期的社会活动。独立式生活模式也可以提供少量照料服务或不提供照料服务（如：老龄公寓）。

资料来源：美国高级住宅与照料术语表

它同样可以称为"庇护型住宅""退休社区"或"拥有公共设施的独立式公寓"。在这种住房中，居民可以根据需要紧急呼叫援助。从广义上讲，庇护型住宅往往指社会住房部分（用于出租）以及私人的养老住房（用于出售）。

资料来源：波佐尼建筑事务所

居家照料 | In-Home Care

又称"社区照料"（community care），由专业员工和业余员工共同为在家养老的老年人提供服务。照料人员会针对实际需要为老年人提供不同等级的服务，这些需求包括个人照料、用药管理、临床护理、准备膳食、整理家务以及外出协助。这一养老模式受到澳大利亚政府的大力支持。

资料来源：哈蒙德照料机构

综合邻里服务 | Integrated Neighborhood Services

不论是覆盖整个社区或乡村的全部区域或者只是其中的一部分，综合邻里服务都能为组合式住房的居民提供具备最佳照料条件的全套照料服务，其中包括可预订的 24 小时看护服务。这一服务通常安排在社区服务中心或区域的医疗中心附近。人们有时也将"综合邻里服务"当作通用术语使用，用于指代那些适用于调整街区的动机与倡议，这样那些照料和福利服务就可以提供给那些真正需要的人。

资料来源：www.kcwz.nl

中级照料 | Intermediate Care

中级照料是指在照料设施或者家中为老年人提供的短期服务，这些老年人在一定程度上需要康复和疗养服务。该项服务的目的在于尽量减少老年人不必

309

要的入院治疗、减少入院时间并且避免让老年人过早地开始居家照料服务。

资料来源：波佐尼建筑事务所

中级护理院 | Intermediate Nursing Home （kaigo roujin hoken shisetsu）

中级护理院是日本针对老年人所提供的三种长期照料设施之一。另外两种分别是专业型护理院（skilled nursing home）和医养型护理院（sanatorium medical facility for the elderly）。中级护理院主要针对那些生理状况稳定并且需要病后康复回家的老年人。这里为老年人们提供3~6个月的服务，直到他们康复。

资料来源：M. 马苏德，2003：通俗介护保险法，有斐阁，日本（M. Masud,2003: Wakariyasui Kaigo Hoken Ho, Yuhikaku, Japan）

生活照料社区 | Life Care Community

这是一种持续照料退休社区，该社区为居民提供一份保险型的服务合同，并提供不同等级的照料服务，其中通常包括紧急护理和医师服务的费用。不论社区中居民的护理等级如何，除非生活费用有所增加，否则基本的月租费用不会变化。

资料来源：美国高级住宅与照料术语表

生命周期住房 / 终身住房 | Life Cycle Homes/ Lifetime Housing

如果一名居民能够在自己的住房中度过人生的各个阶段，同时不存在生理上的重大消耗或面临较高的受伤概率，那么这间住房就可以称为"生命周期住房"。新的住房必须满足住宅认证（WoonKeur certificate）的各项标准要求，已有的住房则必须满足升级改造（Opplussen certificate）标准的各项准则。

资料来源：www.kcwz.nl

终身住房 | Lifetime Homes

这是一种针对老年人在内的所有人的需求与适应性

标准而设计的住房。

资料来源：英国 2009 年适老化住宅发展报告

在英国，为了满足终身住房的标准，政府为新建房屋设立了一系列的准则。

资料来源：波佐尼建筑事务所

终身邻里 | Lifetime Neighborhood

不论覆盖整个社区或乡村的全部区域或是其中的一部分，综合邻里服务都能为居民提供具备最佳照料条件的全套照料与福利服务，其中包括可预订的 24 小时看护服务。这一服务通常安排在社区服务中心或区域的医疗中心附近。人们有时也将"综合邻里服务"当作通用术语使用，用于指代那些适用于调整街区的动机与倡议，这样，那些照料和福利服务就可以提供给那些真正需要的人。

资料来源：www.kcwz.nl

长期照料 | Long-Term Care

该项照料为所有年龄段的人们提供慢性病治疗服务。

资料来源：美国高级住宅与照料术语表

无法行走 | Nonambulatory

是指无法走动，通常是卧病在床或长期住院。

资料来源：美国高级住宅与照料术语表

非营利性 | Not-for-Profit

政府的税收标准决定了非营利机构的所有权或运营特征，这些机构由社区理事会来运营，理事会的成员均由志愿者担任。理事会的成员们志愿花费自己的时间来确保这些非营利机构能够为周围的老年人提供合适的服务，满足他们的需求。非营利的住房供应和服务会把额外的收入投入到提升客户服务水平当中。许多非营利性组织会同宗教机构和其他机构进行深入合作。

资料来源：美国高级住宅与照料术语表

护理院 | Nursing Home

1. 护理院是为正在进行康复治疗、患有慢性疾病以及需要长期护理的居民提供 24 小时护理、食宿以及活动场所的机构。在护理院中，常规的医疗监护和恢复性治疗均经过授权并提供给老年人。
资料来源：美国高级住宅与照料术语表

2. 在澳大利亚，也称为"高级照料"（high care），是指为那些身体虚弱并需要持续专业照护的居民提供的永久或暂时性住宅。在澳大利亚的护理院中，居民可以得到 24 小时的专业护士服务。
资料来源：哈蒙德照料机构

3. 在英国，是指提供 24 小时护理服务的注册照护机构。目前，人们称之为"医疗型照料院"（care homes with nursing）。
资料来源：英国 2009 年适老化住宅发展报告

介护型照料 | Nursing Care

介护型照料是指为那些卧床不起、身体极度虚弱或者因为身患疾病需要定期照料的老年人所提供的 24 小时服务。在这种照料服务中，始终有一名专业护士值班。
资料来源：英国老年人食宿咨询机构

姑息治疗 | Palliative Care

姑息治疗是针对那些病情不断恶化的患者提供的全面性照料。在这种照料中，针对患者的疼痛和其他症状的管理以及所提供的心理、社交和精神方面的支持是至关重要的。姑息治疗的目标是为患者及其家人提供最佳的生活质量。
资料来源：英国国家优质临床服务研究院（U.K. National Institute for Clinical Excellence）

人本型照料 | Person-Centered Care，也称作"居民指向型照料"（Resident Directed Care）

这是一种针对老年痴呆症患者的道德性照料方式。这种照料模式在老年人照料领域很有影响力。这种以人为本的照料方式强调尊重人的重要性而不管他们的痴呆症程度如何，将他们作为独立的个体对待，站在他们的视角考虑问题，并为他们提供快乐生活的美好环境。这一护理理念由汤姆·基特伍德（Tom Kitwood）于 1997 年提出，并由道恩·布鲁克（Dawn Brooker）于 2004 年进行阐述。
资料来源：哈蒙德照料机构

个人照料 | Personal Care

这是一种提供非医疗性质照料的模式，同时也会帮助护理对象进行日常家务活动，如吃饭、洗澡、穿衣等。

康复 | Rehabilitation

为那些需要大量生理治疗、专业理疗或语言治疗的患者所提供的治疗性照料。
资料来源：美国高级住宅与照料术语表

居家照料 | Residential Care

参见介助型生活。
资料来源：美国高级住宅与照料术语表

在英国，居家式护理机构通常又被称为"养老院"（care homes）。这是一种针对老年人的住宅区，老年人能够在其中获得所需的照料服务。注册的养老院只为老年人提供个人照料服务，包括帮助洗澡、吃饭、穿衣等。有一些养老院则会注册特定资质来满足某些老年人的特殊需求，如老年痴呆症或绝症服务等。养老院也可以注册为提供医疗服务的医疗型养老院。
资料来源：波佐尼建筑事务所

居民指向型照料 | Resident-Directed Care，见人本照料（Person-Centered Care）

一种个人健康照料项目，在介助型照料院或者护理院中，由患者、亲属以及员工们共同选择。每位居民会大致选出他所希望得到的日常照料服务。员工们会十分重视居民的个人背景和喜好，并告知居民在自身健康和照料中所需注意的事项。

资料来源：克莱珀多玛咨询有限责任公司

暂托照料 | Respite Care

老年人家属可将老年人安置给暂托照料机构，使自己得到短暂休息。这种照料服务时间从几小时到几天不等。服务可以在居民家中提供，也可以在照料设施中提供，例如介助型照料院或护理院。

资料来源：美国高级住宅与照料术语表

退休社区 | Retirement Communities

这些社区一般是提供需额外照料服务的大型庇护型住宅项目，它的规模很大并可以自给自足。当一个开发项目中包含不同等级的照料服务时，人们常常称之为"持续照料退休社区"（continuing care retirement community）

资料来源：波佐尼建筑事务所

退休乡村 | Retirement Village

又称"持续照料退休社区"，是为居民提供不同等级、种类的照料服务和生活辅助服务（庇护型住宅、介助型照料及介护型照料）的大型项目（常常包括100户以上）。

资料来源：英国 2009 年适老化住宅发展报告

然而，对于一些英国运营方来说，退休乡村是指包含上述定义中除了介护型照料院和照料院以外的护理项目。

资料来源：波佐尼建筑事务所

医养型护理院 | Sanatorium Medical Facility for the Elderly（kaigo ryouyou gata iryou shisetsu）

日本国内针对老年人的三种长期护理设施中的一种。其他两种分别是专业型护理院和中级护理院。长期护理设施为老年人提供护理服务和医疗服务。

这种类型的护理设施是医院的一部分，类似急性护理医院。这种服务主要是为了减少病人住在医院的时间，以最少的医疗护理完成病人的康复过程。

资料来源：M. 马苏德，2003：通俗介护保险，有斐阁，日本

老龄公寓 | Senior Apartment

限制年龄的多单元公寓，内部为那些生活能够自理的老年人提供自助式居住单元。这里通常不提供如餐饮、交通服务等额外服务。

资料来源：美国高级住宅与照料术语表

庇护型住宅 | Sheltered Housing

1. 庇护型住宅由独立的综合楼组成，这些综合楼在设计中纳入了人们心中对于安全感和庇护感的需求。每个综合楼都对应着针对护理和服务所达成的相关协议，虽然在合同条款中，关于住房、服务和照料的内容是明确区分的。这些住宅迎合了人们对可变化住房的需求。配备有综合邻里服务设施的综合楼可以作为服务中心来为周边的社区提供服务。

资料来源：www.kwz.nl

2. 庇护型住宅通常也称"退休住房"（retirement housing）。大部分的庇护 / 退休住房项目都设置有经理 / 督导员和紧急警报服务。在这些住房内通常会设置一些公共设施，如休息室、洗衣房、访客室和花园。内部一般不提供餐饮服务，但在少部分项目中包含一个能提供热食的餐厅。庇护 / 退休住房有很多种，有的用于出租，有的用于出售或部分出售。庇护型住宅的开发项目可以是自助式公寓，也可以是别墅或豪华公寓。这种住宅有入住最低年龄限制，一般是 60 岁。庇护性住宅或者称退休住房吸引着那些希望独立居住但又想在紧急情况下能够确保马上得到救治服务的老年人，或者是那些希望能够在长期离家在外的同时又时刻关注家庭生活的老年人。

资料来源：英国老年人食宿咨询机构

专业型护理院 | Skilled Nursing Home
（tokubetsu yogo roujin home）

1. 日本国内针对老年人的三种长期护理设施中的一种。其他两种分别是中级护理院和医养型护理院。专业护理院针对老年人的日常生活活动（ADL, Activities of Daily Living）、工具性日常生活活动（IADL, Instrumental Activities of Daily Living）和身体康复提供辅助服务，通过这些使老年人能够恢复健康并回到自己家中，尽管很多老年人会在这里走完生命的最后阶段。在日本，只有当地的市政府和社会福利企业能够提供该类服务。
资料来源：M. 马苏德，2003：通俗介护保险，有斐阁，日本

2. 在美国，专业型护理院院通常指的就是普通的护理院，见护理院的定义。

3. 在英国，也称"护理院"，或者是医疗型照料院。

社会角色价值保值 | Social Role Valorization

这是一项由沃尔夫·沃尔芬伯格（Wolf Wolfensberger）于 20 世纪 80 年代提出的照料理念，这一理念旨在为那些被社会抛弃的人们提供发挥自己价值的机会，并为他们提供持续的支持。本书中，这一理念对布莱特沃特·昂斯洛花园的设计产生了很大影响。
资料来源：哈蒙德照料机构

援助式住房 | Supported Housing

是一个通用术语，它通常用来描述一些房屋，住在这些房屋内的居民由于自身的生理或认知上的缺陷而需要照料或帮助。
资料来源：波佐尼建筑事务所

通用职工方式 | Universal Staffing Approach
这种员工通常也称作多重技能员工或者通用员工。现在人们通常会忽略传统意义上的不同员工之间的界限。比如一个接受过护士助理训练的员工也可以为客户提供家政服务或者帮忙准备膳食。人们认为，这一理念能够使员工和居民之间的关系更加亲密，也能增进彼此的理解，尤其在家庭环境中。
资料来源：哈蒙德照料机构

高度庇护式住宅 | Very Sheltered Housing
也称为介助型照料住宅。

译后记｜Postscript

养老院与老年公寓一直是城市中比较常见的老年建筑，其优势是以社会养老模式实现社会养老设施的集约化，并以此完成对老人的照顾和护理。但从社会学角度来讲，老年群体与年龄和特征相近的人长期居住生活在一起，由于缺乏社会多样性与生理多样性的良性刺激，其基本主观想法与常用社会概念会渐渐趋同，更多地是"趋于老化"，进而在心理层面通过普遍而反复的日常强化暗示加速心理与生理全面而彻底的衰老。并且，国内大多数养老院其核心设计思想仍然以老人生理上的弱势特征为主要设计出发点，因此"无障碍"作为主要的设计应对策略，并未能从空间设置与运营管理上实现老人更高层次的心理需求。对于作为"社会人"的老年群体，这种弱势特征在设计策略上的过度强调，使其在社会角色设定和文化心理暗示上反复强调老人的"无用"。使"老人"之社会存在意义之"老" 远大于"人"，其自我价值实现、社会参与及维护尊严的人性化需求被忽视与扼杀。养老院成了城市社会的"孤岛"！以上种种因素都成为老年人拒绝进入养老院的原因。

本书收集了美国、日本、澳大利亚等各国在养老设施建设上的优秀案例，并且这些案例跳出了单一的微观空间设计层面，从更宏观的角度探讨如何通过养老项目的设计与运营，走出"对弱者帮助"的狭隘设计思路，充分尊重个体的价值与独立性、承认个体自主选择的尊严与能力，以人性化和科学化的设计来对待老年个体，以鼓励老年群体突破常规陈旧的生活模式、以更积极的角色和定位参与社会生活，实现自我价值。实现老年人独立自主、降低依赖心理、建立老年群体老有所乐、老有所为、自我实现的新型晚年生活方式。并且，这些案例覆盖了不同文化地域、不同生理类型的老年群体，并从项目前期的建设理念、规划选址，到项目中期的建筑空间、行为流线、环境景观的设计，再到项目后期建造细节、运营管理等多方面都予以了详尽介绍。

当前中国正在力求建立一个以人为本的和谐社会，高比例的老龄化人口如能够有条件以更为积极的方式渡过晚年，则将会在社会、家庭、经济、文化等各个相关方面产生良性的联动效应，大大推进实现人本社会。这些优秀的设计案例给与了我们可借鉴的设计经验和范例。

因该书多地域案例的特殊性，原文在部分专业术语使用上出现了不一致现象，作者在书稿最后对名词术语进行了系统梳理与对照比较，便于读者查阅。

感谢本书翻译过程中天津大学出版社刘大馨编辑的大力支持与协助。在本书翻译过程中，参加翻译与校对工作的还有张少飞、曾令岳、宋祎琳、张哲浩、张鹏飞、杨超、齐立轩、耿竞、张诗瑶、刘超、吴夏霖，在此一并给与感谢。